高职交通运输与土建类专业规划教材

土木工程材料实训指导
（第二版）

TU MU GONG CHENG CAI LIAO SHI XUN ZHI DAO DI ER BAN

主　编　何文敏

副主编　步文萍　张小利

主　审　姜志青　邵俊江

人民交通出版社

China Communications Press

内 容 提 要

本教材为高职交通运输与土建类专业规划教材之一。教材将建筑工程、公路、桥梁、铁路内容相融合,并在内容编排上注重结合工程实际需要,力求与时俱进和求真务实。

本书内容包括:误差理论及数据处理基本知识;石灰;水泥;无机结合料稳定土;水泥混凝土用砂石材料;普通水泥混凝土及其掺合料;建筑砂浆;钢筋;沥青混合料用砂石材料;沥青材料及其混合料;砌墙砖及砌块。另配有实训报告册。

本书适于高职高专及各类成人教育建筑工程、公路与桥梁工程、铁道工程等交通运输与土建类相关专业学生选作教材使用,亦可供现场工程人员参考使用。

图书在版编目(CIP)数据

土木工程材料实训指导/何文敏主编. —2版. —
北京:人民交通出版社,2012.8
ISBN 978-7-114-09965-6

Ⅰ.①土… Ⅱ.①何… Ⅲ.①土木工程—建筑材料—
高等学校—教学参考资料 Ⅳ.①TU5

中国版本图书馆 CIP 数据核字(2012)第 169745 号

书 名:	土木工程材料实训指导(第二版)
著 作 者:	何文敏
责任编辑:	杜 琛
出版发行:	人民交通出版社股份有限公司
地 址:	(100011)北京市朝阳区安定门外外馆斜街 3 号
网 址:	http://www.ccpress.com.cn
销售电话:	(010)59757973
总 经 销:	人民交通出版社股份有限公司发行部
经 销:	各地新华书店
印 刷:	北京市密东印刷有限公司
开 本:	787×1092 1/16
印 张:	14.75
字 数:	371 千
版 次:	2009 年 8 月 第 1 版
	2012 年 8 月 第 2 版
印 次:	2020 年 1 月 第 9 次印刷 累计第 13 次印刷
书 号:	ISBN 978-7-114-09965-6
定 价:	38.00 元

(有印刷、装订质量问题的图书由本社负责调换)

第二版前言 | Preface of 2nd Edition

　　土木工程材料试验与检测能力是高职高专土建类专业学生的一项重要技能，也是从事试验检测人员的必备能力。本书按照试验检测流程（抽样、取样、测试、数据处理与评定）编写，突出了实践能力的培养，自 2009 年出版以来，读者反映良好。随着新标准、新规范的颁布，新技术、新材料应用的迅速发展及混凝土高性能化的发展，书中部分内容已不合时宜，这也是我们再版的根本原因。同时，为了增强教科书的可读性，激发学生对土木工程材料试验与检测的兴趣，作者十分重视图画的作用，编入了一定数量的插图，并在多处使用了实物照片。

　　此次再版，章节、框架结构基本没有改动，主要依据新标准、新规范对内容做了增删，并修订了前一版本的错漏。具体改动如下：本书第一章，根据《数值修约规则与极限数值的表示和判定》(GB/T 8170—2008) 做了内容上的修订；第二章，根据《公路工程无机结合料稳定材料试验规程》(JTG E51—2009)、《石灰取样方法》(JC/T 620—2009) 做了内容上的修订；第三章，根据《水泥标准稠度用水量、凝结时间、安定性检验方法》(GB/T 1346—2011) 对水泥的标准稠度用水量、凝结时间、安定性试验做了修订；第四章，根据《公路工程无机结合料稳定材料试验规程》(JTG E51—2009) 做了相应内容的修订；第五章，根据《建设用砂》(GB/T 14684—2011)、《建设用卵石、碎石》(GB 14685—2011) 做了内容的修订；第六章增加了部分实物插图；第七章增加了砂浆保水性试验的内容；第八章，根据《金属材料室温拉伸试验方法》(GB/T 228.1—2010)、《金属材料弯曲试验方法》(GB/T 232—2010) 做了内容的修改；第九章，增加了部分实物插图；第十章，根据《公路工程沥青及沥青混合料试验规程》(JTJ E20－2011) 做了相应内容的修订；第十一章，对文字部分做了修正。

　　本教材在编写过程中，得到了人民交通出版社的大力支持与配合，感谢杜琛、付宇斌等同志在整理、校对等工作中付出的艰辛劳动。感谢陕西铁路工程职业技术学院及济南铁道职业技术学院参编者的辛苦工作，使本书能如期与读者见面。

　　本教材虽经多次反复修改，反映了当前最新技术标准与规范，但限于编者水平，在本次编写的教材中，仍难免会有错误和不当之处，恳请读者批评指正。

编者

2012 年 7 月

第一版前言 | Preface of lst Edition

土木工程材料试验是一门与生产活动密切联系的科学技术,工程技术人员必须具备一定的工程材料试验知识和技能,才能正确评价材料质量,合理而经济地选择和使用材料。

针对目前高职土木工程材料试验课存在的问题,如重复开设试验、试验项目缺乏创造性、试验内容与工程实践及科技进步脱节、试验教材内容严重滞后等,并为配合教改项目的进行,课题组决定编写这本试验教材,将土木工程类专业方向的工程材料试验囊括于一本教材中。各门专业课可根据需要选择试验项目;暂时无条件开设的试验,学生可通过学习教材了解试验内容,拓宽眼界。

编写过程中,我们力求使教材所涉及的材料及试验项目具有时代气息,面向工程实际,采用最新颁布的标准和规范,试验类别既有验证型、测试型,又有设计型、综合型,使学生在动脑、动手两方面都得到有效训练。

试验中应注意的问题有:

(1)在了解建筑材料技术性能和质量标准的基础上,理解其含义,才能更好地理解各项标准。要求学生试验前必须预习,并提出相关问题(思考题),让学生带着问题预习、思考。

(2)不同材料的取样方法、试样数量等不尽相同,应加以区别。

(3)检验方法是试验的重点之一,是鉴别材料质量的手段,是试验课的重要环节,直接影响测试数据。要求学生必须秉持严谨的态度,严格按照操作程序进行试验。

(4)试验报告是试验课内容之一。学生应掌握的试验内容基本体现在试验报告中。试验报告的形式可以不同,但内容基本一致,有试验名称、试验内容、试验目的、试验原理、测试数据、数据处理、结果评定及分析等。试验报告应该有创新,通过试验培养学生独立分析和解决问题的能力。

全书分为十一章(另附试验报告):第一章是误差理论及数据处理基本知识;第二章是石灰,共 4 个试验项目,主要包括有效氧化钙与氧化镁的测定;第三章是水泥,共 9 个试验项目,主要包括水泥密度、细度、标准稠度用水量、凝结时间、体积安定性、水泥强度、水泥胶砂流动度检测试验;第四章是无机结合料稳定土,共 2 个试验项目,包括无侧限抗压强度试验、水泥或石灰剂量测定方法;第五章是水泥混凝土用砂石材料，共 16 个试验项目，主要包括粗细集料的筛分试验、表观密度、堆积密度、含水率、含泥量与泥块含量等试验；第六章是普通水泥混凝土及其掺合料，共 13 个试验项目，主要包括普通混凝土的和易性、表观密度、抗压与抗折强度试验、粉煤灰与矿渣粉试验；第七章是建筑砂浆，共 4 个试验项目，主要包括砂浆的稠度、分层度、抗压强度试验；第八章是钢筋，共 3 个试验项目，包括钢筋的拉伸与冷弯试验；第九章是沥青混合料用砂石材料，共 12 个试验项目，包括岩石试验、砂石试验、矿粉试验；第十章是沥青及沥青混合料，共 14 个试验项目，包括沥青三大指标测定试验、沥青混合料试件制作试验、沥青混合料密度试验等；第十一章是砌墙砖及砌块，共 9 个试验项目，包括烧结普通砖试验与蒸压加气混凝土砌块试验。

　　本书由何文敏任主编并统稿。具体编写分工如下：第一章、第二章和第五章细集料部分由陕西铁路工程职业技术学院王小艳编写；第三章由陕西铁路工程职业技术学院张小利编写；第四章由陕西铁路工程职业技术学院陈明明编写；第五章粗集料部分由陕西铁路工程职业技术学院李炳良编写；第六章混凝土部分由陕西铁路工程职业技术学院何文敏编写，掺合料部分由陕西铁路工程职业技术学院宁波编写；第七章由陕西铁路工程职业技术学院梁小英编写；第八章由陕西铁路工程职业技术学院何文敏编写；第九章、第十章由陕西铁路工程职业技术学院范兴华编写；第十一章由济南铁道职业技术学院步文萍编写。

　　杭州市交通设施建设处总工程师邵俊江高工和吉林交通职业技术学院教师姜志青副教授为本书担任主审，提出了很多宝贵意见和建议，在此表示衷心感谢。

　　由于编者水平有限，疏漏和错误在所难免，恳请读者不吝指正。

编者

2009 年 5 月

目　　录 | Content

第一章 误差理论及数据处理基本知识

 本章职业能力目标

掌握数值修约规则、有效数字的运算规则以及准确取舍可疑数字,能够建立一般关系式。

 本章学习要求

1. 了解误差的分类,掌握其表示方法;
2. 了解常用的统计特征数,掌握一般关系式的建立方法。

第一节 误差的基本理论

一 误差和偏差的表示方法

(一)准确度与误差

1. 准确度

准确度指测量值与真实值的接近程度,用绝对误差或相对误差表示。

2. 误差

(1)绝对误差

某物理量的测得值 x 与真值 μ 之间一般都会存在一个差值,这种差值称为测量误差,又称绝对误差,通常简称为误差,用 δ 表示,即:

$$\delta = x - \mu \tag{1-1}$$

应注意:绝对误差不同于误差的绝对值,它可正、可负。当 δ 为正时,称为正误差,反之称为负误差。因此,由式(1-1)定义的误差,不仅反映了测量值偏离真值的大小,也反映了偏离的方向。绝对误差与测量值有相同的单位。

(2)相对误差

绝对误差与被测量的真值之比称为相对误差。相对误差通常用百分数表示,即:

$$\mathrm{RE} = \frac{\delta}{\mu} \times 100\% = \frac{x - \mu}{\mu} \times 100\% \tag{1-2}$$

显然,相对误差是没有单位的。相对误差能反映误差在真实结果中所占的比例,因而更具实际意义。

应该指出:被测量的真值 μ 是一个理想的值,因此,一般也不能准确得到。因测得值与真值接近,故也可以近似用绝对误差与测得值之比值作为相对误差。对可以多次测量的物理量,常用已修正过的算术平均值来代替被测量的真值。

(二)精密度与偏差

1.精密度

精密度是平行测量的各测量值(试验值)之间互相接近的程度。数据精密度的好坏用平均偏差和标准偏差来衡量。

2.偏差

(1)绝对偏差 d:单次测量值与平均值之差。

$$d_i = x_i - \bar{x} \tag{1-3}$$

式中:d_i——第 i 个试验数据的绝对偏差;

x_i——第 i 个试验数据;

$\bar{x}$——算术平均值。

绝对偏差可正、可负,亦可为零,但一组数据中各单次测量值的绝对偏差之和一定等于零。

(2)相对偏差 d_r:绝对偏差占平均值的百分比。

$$d_r = \frac{d_i}{\bar{x}} \times 100\% = \frac{x_i - \bar{x}}{\bar{x}} \times 100\% \tag{1-4}$$

式中符号同前。

绝对偏差与相对偏差只能表示相应单次测量值与平均值的偏离程度,不能表示一组测量值中各测量值间的分散程度,即不表示精密度。

(3)平均偏差 $\bar{d}$:各测量值绝对偏差的算术平均值。

$$\bar{d} = \frac{\sum |x_i - \bar{x}|}{n} \tag{1-5}$$

式中:n——试样个数;

其余符号同前。

平均偏差没有正负号。使用平均偏差表示精密度比较简单,但它反映的是多次测定平均值,对于测定结果的大偏差反映不充分。例如下列两组数据:

| +0.3 | −0.2 | −0.4 | +0.2 | +0.1 | +0.4 | 0.0 | −0.3 | +0.2 | −0.3 |
| 0.0 | +0.1 | −0.7 | +0.2 | −0.1 | −0.2 | +0.5 | −0.2 | +0.3 | +0.1 |

其平均偏差都是 0.24,但第一组数据明显优于第二组数据。为了解决上述问题,需要讨论标准偏差与相对标准偏差。

(4)相对平均偏差 $\bar{d}_r$:平均偏差占平均值的百分比。

$$\bar{d}_r = \frac{\bar{d}}{\bar{x}} \times 100\% = \frac{\sum |x_i - \bar{x}|}{n \cdot \bar{x}} \times 100\% \tag{1-6}$$

式中符号同前。

(5)标准偏差:当测量次数无限多时,各测量值对总体平均值 μ 的偏离,用总体标准偏差 σ 表示。

$$\sigma = \sqrt{\frac{\sum (x_i - \mu)^2}{n}} \quad (\mu \text{ 已知}) \tag{1-7}$$

式中符号同前。

当测定次数 $n<20$ 时，一般用样本的标准偏差 S 衡量一组数据的分散程度。

$$S = \sqrt{\frac{\sum (x_i - \bar{x})^2}{n-1}} \qquad (\mu \text{ 未知}) \tag{1-8}$$

式中符号同前。

标准偏差把单次测量值对平均值的偏差先平方再求和，所以比平均偏差能更灵敏地反映出较大偏差的存在。

（6）相对标准偏差（变异系数）C_v：表示单次测定结果的标准偏差 S 对测定平均值 $\bar{x}$ 的相对值。

$$C_v = \frac{S}{\bar{x}} \times 100\% \qquad \left(\text{或 } C_v = \frac{\sigma}{\bar{x}} \times 100\%\right) \tag{1-9}$$

式中符号同前。

实际工作中都用 C_v 表示分析结果的精密度。

（三）准确度与精密度的关系

（1）准确度反映的是测定值与真实值的符合程度，反映了测量结果的正确性；精密度反映的则是测定值与平均值的偏离程度，反映了测量结果的重现性；因此，精密度好，准确度不一定高。二者关系以图 1-1 表示，其中甲准确度高、精密度高；乙准确度低、精密度高；丙准确度低、精密度高。

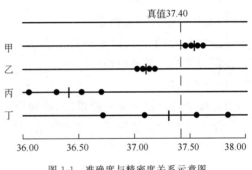

图 1-1 准确度与精密度关系示意图

（2）精密度好是保证测定结果可靠性高的必要条件，因此精密度差的测定结果是不可靠的，应予以否定。图 1-1 中丁的测定结果准确度低、精密度低，其测定结果不可靠，应予以否定。

二 误差的分类

根据误差的性质与产生的原因，可将误差分为系统误差和随机误差两类。

（一）系统误差

在相同条件下对同一物理量进行多次测量，误差的大小和符号始终保持恒定或按可预知的方式变化，这种误差称为系统误差。系统误差也叫可测误差，它是由于测量过程中某些确定的、经常的因素造成的，对测量结果的影响比较固定。系统误差的特点是具有"重现性"、"单一性"和"可测性"。即在同一条件下，重复测定时，它会重复出现；使测定结果系统偏高或系统偏低，其数值大小也有一定的规律；如果能找出产生误差的原因，并设法测出其大小，那么系统误差可以通过校正的方法予以减小或消除。

1. 系统误差产生的主要原因

（1）方法误差

方法误差是由试验方法本身的原因所造成的误差。例如，测水泥的细度有三种方法（干筛法、水筛法、负压筛法），因试验方法不同，试验结果也不同。

（2）仪器误差

仪器误差指由于仪器本身的局限和缺陷而引起的误差或没有按规定条件使用仪器而引起的误差。如仪表失修,直尺的刻度不均匀,天平刀口磨损,天平的两臂长度不等,或仪器零点没调好,仪器未按规定放水平等。应注意:建筑材料试验中的重要仪器必须定期进行检定。

（3）环境误差

环境误差是指外界环境发生变化引起的误差,如温度、湿度等因素引起的误差。同样的混凝土配合比,但在夏天测得的坍落度与冬天测得的坍落度不一样。

（4）个人误差

个人误差是指由于试验操作人员本身的生理或心理特点而造成的误差。如,有人习惯于早按秒表,有人习惯于晚按秒表。

2. 系统误差的消除与修正

（1）消除仪器的零点误差

对游标卡尺、千分尺以及指针式仪表等,在使用前,应先记录零点误差（如果不能准确对零）,以便对测量结果进行修正。

（2）校准仪器

用更准确的仪器校准一般仪器,得到修正值或校准曲线。

①保证仪器的安装满足规定的要求。

②按操作规程进行试验。

（二）随机误差

随机误差,又称偶然误差也叫不可测误差,产生的原因与系统误差不同,它是由于某些偶然的因素（如测定时环境的温度、湿度和气压的微小波动、仪器性能的微小变化等）所引起的,其影响有时大,有时小,有时正,有时负。偶然误差难以察觉,也难以控制。但是消除系统误差后,在同样条件下进行多次测定,则可发现偶然误差的分布完全服从一般的统计规律:

（1）大小相等的正、负误差出现的概率相等;

（2）小误差出现的机会多,大误差出现的机会少,特别大的正、负误差出现的概率非常小,故偶然误差出现的概率与其大小有关。

第二节　数据处理与误差分析

 常用的统计特征数

常用的统计特征数是用以表达随机变量波动规律的统计量,即数据的集中程度和离散程度。

（一）算术平均值$\bar{x}$

$$\bar{x} = \frac{x_1 + x_2 + x_3 + \cdots + x_n}{n} \tag{1-10}$$

式中：　　　　　$\bar{x}$——算术平均值；

$x_1, x_2, x_3, \cdots, x_n$——各个试验数据；

n——试样个数。

（二）加权平均值 m

加权平均值是各个试验数据与它对应数的算术平均值。

$$m = \frac{x_1 g_1 + x_2 g_2 + x_3 g_3 + \cdots + x_n g_n}{g_1 + g_2 + g_3 + \cdots + g_n} = \frac{\sum x_i g_i}{\sum g_i} \qquad (1-11)$$

式中：m——加权平均值；

x_i——第 i 个试验数据；

g_i——与第 i 个试验数据相对应的数量，也叫权值。

（三）中位数 $\tilde{x}$

把数据按大小顺序排列，排在正中间的一个数即为中位数。当数据的个数 n 为奇数时，中位数就是正中间的数值；当 n 为偶数时，则中位数为中间两个数的算术平均值。

$$\tilde{x} = \begin{cases} x_{\frac{n+1}{2}} & (n \text{ 为奇数}) \\ \frac{1}{2}\left(x_{\frac{n}{2}} + x_{\frac{n}{2}+1} \right) & (n \text{ 为偶数}) \end{cases} \qquad (1-12)$$

式中：　　　　$\tilde{x}$——中位数；

$x_{\frac{n}{2}}$、$x_{\frac{n+1}{2}}$、$x_{\frac{n}{2}+1}$——第 $\frac{n}{2}$、$\frac{n+1}{2}$、$\frac{n}{2}+1$ 个试验数据。

（四）极差 R

极差就是数据中最大值和最小值的差。

$$R = x_{\max} - x_{\min} \qquad (1-13)$$

式中：R——极差；

$x_{\max}$——数据中的最大值；

$x_{\min}$——数据中的最小值。

此外，常用的统计特征数还有绝对偏差 d、相对偏差 d_r、平均偏差 $\bar{d}$、标准偏差（又称标准差、均方差、标准误差）、变异系数 C_v 等，其表达式分别见式(1-3)～式(1-9)。

其中标准偏差反映了数据中各值偏离平均值的大小，如果标准偏差比较小，表示这批数据集中在平均值附近，说明质量比较均匀、稳定；如果标准偏差比较大，表示这批数据离开平均值的距离较大，较分散，说明质量波动大，不稳定。

用极差、标准差只能反映数据波动的绝对大小，用变异系数可以表示相对偏差，以便于不同项目之间有关试验精度的比较。

二 数值修约规则

1. 有效数字

为了得到准确的分析结果，不仅要准确地进行测量，还要正确记录数字的位数。所谓有效数字就是实际能测到的数字,通常包括全部准确数字和最后一位不确定的可疑数字。除另有说明外,可疑数字通常理解为有±1的误差。有效数字的保留位数由分析方法和仪器的准确度来决定,因为数据的位数不仅表示数量的大小,也反映测量的精确程度。

例如,若用米尺来量一短钢筋长度为5.83cm。其中数字5.8是从米尺上读出来的,是准确数字,而数字3是估计得来的,是欠准确数字,但它又不是臆造的,所以记录时应保留它,所记录的这三位数字都是有效数字。

例如,分析天平称取试样应写作0.500 0g,相对误差为:

$$\frac{\pm 0.000\ 2}{0.500\ 0} \times 100\% = \pm 0.04\%$$

而台秤取试样应写为0.5g,相对误差为:

$$\frac{\pm 0.2}{0.5} \times 100\% = \pm 40\%$$

2.有效数字位数的确定方法

(1)记录测量数据时,只允许保留一位可疑数字。

(2)有效数字反映了测量的相对误差,记录测量数据绝不可随意添加或舍去"0",如不能将0.200 0g写成0.2g。

(3)在乘除运算中,遇到首位数字大于或等于8的数,其有效数字位数应多算一位。

例:90.0%,可示为四位有效数字

(4)数据中的"0"要作具体分析。数字中间的0都是有效数字,数字前边的0都不是有效数字(它起定位作用),数字后面的0是有效数字。

(5)单位变换不影响有效数字位数。

例:10.00[mL]→0.001 000[L]　　　有效数字均为四位

(6)pH、pM、pK及lgC、lgK等对数值,其有效数字的位数取决于小数部分(尾数)数字的位数。

例:pH=11.20　　　两位有效数字

(7)常数π等非测量所得数据,视为无限多位有效数字。

看看下面各数的有效数字的位数:

1.000 8	43 181	五位有效数字
0.100 0	10.98%	四位有效数字
0.038 2	1.98×10^{-10}	三位有效数字
54	0.004 0	两位有效数字
0.05	2×10^5	一位有效数字
3 600	100	位数模糊
pH=11.20 对应于$[H^+]=6.3 \times 10^{-12}$		两位有效数字

3.数值修约规则

数值修约是通过省略原数值的最后若干数字,调整所保留的末位数字,使最后所得到的值最接近原数值的过程。经数值修约后的数值称为(原数值的)修约值。

(1)确定修约间隔

修约间隔是指修约值的最小数值单位,修约间隔的数值一经确定,修约值即应为该数值的整数倍。

①指定修约间隔为 10^{-n}（n 为正整数），或指明将数值修约到 n 位小数；

②指定修约间隔为 1，或指明将数值修约到"1"数位；

③指定修约间隔为 10^n（n 为正整数），或指明将数值修约到 10^n 数位，或指明将数值修约到"十"、"百"、"千"……数位。

（2）进舍规则

在大量数据运算中，如果第 $n+1$ 位需要修约，因出现 1、2、3、4、5、6、7、8、9 这些数字的概率相等，以往采用"四舍五入"法对数值进行修约，1、2、3、4 舍去和 6、7、8、9 进位的机会相等，可以抵消，唯独出现 5 时需要进位，故无法使正误差抵消，造成大量数据运算中正误差无法抵消的后果，使试验的结果偏离真值。

为此，提出如下修约口诀"四要舍，六要入，五后有数要进位，五后无数（包括零）看前方，前为奇数就进位，前为偶数全舍光"，简称"四舍六入五成双（尾成双）"。

①拟舍弃数字的最左一位数字小于 5，则舍去，保留其余各位数字不变。

例：将 12.149 8 修约到个数位，得 12；将 12.149 8 修约到一位小数，得 12.1

②拟舍弃数字的最左一位数字大于 5，则进一，即保留数字的末位数字加 1。

例：将 1 268 修约到"百"数位，得 13×10^2（特定场合时可写为 1300）

注："特定场合"系指修约间隔明确时。

③拟舍弃数字的最后一位数字是 5，且其后有非 0 数字时进一，即保留数字的末位数字加 1。

例：将 10.502 修约到个数位，得 11

④拟舍弃数字的最左一位数字为 5，且其后无数字或皆为 0 时，若所保留的末位数字为奇数（1，3，5，7，9）则进一，即保留数字的末位数字加 1；若所保留的末位数字为偶数（2，4，6，8，0）则舍去。

例：修约间隔为 0.1（或 10^{-1}）：

拟修约数值	修约值
1.050	10×10^{-1}（特定场合可写成为 1.0）
0.350	4×10^{-1}（特定场合可写成为 0.4）

例：修约间隔为 1 000（或 10^3）：

拟修约数值	修约值
2 500	2×10^3（特定场合可写为 2 000）
3 500	4×10^3（特定场合可写为 4 000）

⑤负数修约时，先将它的绝对值按以上①～④规定进行修约，然后在修约值前面加上负号。

例：将下列数字修约到"十"数位：

拟修约数值	修约值
-355	-36×10（特定时可写为 -360）
-325	-32×10（特定时可写为 -320）

例：将下列数字修约到三位小数，即修约间隔为 10^{-3}：

拟修约数值	修约值
$-0.036\ 5$	-36×10^{-3}（特定时可写为 -0.036）

(3)不允许连续修约

①拟修约数字应在确定修约间隔或指定修约数位后一次修约获得结果,不得多次连续修约。

例:修约97.46,修约间隔为1

正确的做法:97.46→97;

不正确的做法:97.46→97.5→98。

例:修约15.454 6,修约间隔为1

正确的做法:15.454 6→15;

不正确的做法:15.454 6→15.455→15.46→15.5→16。

②在具体实施中,有时测试与计算部门先将获得数值按指定的修约数位多一位或几位报出,而后由其他部门判定。为避免产生连续修约的错误,应按下述步骤进行。

a.报出数值最右的非零数字为5时,应在数值右上角加"+"或"一"或不加符号,分别表明已进行过舍,进或未舍未进。

例:16.50(+)表示实际值大于16.50,经修约舍弃成为16.50;16.50(一)表示实际值小于16.50,经修约进一成为16.50。

b.如对报出值需要进行修约,当拟舍弃数字的最左一位数字为5,且其后无数字或皆为零时,数值右上角有"+"者进一,有"一"者舍去,其他仍按(2)进舍规则进行。

例:将下列数字修约到个数位(报出值多留一位至一位小数):

实 测 值	报 出 值	修 约 值
15.454 6	15.5(一)	15
16.520 3	16.5(+)	17
17.500 0	17.5	18
−15.454 6	−[15.5(一)]	−15
−16.520 3	−16.5(+)	17

(4)0.5单位修约与0.2单位修约

在对数值进行修约时,若有必要,也可采用0.5单位修约或0.2单位修约。

①0.5单位修约(半个单位修约)

0.5单位修约是指按照指定修约间隔对拟修约的数值0.5单位进行的修约。

0.5单位修约方法如下:将拟修约数值X乘以2,按指定修约间隔对$2X$依据(2)进舍规则修约,所得数值($2X$修约值)再除以2。

例:将下列数字修约到"个"位数的0.5单位修约:

拟修约数值X	$2X$	$2X$修约值	X修约值
60.25	120.50	120	60.0
60.38	120.76	121	60.5
−60.75	−121.50	−122	−61.0
60.28	120.56	121	60.5

②0.2单位修约

0.2单位修约是指按指定修约间隔对拟修约的数值0.2单位进行的修约。

0.2 单位修约方法如下:将拟修约数值 X 乘以 5,按指定修约间隔对 $5X$ 依据(2)进舍规则修约,所得数值($5X$ 修约值)再除以 5。

例:将下列数字修约到"百"位数的 0.2 单位修约:

拟修约数值 X	$5X$	$5X$ 修约值	X 修约值
830	4 150	4 200	840
842	4 210	4 200	840
−930	−4 650	−4 600	−920
832	4 160	4 200	840

三 有效数字的运算规则

(1)数值相加减时,以小数位数最少的数值为准,其余各数均修约成比该数多一位,最后结果应与小数位数最少者相同(绝对误差最大),总绝对误差取决于绝对误差大的数值。

例:　　　　　　$0.012\ 1+12.56+7.843\ 2=0.012+12.56+7.84=20.41$

(2)数值相乘除时,以有效数值位数最少者为准,其余参加运算的各数先修约至比有效数字最少者多保留一位,所得最后结果的有效数字位数与有效数字位数最少者相同(相对误差最大),与小数点的位数无关,相对误差取决于相对误差大的(在乘除运算中,遇到首位数字大于或等于 8 的数,其有效数字位数应多算一位)。

例:　　　　　　　　$0.014\ 2\times24.43\times305.84/28.7=3.70$

(3)乘方或开方时,结果有效数字位数与原数值相同。

例:　　　　　　　　$6.54^2=42.83;\sqrt{7.56}=2.75$

(4)对数和反对数运算时,所得结果的小数点后的位数应与真数的有效数字相同。

例:　　　　　　　　$\mathrm{pH}=5.02[\mathrm{H}^+]=9.5\times10^{-6}(\mathrm{mol/L})$

其中真数 $[\mathrm{H}^+]$ 的有效数字为两位,则对数运算后 pH 小数点后位数应为两位。

说明:在多次运算时,每一步计算过程中对中间结果不做修约,但最后结果需按上述规则修约到要求的位数。

四 可疑数据的取舍

在建筑材料试验的数据中,有时有少数的测量数据与其他的测量数据相差很大。这些相差很大的数据,如果是因操作失误引起的,就应舍弃。常用的舍弃可疑数据的准则如下。

(一)"4d"检验法

对一组有 n 个数据的数列,按大小顺序排列,首先找到可疑值,除去可疑数据后,计算出其余数据的算术平均值 $\bar{x}$、平均偏差 $\bar{d}$;若可疑数据与算术平均值 $\bar{x}$ 差的绝对值大于平均偏差 $\bar{d}$ 的 4 倍,则可疑数据应舍弃。

例　若有 11 个混凝土抗压强度测定值:30.28,30.33,30.31,30.25,30.38,30.41,30.66,30.42,30.48,30.45,30.29,单位 MPa。问 30.66 这个数据是否要舍弃?

解 ①将测值从小到大排列：

30.25＜30.28＜30.29＜30.31＜30.33＜30.38＜30.41＜30.42＜30.45＜30.48＜30.66

②计算除 30.66 以外的 10 个数据的算术平均值 $\overline{R}$：

$$\overline{R}=30.36(\text{MPa})$$

③求平均偏差 $\overline{d}$：

$$\overline{d}=0.068(\text{MPa})$$

④求 D：

$$D=d_{11}=\mid 30.66-30.36\mid=0.30$$

⑤将 D 与 $4\overline{d}$ 比较：

$$D=0.30＞4\overline{d}=4\times0.068=0.27$$

所以，30.66 这一数据应舍弃。

说明：①"$4d$"检验法的优点是计算简单，不需要计算标准差，也不需要查表；

②当试验组数较多，即 $n＞10$ 时，判定标准是 $D＞4\overline{d}$；

③当试验组数较少，即 $n=5\sim10$ 时，判定标准是 $D＞2.5\overline{d}$；

④当 $n＜5$ 时，就不能用该法将误差较大的可疑数据舍弃了。

(二)莱因达法（又称 $3S$ 法）

以标准偏差的 3 倍($3S$)作为确定可疑数据的标准。当某个试验数据 x_i 与试验结果的算术平均值 $\overline{x}$ 之差大于 3 倍标准差时，该数据应舍弃；当测量值 x_i 与试验结果的算术平均值 $\overline{x}$ 之差大于 2 倍标准差时，该数据应保留，但须存疑。若发现生产(施工)、试验过程中，有可疑的变异时，该试验值应予以舍弃。

例 对某恒温室温度测量 15 次，测试结果为($n=15$)：20.42，20.43，20.40，20.43，20.42，20.43，20.39，20.30，20.40，20.43，20.42，20.41，20.39，20.39，20.40，单位为℃。试用 $3S$ 法决定数据的取舍。

解 ①将 15 个测试值从小到大按序排列：(略)

②求出平均值 $\overline{t}_{(15)}$ 及标准差 $S_{(15)}$：

$$\overline{t}_{(15)}=20.404(℃)；S_{(15)}=0.033(℃)$$

③最小的测值 t_1 与平均值 $\overline{t}_{(15)}$ 之差：

$$\mid t_1-\overline{t}_{(15)}\mid=\mid 20.30-20.404\mid=0.104(℃)＞3S_{(15)}=0.099(℃)$$

所以，$t_1=20.30℃$ 应舍弃。

④求出剩余 14 组测值的平均值 $\overline{t}_{(14)}$ 和标准差 $S_{(14)}$：

$$\overline{t}_{(14)}=20.411(℃)；S_{(14)}=0.016(℃)$$

⑤最大的测值 t_{15} 与平均值 $\overline{t}_{(14)}$ 之差：

$$\mid t_{15}-\overline{t}_{(14)}\mid=\mid 20.43-20.411\mid=0.029(℃)＜3S_{(14)}=0.048(℃)$$

最小的测值 t_2 与平均值 $\overline{t}_{(14)}$ 之差：

$$\mid t_2-\overline{t}_{(14)}\mid=\mid 20.39-20.411\mid=0.021(℃)＜3S_{(14)}=0.048(℃)$$

所以，不再有需舍弃的数值。

说明:莱因达法简单方便,不需查表。当试验组数较多或需求不高时可以应用;当试验组数较少($n<10$)时,就无法判别出异常值。

(三)肖维纳特法

若对某一量进行 n 次测试,当某测值 x_i 的绝对偏差大于 k_nS,即 $d_i=|x_i-\bar{t}|\geqslant k_nS$ 时,就意味着测值 x_i 是可疑的,应予以舍弃。k_n 是肖维纳特系数,与试验组数 n 有关,见表 1-1。

肖维纳特系数 k_n 表 1-1

n	3	4	5	6	7	8	9	10	11	12
k_n	1.38	1.53	1.65	1.73	1.80	1.86	1.92	1.96	2.00	2.03
n	13	14	15	16	17	18	19	20	21	22
k_n	2.07	2.10	2.13	2.15	2.17	2.20	2.22	2.24	2.26	2.28
n	23	24	25	30	40	50	75	100	200	500
k_n	2.30	2.31	2.33	2.39	2.49	2.58	2.71	2.81	3.02	3.20

例 将上例用肖维纳特法进行判别。

解 ①由 $n=15$ 查表 1-1,$k_{15}=2.13$。

平均值 $\bar{t}_{(15)}=20.404(℃)$;标准差 $S_{(15)}=0.033(℃)$。

$$|t_1-\bar{t}_{(15)}|=|20.30-20.404|=0.104(℃)>k_{15}S_{(15)}=0.070\,3(℃)$$

所以,$t_1=20.30℃$ 应舍弃。

②对剩余 14 个测值再进行判断:

由 $n=14$ 查表 1-1,$k_{14}=2.10$。

平均值 $\bar{t}_{(14)}=20.411(℃)$;标准差 $S_{(14)}=0.016(℃)$。

$$|t_2-\bar{t}_{(14)}|=|20.39-20.411|=0.021(℃)<k_{14}S_{(14)}=0.034(℃)$$

所以,剩余的 14 组测值中,不再存在粗大误差。

第二章 石 灰

✿ **本章职业能力目标**

能够测定石灰有效氧化钙与有效氧化镁含量,据此对石灰分类,评定质量。

✿ **本章学习要求**

了解石灰主要技术性质和标准。

✿ **本章试验采用的标准及规范**

《公路工程无机结合料稳定材料试验规程》(JTG E51—2009)
《石灰取样方法》(JC/T 620—2009)

第一节 石灰主要技术性质与标准

一 主要技术性质

1. 有效氧化钙和氧化镁含量

石灰中产生黏结性的有效成分是活性氧化钙和氧化镁。它们的含量是评价石灰质量的主要指标,其含量愈多,活性愈高,质量也愈好。按我国行业标准《公路工程无机结合料稳定材料试验规程》(JTG E51—2009)规定,有效氧化钙含量用中和滴定法测定,氧化镁含量用络合滴定法测定。

2. 生石灰产浆量和未消化残渣含量

产浆量是单位质量(1kg)的生石灰经消化后,所产石灰浆体的体积(L)。石灰产浆量愈高,则表示其质量越好。未消化残渣含量是生石灰消化后,未能消化而存留在5mm圆孔筛上的残渣占试样的百分率。其含量愈多,石灰质量愈差,须加以限制。

3. 二氧化碳含量

控制生石灰或生石灰粉中CO_2的含量,是为了检测石灰石在煅烧时"欠火"造成产品中未分解完成的碳酸盐的含量。CO_2含量越高,即表示未分解完全的碳酸盐含量越高,则($CaO+MgO$)含量相对降低,导致石灰的胶结性能下降。

4. 消化石灰游离水含量

游离水含量,指化学结合水以外的水含量。生石灰在消化过程中加入的水是理论需水量的2~3倍,除部分水被石灰消化过程中放出的热蒸发掉外,多加的水分残留于氢氧化钙(除结合水外)中。残余水分蒸发后,留下孔隙会加剧消石灰粉的碳化作用,以致影响石灰的质量,因此对消石灰粉的游离水含量需加以限制。

5. 细度

细度与石灰的质量有密切联系，过量的筛余物影响石灰的黏结性。现行标准《建筑生石灰粉》（JC/T 480—1992）和《建筑消石灰粉》（JC/T 481—1992）以 0.9mm 和 0.125mm 筛余百分率控制石灰的细度。

二 主要技术标准

根据我国建材行业标准《建筑生石灰》（JC/T 479—1992）与《建筑生石灰粉》（JC/T 480—1992）、《建筑消石灰粉》（JC/T 481—1992）的规定，按氧化镁含量的多少，将生石灰块、生石灰粉分为钙质石灰（$MgO \leqslant 5\%$）和镁质石灰（$MgO > 5\%$）两类，将建筑消石灰粉分为钙质消石灰粉（$MgO < 4\%$）、镁质消石灰粉（$4\% \leqslant MgO < 24\%$）、白云石消石灰粉（$24\% \leqslant MgO < 30\%$），每种又按等级分为优等品、一等品、合格品三个等级。其各项技术性能指标见表 2-1～表 2-3。

生石灰的技术标准　　　　　　　　　　　　　表 2-1

项　目	钙 质 生 石 灰			镁 质 生 石 灰		
	优等品	一等品	合格品	优等品	一等品	合格品
$CaO + MgO$ 含量（%）$\not<$	90	85	80	85	80	75
CO_2 含量（%）$\not>$	5	7	9	6	8	10
未消化残渣含量（5mm 圆孔筛余）（%）$\not>$	5	10	15	5	10	15
产浆量（$L \cdot kg^{-1}$）	2.8	2.3	2.0	2.8	2.3	2.0

生石灰粉的技术标准　　　　　　　　　　　　　表 2-2

项　目		钙 质 生 石 灰			镁 质 生 石 灰		
		优等品	一等品	合格品	优等品	一等品	合格品
$CaO + MgO$ 含量（%）$\not<$		85	80	75	80	75	70
CO_2 含量（%）$\not>$		7	9	11	8	10	12
细度	0.90mm 筛筛余（%）$\not>$	0.2	0.5	1.5	0.2	0.5	1.5
	0.125mm 筛筛余（%）$\not>$	7.0	12.0	18.0	7.0	12.0	18.0

消石灰粉的技术标准　　　　　　　　　　　　　表 2-3

项　目		钙质消石灰粉			镁质消石灰粉			白云石消石灰粉		
		优等品	一等品	合格品	优等品	一等品	合格品	优等品	一等品	合格品
$CaO + MgO$ 含量（%）$\not<$		70	65	60	65	60	55	65	60	55
游离水（%）		0.4～2								
体积安定性		合格	合格	—	合格	合格	—	合格	合格	—
细度	0.90mm 筛筛余（%）$\not>$	0	0	0.5	0	0	0.5	0	0	0.5
	0.125mm 筛筛余（%）$\not>$	3	10	15	3	10	15	3	10	15

第二节　石　灰　试　验

取样方法与试样制备

(1)建筑生石灰和建筑生石灰粉的受检批量规定如下:日产量 200t 以上,每批量不大于 200t;日产量不足 200t,每批量不大于 100t;日产量不足 100t,每批量不大于日产量。建筑消石灰粉受检批量规定为:100t 为一批量,小于 100t 的作一批量。

(2)建筑生石灰从每批量石灰的不同部位随机选取 12 个取样点,取样点应均匀或循环分布,并应在表层 100mm 下或底层 100mm 上取样。每个点的取样量不少于 2 000g。取样点内如有最大尺寸大于 150mm 的大块,应将其砸碎,取能代表大块质量的部分碎块。取得的份样经破碎,并通过 20mm 的圆孔筛后,立即装入密闭、防潮的容器中。

(3)袋装生石灰粉或消石灰粉从每批袋装的生石灰粉或消石灰粉中随机抽取 10 袋(包装袋应完好无损),将取样管从袋口斜插到袋内适当深度,取出一管芯石灰。每袋取样量不少于 500g。取得的份样应立即装入密闭、防潮的容器中。

(4)散装车装生石灰粉或消石灰粉、输送机口或包装机出料口取样应在整批散装石灰的不同部位随机选取 10 个取样点,或从一批流动的生石灰粉或消石粉中,有规律地间隔取 10 个份样,每份不少于 500g。取得的份样应立即装入密闭、防潮的容器中。

(5)将所取份样均匀混合好后,采用四分法将其缩分到:生石灰不少于 9kg,生石灰粉或消石灰粉不少于 1kg。

有效氧化钙的测定

(一)目的与适用范围

本方法适用于测定各种石灰的有效氧化钙含量。

(二)试验仪器设备

(1)方孔筛:0.15mm,1 个。

(2)烘箱:50～250℃,1 台。

(3)干燥器:ϕ25cm,1 个。

(4)称量瓶:ϕ30mm×50mm,10 个。

(5)瓷研钵:ϕ12～13cm,1 个。

(6)分析天平:量程不小于 50g,感量 0.000 1g,1 台。

(7)电子天平:量程不小于 500g,感量 0.01g,1 台。

(8)电炉:1 500W,1 个。

(9)石棉网:20cm×20cm,1 块。

(10)玻璃珠:ϕ3mm,1 袋(0.25kg)。

(11)具塞三角瓶:250mL,20 个。

(12)漏斗:短颈,3个。

(13)塑料洗瓶:1个。

(14)塑料桶:20L,1个。

(15)下口蒸馏水瓶:5 000mL,1个。

(16)三角瓶:300mL,10个。

(17)容量瓶:250mL、1 000mL,各1个。

(18)量筒:200mL、100mL、50mL、5mL,各1个。

(19)试剂瓶:250mL、1 000mL,各5个。

(20)塑料试剂瓶:1L,1个。

(21)烧杯:50mL,5个;250mL(或300mL),10个。

(22)棕色广口瓶:60mL,4个;250mL,5个。

(23)滴瓶:60mL,3个。

(24)酸滴定管:50mL,2支。

(25)滴定台及滴定管夹:各1套。

(26)大肚移液管:25mL、50mL,各1支。

(27)表面皿:7cm,10块。

(28)玻璃棒:8mm×250mm及4mm×180mm,各10支。

(29)试剂勺:5个。

(30)吸水管:8mm×150mm,5支。

(31)洗耳球:大、小各1个。

(三)试剂

(1)蔗糖(分析纯)。

(2)酚酞指示剂:称取0.5g酚酞溶于50mL95%乙醇中。

(3)0.1%甲基橙水溶液:称取0.05g甲基橙溶于50mL蒸馏水(40～50℃)中。

(4)盐酸标准溶液(相当于0.5mol/L):将42mL浓盐酸(相对密度1.19g/mL)稀释至1L,按下述方法标定其摩尔浓度后备用。

称取0.8—1.0g(准确至0.000 1g)已在180℃烘干2h的碳酸钠(优级纯或基准级),记录为m,置于250mL三角瓶中,加100mL水使其完全溶解;然后加入2～3滴0.1%甲基橙指示剂,记录滴定管中待标定盐酸标准溶液的体积V_1,用待标定的盐酸标准溶液滴定至碳酸钠溶剂由黄色变为橙红色;将溶液加热至沸,并保持微沸3min,然后放在冷水中冷却至室温,如此时橙红色变为黄色,则再用盐酸标准溶液滴定,至溶液出现稳定橙红色时为止。记录滴定管中盐酸标准溶液的体积V_2。V_1、V_2的差值即为盐酸标准溶液的消耗量V。

盐酸标准溶液的摩尔浓度❶按式(2-1)计算。

$$M = \frac{m}{V \times 0.053} \tag{2-1}$$

式中:M——盐酸标准溶液的摩尔浓度(mol/L);

m——称取碳酸钠的质量(g);

---

❶该处盐酸标准溶液的浓度相当于1mol/L标准溶液浓度的一半左右。

V——滴定时盐酸标准溶液的消耗量(mL);

0.053——与 1.00mL 盐酸标准溶液 $[C(HCl)=1.000mol/L]$ 相当的以克表示的无水碳酸钠的质量。

(四)准备试样

(1)生石灰试样:将生石灰样品打碎,使颗粒不大于 1.18mm。拌和均匀后用四分法缩减至 200g 左右,放入瓷研体中研细,再经四分法缩减至 20g 左右。将研磨所得石灰样品通过 0.15mm(方孔筛)筛。从此细样中均匀挑取 10 余克,置于称量瓶中在 105℃烘箱内烘至恒量,贮于干燥器中,供试验用。

(2)消石灰试样:将消石灰样品用四分法缩减至 10 余克左右,如有大颗粒存在,须在瓷研钵中磨细至无不均匀颗粒存在为止。置于称量瓶中在 105℃烘箱内烘至恒量,贮于干燥器中,供试验用。

(五)试验步骤

(1)称取约 0.5g(用减量法称量,精确至 0.000 1g)试样,记录为 m_1,放入干燥的 250mL 具塞三角瓶中,取 5g 蔗糖覆盖在试样表面,投入干玻璃珠 15 粒,迅速加入新煮沸并已冷却的蒸馏水 50mL,立即加塞振荡 15min(如有试样结块或粘于瓶壁现象,则应重新取样)。

(2)打开瓶塞,用水冲洗瓶塞及瓶壁,加入 2～3 滴酚酞指示剂,记录滴定管中盐酸标准溶液体积 V_3,用已标定的约 0.5mol/L 盐酸标准溶液滴定(滴定速度以 2～3 滴/s 为宜),至溶液的粉红色显著消失并在 30s 内不再复现即为终点。记录滴定管中盐酸标准溶液的体积 V_4。V_3、V_4 的差值即为盐酸标准溶液的消耗量 V_5。

(六)结果整理

有效氧化钙的百分含量按式(2-2)计算:

$$X = \frac{V_5 \times M \times 0.028}{m_1} \times 100 \qquad (2-2)$$

式中:X——有效氧化钙的含量(%);

V_5——滴定时消耗盐酸标准溶液的体积(mL);

0.028——氧化钙毫克当量;

m_1——试样质量(g);

M——盐酸标准溶液的摩尔浓度(mol/L)。

(七)结果整理

对同一石灰样品至少应做两个试样和进行两次测定,并取两次结果的平均值代表最终结果。石灰中氧化钙和有效钙含量在 30% 以下的允许重复性误差为 0.40,30%～50% 的为 0.50,大于 50% 的为 0.60。

(八)试验记录与示例

某石灰有效氧化钙含量试验记录见表 2-4。

试验次数	试样质量 (g)	盐酸标定后浓度 (mol/l)	盐酸消耗体积 (ml)	有效氧化钙含量 (%)	平均值 (%)
1	0.535 0	0.51	25.6	68.33	68.34
2	0.514 0	0.51	24.6	68.34	

(九)注意事项

(1)试样加蒸馏水振荡时,振荡力适度,勿让试样粘于瓶壁。

(2)滴定时控制好滴定速度,以免盐酸过量。

(3)试验完冲洗三角瓶时,要用稀盐酸冲洗一次,再用蒸馏水冲洗干净,以免影响下一次试验结果。

(4)在计算石灰中有效氧化钙含量时,盐酸物质的量浓度应取标定后的数据。

三 有效氧化镁的测定

(一)目的与适用范围

本方法适用于测定各种石灰的总氧化镁含量。

(二)试验仪器设备

(1)方孔筛:0.15mm,1个。

(2)烘箱:50~250℃,1台。

(3)干燥器:ϕ25cm,1个。

(4)称量瓶:ϕ30mm×50mm,10个。

(5)瓷研钵:ϕ12~13cm,1个。

(6)分析天平:量程不小于50g,感量0.000 1g,1台。

(7)电子天平:量程不小于500g,感量0.01g,1台。

(8)电炉:1 500W,1个。

(9)石棉网:20cm×20cm,1块。

(10)玻璃珠:ϕ3mm,1袋(0.25kg)。

(11)具塞三角瓶:250mL,20个。

(12)漏斗:短颈,3个。

(13)塑料洗瓶:1个。

(14)塑料桶:20L,1个。

(15)下口蒸馏水瓶:5 000mL,1个。

(16)三角瓶:300mL,10个。

(17)容量瓶:250mL、1 000mL,各1个。

(18)量筒:200mL、100mL、50mL、5mL,各1个。

(19)试剂瓶:250mL、1 000mL,各5个。

(20)塑料试剂瓶:1L,1个。

(21)烧杯:50mL,5个;250mL(或300mL),10个。

(22)棕色广口瓶:60mL,4个;250mL,5个。

(23)滴瓶:60mL,3个。

(24)酸滴定管:50mL,2支。

(25)滴定台及滴定管夹:各1套。

(26)大肚移液管:25mL、50mL,各1支。

(27)表面皿:7cm,10块。

(28)玻璃棒:8mm×250mm及4mm×180mm,各10支。

(29)试剂勺:5个。

(30)吸水管:8mm×150mm,5支。

(31)洗耳球:大、小各1个。

(三)试剂

(1)1:10盐酸:将1体积盐酸(密度1.19g/mL)以10体积蒸馏水稀释。

(2)氨水—氯化铵缓冲溶液(pH=10):将67.5g氯化铵溶于300mL无二氧化碳蒸馏水中,加浓氨水(相对密度为0.90)570mL,然后用水稀释至1000mL。

(3)酸性铬蓝K—萘酚绿B(1:2.5)混合指示剂:称取0.3g酸性铬蓝K和0.75g萘酚绿B以及50g已在105℃烘干的硝酸钾混合研细,保存于棕色广口瓶中。

(4)EDTA二钠标准溶液:将10g EDTA二钠溶于温热蒸馏水中,待全部溶解并冷至室温后,用水稀释至1000mL。

(5)氧化钙标准溶液:精确称取1.784 8g在105℃烘干(2h)的碳酸钙(优级纯),置于250mL烧杯中,盖上表面皿。从杯嘴缓慢滴加1:10盐酸100mL,加热溶解;待溶液冷却后,移入1000mL的容量瓶中,用新煮沸冷却后的蒸馏水稀释至刻度摇匀。此溶液1mL相当于1mg氧化钙。

(6)20%的氢氧化钠溶液:将20g氢氧化钠溶于80mL蒸馏水中。

(7)钙指示剂:将0.2g钙试剂羟酸钠和20g已在105℃烘干的硫酸钾混合研细,保存于棕色广口瓶中。

(8)10%酒石酸钾钠溶液:将10g酒石酸钾钠溶于90mL蒸馏水中。

(9)三乙醇胺(1:2)溶液:将1体积三乙醇胺以2体积蒸馏水稀释摇匀。

(四)EDTA二钠标准溶液与氧化钙和氧化镁关系的标定

(1)精确吸取V_1=50mL氧化钙标准溶液放于300mL三角瓶中,用水稀释至100mL左右,然后加入钙指示剂约0.2g,以20%氢氧化钠溶液调整溶液碱度到出现酒红色,再过量加3~4mL,然后以EDTA二钠标准溶液滴定,至溶液由酒红色变成纯蓝色时为止,记录EDTA二钠标准溶液体积V_2。

(2)以EDTA二钠标准液滴定,至溶液由酒红色变成纯蓝色为止。记录EDTA二钠耗量。

EDTA二钠标准溶液对氧化钙滴定度(T_{CaO}),即1mL EDTA二钠标准溶液相当于氧化钙的毫克数按式(2-3)计算:

$$T_{CaO} = C \times \frac{V_1}{V_2} \qquad (2\text{-}3)$$

式中:C——1mL 氧化钙标准溶液含有氧化钙的毫克数,等于1;

　　V_1——吸取氧化钙标准溶液体积(mL);

　　V_2——消耗 EDTA 二钠标准溶液体积(mL)。

　　EDTA 二钠标准溶液对氧化镁的滴定度(T_{MgO}),即 1mL EDTA 二钠标准溶液相当于氧化镁的毫克数,按式(2-4)计算:

$$T_{MgO} = \frac{T_{CaO} \times 40.31}{56.08} = 0.72 T_{CaO} \qquad (2\text{-}4)$$

(五)准备试样

　　(1)生石灰试样:将生石灰样品打碎,使颗粒不大于 1.18mm。拌和均匀后用四分法缩减至 200g 左右,放入瓷研体中研细,再经四分法缩减至 20g 左右。研磨所得石灰样品,通过 0.15mm(方孔筛)筛。从此细样中均匀挑取 10 余克,置于称量瓶中在 105℃烘箱内烘至恒量,贮于干燥器中,供试验用。

　　(2)消石灰试样:将消石灰样品用四分法缩减至 10 余克左右,如有大颗粒存在须在瓷研钵中磨细至无不均匀颗粒存在为止。置于称量瓶中在 105℃烘箱内烘至恒量,贮于干燥器中,供试验用。

(六)试验步骤

　　(1)称取约 0.5g(准确至 0.000 1g)试样,并记录试样质量 m,放入 250mL 烧杯中,用蒸馏水湿润,加 30mL1:10 盐酸,用表面皿盖住烧杯,加热近沸并保持微沸 8～10min。用吸管吸取蒸馏水洗净表面皿,洗液冲入烧杯中。冷却后把烧杯内的沉淀及溶液移入 250mL 容量瓶中,加水至刻度,仔细摇匀静置。

　　(2)待溶液沉淀后,用移液管吸取 25mL 溶液,放入 250mL 三角瓶中,加 50mL 水稀释后,加酒石酸钾钠溶液 1mL、三乙醇胺溶液 5mL,再加入氨水—氯化铵缓冲溶液 10mL(此时待测溶液的 pH=10)、酸性铬兰 K-萘酚绿 B 指示剂约 0.1g。记录滴定管中初始 EDTA 二钠标准溶液体积 V_5,用 EDTA 二钠标准溶液滴定,至溶液由酒红色变为纯蓝色时即为终点,记录滴定管中 EDTA 二钠标准溶液的体积 V_6。V_5、V_6 的差值即为滴定钙镁合量的 EDTA 二钠标准溶液的消耗量 V_3。

　　(3)再从前述同一容量瓶中,用移液管吸取 25mL 溶液,置于 300mL 三角瓶中,加水 150mL 稀释后,加三乙醇胺溶液 5mL 及 20%氢氧化钠溶液 5mL(此时待测溶液的 pH≥12),放入约 0.2g 钙指示剂。记录滴定管中初始 EDTA 二钠标准溶液体积,用 EDTA 二钠标准溶液滴定,至溶液由酒红色变为蓝色即为终点,记录滴定管中 EDTA 二钠标准溶液的体积 V_8。V_7、V_8 的差值即为滴定钙离子的 EDTA 二钠标准溶液的消耗量 V_4。

(七)计算

　　氧化镁的百分含量按式(2-5)计算:

$$X = \frac{T_{MgO}(V_3 - V_4) \times 10}{m \times 1\,000} \times 100 \qquad (2\text{-}5)$$

式中:X——氧化镁的含量(%);

T_{MgO}——EDTA 二钠标准溶液对氧化镁的滴定度；

V_3——滴定钙镁合量消耗 EDTA 二钠标准溶液的体积(mL)；

V_4——滴定钙消耗 EDTA 二钠标准溶液的体积(mL)；

10——总溶液对分取溶液的体积倍数；

m——试样质量(g)。

(八)结果整理

对同一石灰样品至少应做两个试样和进行两次测定，读数精确至 0.1mL。取两次测定结果平均值代表最终结果。

(九)试验记录

某石灰氧化镁含量试验记录见表 2-5。

氧化镁含量试验记录表 表 2-5

试验次数	试样质量 (g)	EDTA 对氧化钙滴定度	EDTA 对氧化镁滴定度	EDTA 消耗量		氧化镁含量 (%)	平 均 值
				滴定钙镁合量 (mL)	滴定钙 (mL)		
1	0.498 0	0.64	0.46	52.0	48.0	3.7	3.8
2	0.503 0	0.64	0.46	50.1	54.4	3.9	

结论：有效氧化钙和氧化镁含量＝68.34％＋3.8％＝72.14％＞70％，属于钙质消石灰优等品。

四 有效氧化钙和氧化镁含量的简易测试方法

(一)目的与适用范围

本试验方法适用于测定氧化镁含量在 5％以下的低镁石灰。

注：氧化镁被水分解的作用缓慢，如果氧化镁含量高，到达滴定终点的时间很长，从而增加了与空气中二氧化碳的作用时间，影响测定结果。

(二)试验仪器设备

同有效氧化钙的测定。

(三)试剂

(1)1mol/L 盐酸标准溶液：取 83mL(相对密度 1.19g/mL)浓盐酸以蒸馏水稀释至 1 000mL，按前述方法及式(2-1)标定其摩尔浓度后备用。

(2)1％酚酞指示剂。

(四)准备试样

同有效氧化钙的测定试验。

(五)试验步骤

(1)迅速称取石灰试样 0.8~1.0g(准确至 0.000 1g),放入 300mL 三角瓶中,记录试样质量 m。加入 150mL 新煮沸并已冷却的蒸馏水和 10 颗玻璃珠;然后瓶口上插一短颈漏斗,加热5min,但勿使沸腾,迅速冷却。

(2)向三角瓶中滴入酚酞指示剂 2 滴,记录滴定管中盐酸标准溶液体积 V_3,在不断摇动下以盐酸标准液滴定,控制速度为每秒 2~3 滴,至溶液的粉红色完全消失,稍停,又出现红色,继续滴入盐酸,如此重复几次,直至 5min 内不出现红色为止,记录滴定管中盐酸标准溶液体积 V_4。V_3、V_4 的差值即为盐酸标准溶液的消耗量 V_5。如滴定过程持续半小时以上,则结果只能作参考。

(六)计算

有效氧化钙和氧化镁百分含量按式(2-7)计算:

$$(CaO + MgO)\% = \frac{V \times C \times 0.028}{G} \times 100 \qquad (2-6)$$

式中:C——盐酸标准溶液标定后物质的量浓度(mol/L);

G——试样质量(g);

V——滴定时消耗盐酸标准溶液的体积(mL)。

(七)结果整理

对同一石灰样品至少应做两个试样和进行两次测定,读数精确至 0.1mL 并取两次测定结果的平均值代表最终结果。

(八)试验记录与示例

某石灰有效氧化钙和氧化镁含量试验见表 2-6。

有效氧化钙和氧化镁含量试验记录表 表 2-6

试验次数	试样质量 (g)	盐酸的准确物质的量浓度 (mol/L)	消耗盐酸体积 (mL)	石灰中有效氧化钙和氧化镁含量（%）个 别	平 均
1	0.994 0	0.985 0	25.4	70.4	71.4
2	0.923 0	0.988 0	24.1	72.3	

结论:有效氧化钙和氧化镁含量=71.14%>70%,属于钙质消石灰优等品。

第三章 水　　泥

◎ **本章职业能力目标**

能够熟练操作水泥试验中主要仪器,能够对水泥主要技术性质进行检测,评定水泥
质量。

◎ **本章学习要求**

掌握水泥主要技术性质的概念与相关国家标准规定,了解试验原理。

◎ **本章试验采用的标准及规范**

《水泥密度试验》(GB/T 208—1994)

《水泥细度试验》(GB/T 1345—2005)

《水泥标准稠度用水量、凝结时间、安定性检验方法》(GB/T 1346—2011)

《水泥胶砂强度检验方法(ISO 法)》(GB/T 17671—1999)

《通用硅酸盐水泥》(GB 175—2007)

第一节　水泥主要技术性质与标准

水泥在建筑工程中主要用于配制砂浆和混凝土,作为大量应用的建筑材料,国家标准对其
各项性能有着明确的规定和要求。

一 密度

密度是材料的基本属性,指材料在绝对密实状态下单位体积的质量。

硅酸盐水泥的密度一般为 $3\,100 \sim 3\,200 kg/m^3$,普通硅酸盐水泥在 $3\,100 kg/m^3$ 左右,矿渣
水泥为 $2\,600 \sim 3\,000 kg/m^3$。

二 细度

细度是指水泥颗粒的粗细程度。水泥的细度既可用筛余量表示,也可用比表面积来表示。
比表面积即单位质量水泥颗粒的总表面积(m^2/kg)。

GB 175—2007 规定,硅酸盐水泥、普通硅酸盐水泥的细度以比表面积表示,其比表
面积须大于或等于 $300 m^2/kg$;矿渣硅酸盐水泥、火山灰质硅酸盐水泥、粉煤灰硅酸盐水泥
和复合硅酸盐水泥的细度以筛余表示,$80 \mu m$ 方孔筛筛余量不大于 10% 或 $45 \mu m$ 方孔筛筛余
不大于 30%。

三 标准稠度用水量

标准稠度用水量是指水泥拌制成特定的塑性状态(标准稠度)时所需的用水量(以占水泥质量的百分数表示)。硅酸盐水泥的标准稠度用水量与矿物组成及细度有关,一般在 24%～30%之间。

水泥标准稠度用水量的测定有两种方法,即标准法和代用法。GB/T 1346—2011 规定,当采用代用法时,以试锥下沉深度 30mm±1mm 时的净浆为标准稠度净浆,其拌和水量为该水泥的标准稠度用水量(调整水量法)或标准稠度用水量 $P=33.4-0.185S$(不变水量法);当采用标准法时,以试杆下沉距离玻璃板 6mm±1mm 时的净浆为标准稠度净浆,其拌和水量为该水泥的标准稠度用水量。

四 凝结时间

凝结时间是指水泥从加水开始,到水泥浆失去塑性所需的时间。凝结时间分初凝时间和终凝时间,初凝时间是指从水泥加水到水泥浆开始失去塑性的时间,终凝时间是指从水泥加水到水泥浆完全失去塑性的时间。

GB 175—2007 规定,硅酸盐水泥初凝时间不得早于 45min,终凝时间不得迟于 390min;普通硅酸盐水泥、矿渣硅酸盐水泥、火山灰质硅酸盐水泥、粉煤灰硅酸盐水泥、复合硅酸盐水泥初凝时间不得早于 45min,终凝时间不得迟于 600min。

五 安定性

安定性是指水泥浆体硬化后体积变化的均匀性。若水泥硬化后体积变化不稳定、不均匀,会导致混凝土产生膨胀破坏,造成严重的工程质量事故。游离氧化钙会引起水泥的安定性不良,用沸煮法检验应合格。

六 强度

水泥的强度是评定其质量的重要指标,也是划分水泥强度等级的依据。不同品种、不同强度等级的通用硅酸盐水泥,其不同龄期的强度应符合表 3-1 的要求。如有一项指标低于表中数值,则应降低强度等级使用。

通用水泥强度等级要求　　　　　　　　　　　　表 3-1

品　　种	强度等级	抗 压 强 度		抗 折 强 度	
		3d	28d	3d	28d
硅酸盐水泥	42.5	≥17.0	≥42.5	≥3.5	≥6.5
	42.5R	≥22.0		≥4.0	
	52.5	≥23.0	≥52.5	≥4.0	≥7.0
	52.5R	≥27.0		≥5.0	
	62.5	≥28.0	≥62.5	≥5.0	≥8.0
	62.5R	≥32.0		≥5.5	

品　种	强度等级	抗压强度		抗折强度	
		3d	28d	3d	28d
普通硅酸盐水泥	42.5	≥17.0	≥42.5	≥3.5	≥6.5
	42.5R	≥22.0		≥4.0	
	52.5	≥23.0	≥52.5	≥4.0	≥7.0
	52.5R	≥27.0		≥5.0	
矿渣硅酸盐水泥 火山灰质硅酸盐水泥 粉煤灰硅酸盐水泥 复合硅酸盐水泥	32.5	≥10.0	≥32.5	≥2.5	≥5.5
	32.5R	≥15.0		≥3.5	
	42.5	≥15.0	≥42.5	≥3.5	≥6.5
	42.5R	≥19.0		≥4.0	
	52.5	≥21.0	≥52.5	≥4.0	≥7.0
	52.5R	≥23.0		≥4.5	

七　水泥胶砂流动度

水泥胶砂流动度是表示水泥胶砂流动性的一种量度。在一定加水量下,流动度取决于水泥的需水性。流动度以水泥胶砂在流动桌上扩展的平均直径(mm)表示。

第二节　水　泥　试　验

一　水泥取样方法及取样数量

根据 GB 12573—2008,常用水泥试验的取样应按下述规定进行:

(1)水泥进场验收:水泥进场时,应对其品种、级别、包装或散装仓号、出厂日期等进行检查,并应对其强度、安定性及其他必要的性能指标进行复验,其质量必须符合《通用硅酸盐水泥》(GB 175—2007)等的规定。

当在使用中对水泥质量有怀疑或水泥出厂日期超过 3 个月(快硬硅酸盐水泥超过 1 个月)时,应进行复验,并按复验结果使用。

(2)检查数量及验收方法:按同一厂家、同一等级、同一品种、同一批号且连续进场的水泥,袋装不超过 200t 为一批,散装不超过 500t 为一批,每批抽样不少于一次。检查产品合格证、出厂检验报告和进场复验报告。

(3)取样方法:取样要有代表性,一般可以随机从 3 个车罐中抽取等量水泥,经混拌均匀后,再从中称取不少于 12kg 水泥作为检验试样,或从 20 袋中取等量样品,总数至少 12kg。拌和均匀后分成两个等份,一份由试验室按标准进行试验,一份密封保存,以备复验用。

(一)试验目的

将水泥装入盛有一定量液体介质的李氏密度瓶内,并使液体介质充分地浸透水泥颗粒。根据阿基米德定律,水泥的体积等于它所排开的液体体积,从而算出水泥单位体积的质量即为密度。为使测定的水泥不产生水化,液体介质采用无水煤油。操作过程中,应保证水泥在装入时和瓶内液体的温度相一致。

(二)试验仪器设备

(1)李氏密度瓶:检定水泥密度用的李氏密度瓶应符合关于公差、符号、长度以及均匀刻度的要求,容积为 220～250mL,带有长 180～200mm、直径约 10mm 的细颈,细颈上刻度读数为 0～24mL,0～1mL 和 18～24mL 之间应具有 0.1mL 刻度线,见图 3-1。

(2)恒温水槽或其他保持恒温的盛水玻璃容器。

(3)天平:量程大于 100g,感量不大于 0.01g。

(4)温度计:分度值不大于 0.1℃。

(5)滤纸。

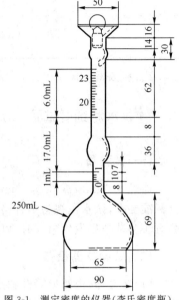

图 3-1 测定密度的仪器(李氏密度瓶)
(尺寸单位:mm)

(三)试验步骤

(1)将无水煤油注入李氏密度瓶中,液面至 0～1mL 刻度线内(以弯月液面的下部为准)。盖上瓶塞并放入恒温水槽内,使刻度部分浸入水中(水温应控制在李氏密度瓶刻度上的温度),恒温 30min,记下第一次读数。

(2)从恒温水槽中取出李氏密度瓶,用滤纸将李氏密度瓶内零点以上没有煤油的部位仔细擦净。

(3)水泥预先通过 0.9mm 的方孔筛,在 110℃±5℃温度下干燥 1h,并且在干燥器内冷却至室温。称取水泥 60g,精确至 0.01g,用小匙借助洗净烘干的玻璃漏斗装入李氏密度瓶中,反复摇动,直至没有气泡排出,再次放入恒温水槽,在相同温度下恒温 30min,记下第二次读数。

(4)两次读数时,恒温水槽温差不大于 0.2℃。

(四)试验结果评定

(1)水泥密度按式(3-1)计算。

$$\rho = 1\,000 \times \frac{m}{V} \tag{3-1}$$

式中:ρ——水泥的密度(kg/m³);

m——装入李氏密度瓶的水泥质量(g);

V——在试验所确定温度条件下被水泥所排出的液体体积,即李氏密度瓶第二次读数减去第一次读数(cm³)。

(2)密度须以两次试验结果的平均值确定,计算精度至 $10kg/m^3$。两次试验结果之差不得超过 $20kg/m^3$。

(五)试验记录与示例

某水泥密度试验记录见表 3-2。

水泥密度试验记录表

表 3-2

试 样 编 号	水泥试样质量 m (g)	李氏密度瓶读数(cm^3)		水泥密度(kg/m^3)	
		第一次读数	第二次读数	个别值	平均值
1	60	0.5	20.1	3 060	3 070
2	60	0.7	20.2	3 080	

结论:依据 GB/T 0503—2005,该水泥所检指标达到 P.O 技术要求。

三 水泥细度试验(GB/T 1345—2005)

(一)试验目的

通过 0.08mm 或 0.045mm 筛析法测定筛余量,评定水泥细度是否达到标准要求,若不符合标准要求,该水泥视为不合格。细度检验方法有负压筛法、水筛法和干筛法三种。当三种检验方法测试结果发生争议时,以负压筛法为准。本指导书针对负压筛法。

(二)试验仪器设备

(1)试验筛:由圆形筛框和筛网组成。负压筛应附有透明筛盖,筛盖与筛上口应有良好的密封性。筛网应紧绷在筛框上,筛网和筛框接触处,应用防水胶密封,防止水泥嵌入。

(2)负压筛析仪:

①负压筛析仪由筛座、负压筛、负压源及收尘器组成,其中筛座由转速为 30r/min ± 2r/min 的喷气嘴、负压表、控制板、微电机及壳体等部分构成,见图 3-2。

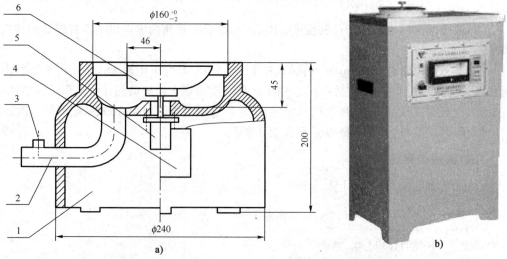

图 3-2 负压筛析仪(尺寸单位:mm)

1-壳体;2-负压源及收尘器接口;3-负压表接口;4-控制板开口;5-微电机;6-喷气嘴

a)筛座示意图;b)实物图

②筛析仪负压可调范围为 4 000～6 000Pa。

③负压源和收尘器，由功率≥600W 的工业吸尘器和小型旋风收尘筒组成，或由其他具有相当功能的设备组成。

（3）天平：量程为 100g，感量不大于 0.01g。

（三）试验步骤

（1）试验时所用试验筛应保持清洁，负压筛应保持干燥。

（2）筛析试验前，应把负压筛放在筛座上，盖上筛盖，接通电源，检查控制系统，调整负压至 4 000～6 000Pa 范围内。

（3）称取试样25g（0.08mm 筛）或试样 10g（0.045mm 筛），置于洁净的负压筛中，盖上筛盖，放在筛座上，开动筛析仪连续筛析 2min。在此期间如有试样附着在筛盖上，可轻轻地敲击，使试样落下。筛毕，用天平称量全部筛余物。

（4）当工作负压小于 4 000Pa 时，应清理吸尘器内水泥，使负压恢复正常。

（四）试验结果评定

（1）水泥试样筛余百分数按下式计算，结果精确至 0.1%。

$$F = \frac{R_s}{m} \times 100 \tag{3-2}$$

式中：F——水泥试样的筛余百分数（%）；

R_s——水泥筛余物的质量（g）；

m——水泥试样的质量（g）。

（2）每个样品应称取两个试样分别筛析，取筛余平均值作为筛析结果。若两次筛余结果绝对误差大于 0.5% 时（筛余值大于 5% 时可以放宽至 1%），应再做一次试验，取两次相近结果的平均值作为最终结果。

（3）当采用 0.08mm 筛时，水泥筛余百分数 $F \leqslant 10\%$ 为细度合格；当采用 0.045mm 筛时，水泥筛余百分数 $F \leqslant 30\%$ 为细度合格。

（五）试验记录与示例

采用 80μm 的方孔筛负压筛法测得某矿渣硅酸盐水泥的筛析结果，见表 3-3。

水泥细度试验记录表　　　　　　　　　　　　　　　表 3-3

试 样 编 号	水泥试样质量 m（g）	水泥筛余物质量 R_s（g）	水泥筛余百分数（%）	
			个别值	平均值
1	25	0.66	2.6	2.5
2	25	0.61	2.4	

结论：依据 GB/T 1345—2005，该水泥所检指标达到 P.S.A32.5R 技术要求。

(一)试验原理及方法

水泥的比表面积,以单位质量水泥所含颗粒的表面积表示,其单位为 cm²/g 或 m²/kg。水泥的比表面积,主要是根据通过一定空隙率的水泥层的空气流速来测定。因为对一定空隙率的水泥层,其中空隙的数量和大小是水泥颗粒比表面积的函数,也决定了空气流过水泥层的速度,因此根据空气流速即可计算比表面积。

(二)试验仪器设备

(1)透气仪:仪器的装置见图 3-3,其构造主要包括圆筒、捣器、气压计、负压调整器,分自动和手动两种。

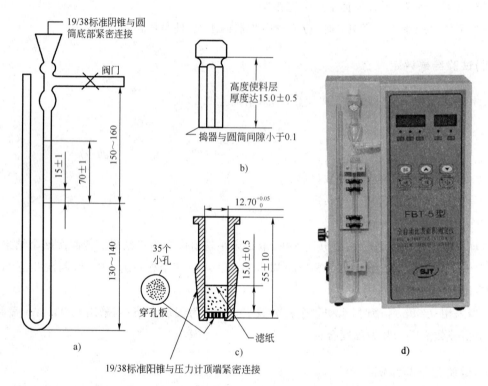

图 3-3 比表面积 U 形压力计(尺寸单位:mm)
a)U 形压力计;b)捣器;c)透气圆筒;d)实物图

(2)温度计:精确至 1℃。

(3)秒表:精确至 0.5s。

(4)烘干箱。

(5)分析天平:分度值为 0.001g。

(6)滤纸、分析纯汞、压力计液体(采用有颜色的蒸馏水或无色蒸馏水)。

(三)试样的制备

(1)漏气检查。将透气圆筒上口用橡皮塞塞紧安到压力计上,用抽气装置从压力计一臂中抽出部分气体，然后关闭阀门，观察是否漏气，如发现漏气，用活塞油脂加以密封。

（2）试料层体积的测定，用水银排代法。将两片滤纸沿圆筒壁放入透气圆筒内，用一直径比透气圆筒略小的细长棒往下按，直到滤纸平整地放在金属穿孔板上，然后装满水银，用一小块薄玻璃板轻压水银表面，使水银面与圆筒口平齐，并须保证在玻璃板和水银表面之间没有气泡或空洞存在。从圆筒中倒出水银称量，精确至 0.05g，重复几次，至数值基本不变为止。然后取出一片滤纸，在圆筒中加入适量的试样。再把取出的一片滤纸盖至上面，用捣器压实试料层，压到规定的厚度，即捣器的支持环与圆筒边接触。再把水银倒入压平，同样倒出水银称量，重复几次至水银质量不变为止。圆筒内试料层体积可按下式计算：

$$V = \frac{(P_1 - P_2)}{\rho_{水银}} \tag{3-3}$$

式中：V——试料层体积（cm³）；

P_1——未装试样时的水银质量（g）；

P_2——装试样后的水银质量（g）；

$\rho_{水银}$——试验温度下水银的密度（g/cm³）。

试料层体积的测定，至少应进行两次，每次应单独压实，若两次数值相相差不超过 0.005cm³，则取两者的平均值。

（3）检验用的水泥试样，必须先在烘干箱中以 110℃±5℃ 干燥 1h，然后放入干燥器中冷却至室温。

（4）装入圆筒中的水泥的量，应使其用捣器捣实后，恰能达至所规定的体积，其质量可按下式算出：

$$m = \rho V(1 - \varepsilon) \tag{3-4}$$

式中：m——水泥质量（g）；

ρ——水泥相对密度；

V——圆筒中试验用的试料层体积，亦即圆筒的有效体积（cm³）；

ε——水泥层捣实后的空隙率，即圆筒中水泥空隙的体积与总体积的比值；P·Ⅰ、P·Ⅱ型水泥的空隙率采用 0.500±0.005，其他水泥或粉料的空隙率选用 0.530±0.005。

注：如果按上列公式算出的水泥的量，在圆筒的有效体积中容纳不下，或者经捣实后未能充满圆筒的有效体积，则允许适当地变更空隙率以减少或增添水泥称量。

（5）水泥装入圆筒内的方法如下：将穿孔圆板安装于圆筒内，上面铺张圆形滤纸。将称量好的水泥（精确至 0.001g）放入圆筒内，在桌面上以水平方向轻轻敲动圆筒，使水泥层表面平坦，然后在水泥层上再铺一张圆形滤纸，以捣器均匀捣实试料至支持环紧紧地接触到圆筒边，并旋转 1～2 圈，然后慢慢将捣器抽出。

注：滤纸不得重复使用，采用中速定量滤纸。

（四）测定方法

装有制备好被测试样的透气圆筒，要保证紧密连接。为避免漏气，可先在圆筒下锥面涂一薄层活塞油脂，然后把它插入气压计顶端锥形磨口处，旋转两周，并且不能再振动所制备的试料层。打开微型电磁泵慢慢从压力计一臂中抽出空气，直到压力计内液面持续稳定上升到扩大部下端时关闭阀门。当液面的凹月面下降至最上面一条刻线（计时开始刻线）时开始计时，当液面继续下降至第二条刻线（计时终端刻线）时计时停止，记录液面从第一条刻度线到第二条刻度线所需的时间,以秒记录,并记录下试验时的温度。每次透气试验,均应重新制备试料层。

(五)计算

(1)当被测试样的密度、试料层中空隙率与标准样品相同,试验时的温度与标准温度之差≤3℃时,可以按式(3-5)计算:

$$S = \frac{S_s \sqrt{T}}{\sqrt{T_s}} \tag{3-5}$$

试验时的温度与标准温度之差>3℃时,可以按式(3-6)计算:

$$S = \frac{S_s \sqrt{\eta_s} \sqrt{T}}{\sqrt{\eta} \sqrt{T_s}} \tag{3-6}$$

以上两式中:S_s——标准样品的比表面积(cm^2/g);

S——被测试样的比表面积(cm^2/g);

T_s——标准样品测定时,压力计中液面降落测定的时间(s);

T——被测样品测定时,压力计中液面降落测定的时间(s);

η——被测样品试验温度下空气的黏度($\mu Pa \cdot s$);

η_s——标准样品试验温度下空气的黏度($\mu Pa \cdot s$)。

注:不同温度条件下的水银密度及空气黏度可以查表获得(表3-4)。例如22℃时,水银的密度为13.54g/cm^3,空气黏度为0.000 181 8Pa·s。

(2)当被测试样的试料层中空隙率与标准样品不同,试验时的温度与标准温度之差≤3℃时,可以按式(3-7)计算:

$$S = \frac{S_s \sqrt{T}(1-\varepsilon_s) \sqrt{\varepsilon^3}}{\sqrt{T_s}(1-\varepsilon) \sqrt{\varepsilon_s^3}} \tag{3-7}$$

试验时的温度与标准温度之差>3℃时,可以按式(3-8)计算:

$$S = \frac{S_s \sqrt{\eta_s} \sqrt{T}(1-\varepsilon_s) \sqrt{\varepsilon^3}}{\sqrt{\eta}\sqrt{T_s}(1-\varepsilon) \sqrt{\varepsilon_s^3}} \tag{3-8}$$

以上两式中:ε——被测试样试料层的空隙率;

ε_s——标准样品试料层的空隙率。

(3)当被测试样的密度和试料层中空隙率与标准样品不同,试验时的温度与标准温度之差≤3℃时,可以按式(3-9)计算:

$$S = \frac{S_s \rho_s \sqrt{T}(1-\varepsilon_s) \sqrt{\varepsilon^3}}{\rho\sqrt{T_s}(1-\varepsilon) \sqrt{\varepsilon_s^3}} \tag{3-9}$$

试验时的温度与标准温度之差>3℃时,可以按式(3-10)计算:

$$S = \frac{S_s \rho_s \sqrt{\eta_s} \sqrt{T}(1-\varepsilon_s) \sqrt{\varepsilon^3}}{\rho\sqrt{\eta} \sqrt{T_s}(1-\varepsilon) \sqrt{\varepsilon_s^3}} \tag{3-10}$$

以上两式中:ρ——被测试样的密度(g/cm^3);

ρ_s——标准样品的密度(g/cm^3)。

在不同温度下水银密度、空气黏度 η 表 3-4

室温(℃)	水银密度(g/cm³)	空气黏度 η(Pa·s)	$\sqrt{\eta}$
8	13.58	0.000 174 9	0.013 22
10	13.57	0.000 175 9	0.013 26
12	13.57	0.000 176 8	0.013 30
14	13.56	0.000 177 8	0.013 33
16	13.56	0.000 178 8	0.013 37
18	13.55	0.000 179 8	0.013 41
20	13.54	0.000 180 8	0.013 45
22	13.54	0.000 181 8	0.013 48
24	13.54	0.000 182 8	0.013 52
26	13.53	0.000 183 7	0.013 55
28	13.53	0.000 184 7	0.013 59
30	13.52	0.000 185 7	0.013 63
32	13.52	0.000 186 7	0.013 66
34	13.51	0.000 186 7	0.013 70

(六)结果处理

(1)水泥比表面积由两次试验的结果的平均值确定,计算应精确至 $10cm^2/g$ 或 $1m^2/kg$。每次试验结果与所得平均值的相差不得超过±2%,否则重新试验。

(2)当同一水泥用手动勃氏透气仪测定的结果与自动勃氏透气仪测定的结果有争议时,以手动勃氏透气仪测定的结果为准。

(七)试验记录与示例

某 P.O 水泥勃氏比表面积试验记录见表 3-5。

P.O 水泥勃氏比表面积试验记录表   表 3-5

试 样 编 号	密度(g/cm³)	质量(g)	液面降落时间(s)	比表面积(cm²/g)
1			162	3 170
2			154	3 090

结论:P.O 水泥比表面积为 $3\,130cm^2/g$。

注:已知标准样比表面积 $3\,100cm^2/g$ 及液面降落时间 155s,假定被测试样的密度、试料层中空隙率与标准样品相同,试验时的温度与标准温度之差≤3℃。

五 水泥标准稠度用水量试验(GB/T 1346—2011)

(一)试验目的

水泥的凝结时间、安定性均受水泥浆稠稀的影响。为了使不同水泥具有可比性,水泥必须有一个标准稠度。通过此项试验测定水泥浆达到标准稠度时的用水量,作为凝结时间和安定性试验用水量的标准。

(二)试验仪器设备

(1)标准法维卡仪:标准稠度测定用试杆[图 3-4a)、图 3-4d)]有效长度为 50mm±1mm,由直径为 $\phi(10mm±0.05mm)$ 的圆柱形耐腐蚀金属制成。测定凝结时间时取下试杆,用初凝试针[图 3-4b)、图 3-4e)]、终凝试针[图 3-4c)、图 3-4f)]代替试杆。试针由钢制成,其有效长度,初凝针为 50mm±1mm,终凝针为 30mm±1mm,直径为 $\phi(1.13mm±0.05mm)$,试针圆柱体。滑动部分的总质量为 300g±1g。与试杆、试针联结的滑动杆表面应光滑,能靠重力自由下落,不得有紧涩和晃动现象。

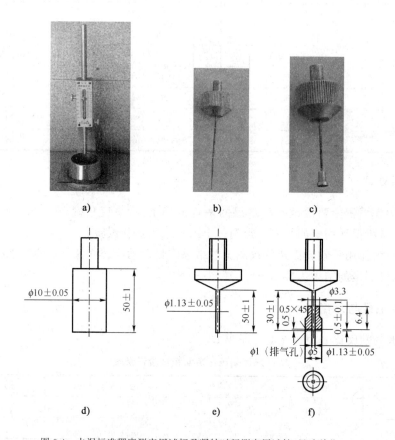

图 3-4 水泥标准稠度测定用试杆及凝结时间测定用试针(尺寸单位:mm)
a)标准稠度净浆测定仪与试杆实物图;b)初凝试针实物图;c)终凝试针实物图;d)标准稠度用试杆;e)初凝试针;f)终凝用试针

盛装水泥净浆的试模应由耐腐蚀的、有足够硬度的金属制成。试模为深 40mm±0.2mm、顶内径 $\phi65mm±0.5mm$、底内径 $\phi75mm±0.5mm$ 的截顶圆锥体。每只试模应配备一个边长或直径约 100mm、厚 4~5mm 的平板玻璃底板或金属底板。

(2)水泥净浆搅拌机:由搅拌叶和搅拌锅组成,搅拌叶宽度为 111mm,搅拌锅内径×最大深度为 160mm×139mm,拌锅与搅拌叶之间工作间隙为 2mm±1mm。

(3)量水器:最小刻度为 0.1mL,精度 1%。

(4)天平:量程不小于 1 000g,感量不大于 1g。

(三)试验步骤

1.试验前必须做到

①维卡仪的金属棒能自由滑动。

②调整至试杆接触玻璃板时指针对准零点。

③搅拌机运转正常。

2.水泥净浆的拌制

用水泥净浆搅拌机(图 3-5)搅拌,搅拌锅和搅拌叶片先用湿布擦过,将拌和水倒入搅拌锅内,然后在 5～10s 内小心将称好的 500g 水泥加入水中,防止水和水泥溅出;拌和时,先将锅放在搅拌机的锅座上,升至搅拌位置,启动搅拌机,低速搅拌 120s,停 15s,同时将叶片和锅壁上的水泥浆刮入锅中间,接着高速搅拌 120s 停机。

图 3-5 水泥净浆搅拌机

3.装模测试

拌和结束后,立即将拌制好的水泥净浆装入已置于玻璃底板上的试模中,用小刀插捣,轻轻振动数次,刮去多余的净浆;抹平后迅速将试模和底板移到维卡仪上,并将其中心定在试杆下,降低试杆直至与水泥净浆表面接触,拧紧螺丝 1～2s 后,突然放松,使试杆垂直自由地沉入水泥净浆中。在试杆停止沉入或释放试杆 30s 时记录试杆距底板的距离,升起试杆后,立即擦净。整个操作应在搅拌后 1.5min 内完成。

(四)数据处理与整理

以试杆沉入净浆并距底板 6mm±1mm 的水泥净浆为标准稠度净浆。其拌和水量为该水泥的标准稠度用水量(P),按水泥质量的百分比计。如超出范围,须另称试样,调整水量,重做试验,直至达到 6mm±1mm 时为止。

(五)试验记录与示例

某矿渣硅酸盐水泥标准稠度用水量试验记录见表 3-6。

水泥标准稠度用水量试验记录表
表 3-6

试 验 次 数	水泥用量(g)	用水量(mL)	试杆距底板距离(mm)	标准稠度用水量 P(%)
1	500.0	139.0	6	27.8

 六 水泥凝结时间检验(GB/T 1346—2011)

(一)试验目的

以标准稠度用水量制成的水泥净浆装在测定凝结时间用的圆模中,在凝结时间测定仪(标准维卡仪)上,以标准试针测试,用以检验水泥的初凝时间和终凝时间是否符合技术要求。

(二)试验仪器设备

(1)凝结时间测定仪(标准维卡仪):仪器要求见水泥标准稠度用水量试验。

(2)湿气养护箱:湿气养护箱的温度为20℃±1℃,相对湿度不低于90%。

(3)量水器:最小刻度为0.1mL,精度1%。

(4)天平:量程不小于1 000g,感量不大于1g。

(三)试验步骤

1.测定前准备工作

调整凝结时间测定仪的试针,使试针接触玻璃板时,指针对准零点。

2.试件的制备

将以标准稠度用水量制成的标准稠度净浆一次装满试模,振动数次刮平,立即放入湿气养护箱中。记录水泥全部加入水中的时间作为凝结时间的起始时间。

3.初凝时间的测定

试件在湿气养护箱中养护,至加水后30min时进行第一次测定。测定时,从湿气养护箱中取出试模放到试针下,降低试针与水泥净浆表面接触。拧紧螺丝1~2s后,突然放松,使试针垂直自由地沉入水泥净浆。观察试针停止下沉或释放试针30s时指针的读数。当试针沉至距底板4mm±1mm时,为水泥达到初凝状态[图3-6a)];由水泥全部加入水中至初凝状态的时间为水泥的初凝时间,用"min"表示。

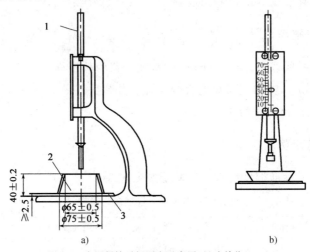

图3-6 水泥凝结时间测定示意图(尺寸单位:mm)

1-滑动杆;2-试模;3-玻璃片

a)初凝时间用立式试模;b)终凝时间测定用反转试模

4.终凝时间的测定

为了准确观测试针沉入的状况,在终凝针上安装了一个环形附件[图3-6b)]。在完成初凝时间测定后,立即将试模连同浆体以平移的方式从玻璃板取下,翻转180°,直径大端向上,小端向下放在玻璃板上,再放入湿气养护箱中继续养护,临近终凝时间时每隔15min测定一次。当试针沉入试体0.5mm时,即环形附件开始不能在试体上留下痕迹时,为水泥达到终凝状态。由水泥全部加入水中至终凝状态的时间为水泥的终凝时间,用"min"表示。

5.测定时需注意问题

在最初测定的操作时应轻轻扶持金属柱,使其徐徐下降,以防试针撞弯,但结果以自由下落为准。在整个测试过程中试针沉入的位置至少要距试模内壁10mm。临近初凝时,每隔5min测定一次,临近终凝时每隔15min测定一次,到达初凝或终凝时应立即重复测一次,当两次结论相同时才能定为到达初凝或终凝状态。每次测定不能让试针落入原针孔,每次测试完毕须将试针擦净并将试模放回湿气养护箱内,整个测试过程要防止试模受振。

注:可以使用能得出与标准中规定方法相同结果的凝结时间自动测定仪,使用时不必翻转试体。

(四)试验结果

自水泥全部加入水中时起,至初凝试针沉入净浆中距离底板4mm±1mm时,所需的时间即为初凝时间。

自水泥全部加入水中时起,至终凝试针沉入净浆中0.5mm,且不留环形痕迹时,所需的时间即为终凝时间。

(五)试验记录与示例

某矿渣硅酸盐水泥凝结时间试验记录见表3-7。

水泥凝结时间试验记录表　　　　　　　　　　表3-7

试 样 编 号	加 水 时 间	试针距底板距离为 4mm±1mm 的时间	试针沉入试体 0.5mm 的时间
1	10:30	13:50	15:30

初凝时间为:200min;终凝时间为:300min。

结论:初凝时间200min,大于45min;终凝时间300min,小于600min,所以该水泥凝结时间符合规范要求。

七　水泥体积安定性检验(GB/T 1346—2011)

(一)试验原理及方法

体积安定性测定的方法有两种——雷氏法和试饼法。当两种方法的结果发生争议时,一般以雷氏法为准。

雷氏法是通过测定沸煮后两个试针的相对位移来衡量水泥标准稠度净浆体积膨胀程度,以此评定水泥浆硬化后体积是否均匀变化。

试饼法是观测沸煮后水泥标准稠度净浆试饼外形变化程度,以此评定水泥浆硬化后体积是否均匀变化。

(二)试验目的

通过测定沸煮后标准稠度水泥净浆试样的体积和外形的变化程度,评定水泥的体积安定性是否合格。

(三)试验仪器设备

(1)沸煮箱:有效容积约为410mm×240mm×310mm,算板的结构应不影响试验结果,算板与加热器之间的距离大于 50mm。箱的内层由不易锈蚀的金属材料制成,能在 30min±5min 内将箱内的试验用水由室温升至沸腾状态并保持 3h 以上,整个试验过程中不需补充水量。

(2)雷氏夹:如图 3-7 所示,由铜质材料制成。当一根指针的根部先悬挂在一根金属丝或尼龙丝上,另一根指针的根部再挂上 300g 质量的砝码时,两根指针针尖的距离增加应在 17.5mm±2.5mm 范围内,即 $2x=17.5mm±2.5mm$。当去掉砝码后,针尖的距离能恢复至挂砝码前的状态。

图 3-7　雷氏夹校核

a)测雷氏夹指针间初始距离;b)测雷氏夹指针根部悬挂砝码

(3)湿气养护箱:湿气养护箱的温度为 20℃±1℃,相对湿度不低于 90%。

(4)量水器:最小刻度为 0.1mL,精度 1%。

(5)天平:量程不小于 1 000g,分度值不大于 1g。

(6)雷氏夹膨胀值测定仪:如图 3-8 所示,标尺最小刻度为 0.5mm。

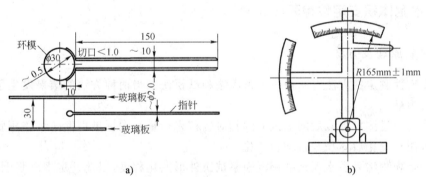

图 3-8　雷氏夹与雷氏夹膨胀值测定仪(尺寸单位:mm)

a)雷氏夹;b)雷氏夹膨胀值测定仪

(四)试验方法

1.雷氏法

(1)测定前的准备工作

每个试样需成型两个试件,每个雷氏夹需配两个边长或直径约 80mm,厚度 4~5mm 的玻璃板两块,凡与水泥净浆接触的玻璃板和雷氏夹内表面都要稍稍涂上一层油。

（2）雷氏夹试件的成型

将预先准备好的雷氏夹放在已稍擦油的玻璃板上，并立即将已制好的标准稠度净浆一次装满雷氏夹。装浆时，一只手轻轻扶持雷氏夹，另一只手用宽约 25mm 的直边刀在浆体表面轻轻插捣 3 次，然后抹平，盖上稍涂油的玻璃板，接着立即将试件移至湿气养护箱内养护 24h±12h。

（3）沸煮

调整好沸煮箱内的水位，使之保证在整个沸煮过程中都超过试件，不需中途添补试验用水，同时又能保证在 30min±5min 内升至沸腾。脱去玻璃板取下试件，先测量雷氏夹指针尖端间的距离 A，精确到 0.5mm；接着将试件放入沸煮箱水中的试件架上，指针朝上；然后在 30min±5min 内加热至沸，并恒沸 180min±5min。

（4）判别

沸煮结束后，立即放掉沸煮箱中的热水，打开箱盖，待箱体冷却至室温，取出试件进行判别。测量雷氏夹指针尖端的距离 C，准确至 0.5mm。

2. 试饼法

（1）测定前的准备工作

每个样品需准备两块约 100mm×100mm 的玻璃板，凡与水泥净浆接触的玻璃板都要稍稍涂上一层油。

（2）试饼的成型方法

将制好的标准稠度净浆取出一部分分成两等份，使之成球形，放在预先准备好的玻璃板上，轻轻振动玻璃板并用用湿布擦过的小刀由边缘向中央抹，做成直径 70~80mm、中心厚约 10mm、边缘渐薄、表面光滑的试饼，接着将试饼放入湿气养护箱内养护 24h±2h。

（3）沸煮

脱去玻璃板取下试饼，在试饼无缺陷的情况下将试饼放在沸煮箱水中的箅板上，然后在 30min±5min 内加热至沸腾，并恒沸 180min±5min。

（4）判别

沸煮结束后，立即放掉沸煮箱中的热水，打开箱盖，待箱体冷却至室温，取出试件进行判别。

（五）试验结果

沸煮结束后，即放掉水箱中的热水，打开箱盖，待箱体冷却至室温，取出试件进行判别。

1. 雷氏法

当两个试件煮后增加距离 $(C-A)$ 的平均值不大于 5.0mm 时，即认为该水泥安定性合格。当两个试件的 $C-A$ 值相差超过 4.0mm 时，应用同一样品立即重做一次试验。再如此，则认为该水泥为安定性不合格。

2. 试饼法

目测试饼未发现裂缝，用钢直尺检查也没有弯曲（使钢直尺和试饼底部紧靠，以两者间不透光为不弯曲）的试饼为安定性合格，反之为不合格。当两个试饼判别结果有矛盾时，该水泥的安定性为不合格。

（六）试验记录与示例

某水泥安定性试验记录见表 3-8。

试 样 编 号	沸煮后试件指针尖端间距 C （mm）	沸煮前试件指针尖端间距 A （mm）	试件煮后增加距离 $C-A$ （mm）
1	11.0	10.5	0.5
2	9.5	9.0	0.5

结论：安定性合格。

解析：因为 $(0.5+0.5) \div 2 = 0.5\text{mm} < 5.0\text{mm}$，且 $0.5-0.5 = 0\text{mm} < 4\text{mm}$，所以安定性合格。

八　水泥胶砂强度检验(ISO 法)(GB/T 17671—1999)

(一)试验目的

水泥胶砂强度试验是为了测定水泥的抗折与抗压强度，以确定水泥的强度等级；或已知强度等级，检验强度是否满足规定的各龄期强度值。

(二)试验仪器设备

1.搅拌机

搅拌机属行星式。用多台搅拌机工作时，搅拌锅和搅拌叶片应保持配对使用。叶片与锅之间的间隙，是指叶片与锅壁最近的距离，应每月检查一次。图 3-9 为行星式水泥胶砂搅拌机。

2.试模

试模由三个水平的模槽组成，可同时成型三条截面为 40mm×40mm、长 160mm 的棱柱体试件。其材质和制造尺寸应符合现行《水泥胶砂试模》(JC/T 726—2005)的要求。如图 3-10 所示。

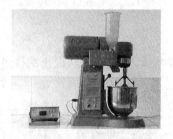

图 3-9　行星式水泥胶砂搅拌机

图 3-10　试模

当试模的任何一个公差超过规定的要求时，就应更换。在组装备用的干净模型时，应用黄干油等密封材料涂覆模型的外接缝。试模的内表面应涂上一薄层模型油或机油。

成型操作时，应在试模上面加有一个壁高 20mm 的金属模套。当从上往下看时，模套壁与模型内壁应该重叠，超出内壁不应大于 1mm。

为了控制料层厚度和刮平胶砂，应备有两个播料器和一把金属刮平直尺。

3.胶砂振实台

振实台(图 3-11)应安装在高度约 400mm 的混凝土基座上。混凝土体积约为 0.25m³ 时，质量约 600kg。需防外部振动影响振实效果时,可在整个混凝土基座下放一层厚约 5mm 的天然橡胶弹性衬垫。将仪器用地脚螺丝固定在基座上,安装后设备呈水平状态,仪器底座与基座之间要铺一层砂浆以保证它们的完全接触。

4.抗折强度试验机

抗折强度试验机应符合现行《水泥胶砂电动抗折试验机》(JC/T 724—2005)的要求。通过三根圆柱轴的三个竖向平面应该平行,并在试验时继续保持平行和等距离垂直试件的方向,其中一根支撑圆柱和加荷圆柱能轻微地倾斜使圆柱与试

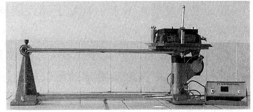

图 3-11 胶砂振实台

件完全接触,以便荷载沿试件宽度方向均匀分布,同时不产生任何扭转应力。

5.抗压强度试验机

抗压强度试验机,在较大的 4/5 量程范围内使用时,记录的荷载应有±1%精度,并具有按 2 400N/s±200N/s 速率的加荷能力,应有一个能指示试件破坏时荷载并把它保持到试验机卸荷以后的指示器,可以用表盘里的峰值指针或显示器来达到。人工操纵的试验机应配有一个速度动态装置,以便于控制荷载增加。

压力机的活塞竖向轴应与压力机的竖向轴重合,在加荷时也不例外,而且活塞作用的合力要通过试件中心。压力机的下压板表面应与该机的轴线垂直,并在加荷过程中一直保持不变。压力机上压板球座中心应在该机竖向轴线与上压板下表面相交点上,其公差为±1mm。上压板在与试件接触时能自动调整,但在加荷期间上下压板的位置应固定不变。

图 3-12 水泥胶砂试件抗压夹具

试验机压板应由维氏硬度不低于 HV600 的硬质钢制成,最好为碳化钨,厚度不小于 10mm,宽度为 40mm±0.1mm,长度不小于 40mm。压板和试件接触的表面平面度公差应为 0.01mm,表面粗糙度 Ra 应在 0.1~0.8μm 之间。

当试验机没有球座,或球座已不灵活或直径大于 120mm 时,应采用抗压强度试验机用夹具。

6.抗压强度试验机用夹具

抗压强度试验机用夹具如图 3-12 所示。当需要使用夹具时,应把它放在压力机的上下压板之间并与压力机处于同一轴线,以便将压力机的荷载传递至胶砂试件表面。夹具受压面积为 40mm×40mm。

7.中国 ISO 标准砂

(1)ISO 标准砂(reference sand)由德国标准砂公司制备,由 SiO_2 含量不低于 98% 的天然的圆形硅质砂组成,其颗粒分布在表 3-9 规定的范围内。

ISO 标准砂颗粒分布　　　　　　　　　　　　　　表 3-9

方孔边长(mm)	累计筛余(%)	方孔边长(mm)	累计筛余(%)
2.0	0	0.5	67±5
1.6	7±5	0.16	87±5
1.0	33±5	0.08	99±1

砂的筛析试验应用有代表性的样品来进行,每个筛子的筛析试验应进行至每分钟通过量小于0.5g为止。

砂的湿含量是在105～110℃下用代表性砂样烘2h的质量损失来测定,以干基的质量百分数表示,应小于0.2%。

(2)中国ISO标准砂完全符合上述颗粒分布和湿含量的规定。生产期间这种测定每天应至少进行一次。中国ISO标准砂可以单级分包装,也可以各级预配合以1 350g±5g量的塑料袋混合包装,但所用塑料袋材料不得影响强度试验结果。

8.水泥

当试验水泥从取样至试验要保持24h以上时,应把它储存在基本装满和气密的容器里。这个容器应不与水泥起反应。

9.水

仲裁试验或其他重要试验用蒸馏水,其他试验可用饮用水。

(三)试验方法与结果评定

1.胶砂的制备

(1)配合比

胶砂的质量配合比应为一份水泥、三份标准砂和半份水(水灰比为0.5)。一锅胶砂成型三条试件,每锅材料需要量见表3-10。

每锅胶砂材料数量   表3-10

材料量\水泥品种	水　泥（g）	标　准　砂（g）	水（g）
硅酸盐水泥			
普通硅酸盐水泥			
矿渣硅酸盐水泥	450±2	1 350±5	225±1
粉煤灰硅酸盐水泥			
复合硅酸盐水泥			
石灰石硅酸盐水泥			

(2)配料

水泥、砂、水和试验用具的温度与试验室相同,即试件成型试验室的温度应保持在20℃±2℃,相对湿度应不低于50%。称量用的天平精度应为±1g。当用自动滴管加225mL水时,滴管精度应达到±1mL。

(3)搅拌

每锅胶砂用搅拌机进行机械搅拌。先使搅拌机处于待工作状态,然后按以下的程序进行操作:

①把水加入锅里,再加入水泥,把锅放在固定架上,上升至固定位置。

②然后立即开动机器,低速搅拌30s后,在第二个30s开始的同时均匀地将砂子加入。当各级砂是分装时,从最粗粒级开始,依次将所需的每级砂量加完。把机器转至高速再拌30s。

③停拌90s,在第一个15s内用一胶皮刮具将叶片和锅壁上的胶砂刮入锅内。在高速下继

40

续搅拌 60s。各个搅拌阶段,时间误差应在±1s 以内。

2.试件的制备

试件应是尺寸为 40mm×40mm×160mm 的棱柱体。

(1)用振实台成型

胶砂制备后立即进行成型。将空试模和模套固定在振实台上,用一个适当的勺子直接从搅拌锅里将胶砂分两层装入试模。装第一层时,每个槽里约放 300g 胶砂,用大播料器垂直架在模套顶部,沿每个槽来回一次将料层播平,接着振实 60 次;再装入第二层胶砂,用小播料器播平,再振实 60 次。移走模套,从振实台上取下试模,用一金属直尺以近似 90°的角度架在试模模顶的一端,然后沿试模长度方向以横向锯割动作慢慢向另一端移动,一次将超过试模部分的胶砂刮去,并用同一直尺在近乎水平的情况下将试件表面抹平。在试模上作标记或加字条标明试件编号和试件相对于振实台的位置。

(2)用振动台成型

当使用代用的振动台成型时,操作方法如下:在搅拌胶砂的同时将试模和下料漏斗卡紧在振动台的中心;将搅拌好的全部胶砂均匀地装入下料漏斗中,开动振动台,胶砂通过漏斗流入试模,振动 120s±5s 停;振动完毕,取下试模,用刮平尺以规定的刮平手法刮去其高出试模的胶砂并抹平;接着在试模上作标记或用字条标明试件编号。

3.试件的养护

(1)脱模前的处理和养护

去掉留在模子四周的胶砂。立即将作好标记的试模放入雾室或湿箱的水平架子上养护,湿空气应能与试模各边接触。养护时不应将试模放在其他试模上。一直养护到规定的脱模时间时取出脱模。脱模前,用防水墨汁或颜料笔对试件进行编号和作其他标记。两个龄期以上的试件,在编号时应将同一试模中的三条试件分在两个以上龄期内。

(2)脱模

脱模前应非常小心。脱模可用塑料锤子或橡胶锤子,或用专门的脱模器。对于 24h 龄期的试件,应在破型试验前 20min 内脱模;对于 24h 以上龄期的试件,应在成型后 20~24h 之间脱模。

已确定作为 24h 龄期试验(或其他不下水直接做试验)的已脱模试件,应用湿布覆盖至做试验为止。

试件带模养护的养护箱或雾室温度保持在 20℃±1℃,相对湿度不低于 90%。试件养护池水温度应在 20℃±1℃ 范围内。

试验室空气温度和相对湿度及养护池水温,在工作期间每天至少记录一次。

养护箱或雾室的温度与相对湿度,至少每 4h 记录一次;在自动控制的情况下,记录次数可以酌减至一天记录两次。在给定温度范围内,控制所设定的温度应为此范围中值。

(3)水中养护

将作好标记的试件立即水平或竖直放在 20℃±1℃ 水中养护,水平放置时刮平面应朝上。试件放在不易腐烂的箅子上,并彼此间保持一定间距,以让水与试件的六个面接触。养护期间试件之间间隔或试件上表面的水深不得小于 5mm。

注:不宜用木箅子。

每个养护池只养护同类型的水泥试件。

最初用自来水装满养护池(或容器),随后随时加水保持适当的恒定水位,不允许在养护期间全部换水。

除24h龄期或延迟至48h脱模的试件外,任何到龄期的试件应在试验(破型)前15min从水中取出。揩去试件表面沉积物,并用湿布覆盖至做试验为止。

(4)强度试验试件的龄期

试件龄期是从水泥和水搅拌开始时算起。不同龄期强度试验在下列时间里进行:24h±15min;48h±30min;72h±45min;7d±45min;28d±8h。

4. 强度测定

(1)抗折强度测定

①将试件一个侧面向下放在试验机支撑圆柱上,通过加荷圆柱以50N/s±10N/s的速率均匀地将荷载垂直地加在试件相对侧面上,直至折断。

保持两个半截棱柱体处于潮湿状态直至抗压试验。

抗折强度以牛顿每平方毫米(MPa)表示,按式(3-11)进行计算(精确至0.1MPa)。

$$R_f = \frac{1.5F_f L}{b^3} \tag{3-11}$$

式中:F_f——折断时施加于棱柱体中部的荷载(N);

　　L——支撑圆柱中心距离,L=100mm;

　　b——试件断面宽度及高度,均为40mm。

②抗折强度的结果确定是取3个试件抗折强度的算术平均值。当3个强度值中有一个超过平均值的±10%时,应予剔除,取其余两个的平均值;如有两个强度值超过平均值的10%,应重做试验。

(2)抗压强度测定

①抗压强度试验通过抗压强度试验机和抗压强度试验机用夹具,在半截棱柱体的侧面上进行。试验前应清除试件受压面与加压板间的砂粒或杂物;试验时,以试件的侧面作为受压面,并使夹具对准压力机压板中心。

半截棱柱体中心与压力机压板受压中心偏差应在±0.5mm内,半截棱柱体露在压板外的部分约有10mm。

在整个加荷过程中,以2 400N/s±200N/s的速率均匀地加荷直至破坏。记录破坏荷载F_c(N)。

②抗压强度以牛顿每平方毫米(MPa)为单位,按式(3-12)进行计算(精确至0.1MPa)。

$$R_c = \frac{F_c}{A} \tag{3-12}$$

式中:F_c——受压破坏最大荷载(N);

　　A——受压面积,40mm×40mm。

③抗压强度结果的确定是取一组6个抗压强度测定值的算术平均值。如6个测定值中有一个超出平均值的±10%,就应剔除这个结果,而以剩下5个的平均值作为结果;如果5个测定值中再有超过它们平均值±10%的,则此组结果作废。

(3)试验结果鉴定

将试验及计算所得到的各标准龄期抗折和抗压强度值,对照国家标准所规定的水泥各标准龄期的强度值,来确定或验证水泥强度等级。要求各龄期的强度值均不低于标准所规定的强度值。

(四)试验记录与示例

水泥试验室对已放置一个月的 42.5 级的 P.O 水泥进行强度检测,检测结果见表 3-11。

水泥胶砂强度试验记录表 表 3-11

龄期(d)			3		28	
试验日期			2006－5－3		2006－5－28	
			破坏荷载(kN)	抗折强度(MPa)	破坏荷载(kN)	抗折强度(MPa)
抗折试验	个别值		1.55	3.63	2.90	6.80
			1.60	3.75	3.05	7.15
			1.50	3.52	2.75	6.45
	平均值			3.6		6.8
			破坏荷载(kN)	抗压强度(MPa)	破坏荷载(kN)	抗压强度(MPa)
抗压试验	个别值		28	17.50	75	46.88
			29	18.12	71	44.38
			29	18.12	70	43.75
			28	17.50	68	42.50
			26	16.25	69	43.12
			27	16.88	70	43.75
	平均值			17.4		44.1

结论:依据 GB 175—2007,该水泥所检指标达到 P.O 水泥 42.5 级技术要求。

解析:(1)3d 抗折强度:

$$R_{f1} = \frac{3FL}{2bh^2} = \frac{3 \times 1\,550 \times 100}{2 \times 40 \times 40^2} = 3.63(\text{MPa})$$

$$R_{f2} = \frac{3FL}{2bh^2} = \frac{3 \times 1\,600 \times 100}{2 \times 40 \times 40^2} = 3.75(\text{MPa})$$

$$R_{f3} = \frac{3FL}{2bh^2} = \frac{3 \times 1\,500 \times 100}{2 \times 40 \times 40^2} = 3.52(\text{MPa})$$

$$\overline{R}_f = \frac{f_1 + f_2 + f_3}{3} = 3.63(\text{MPa})$$

$$[\overline{R}_f \times (1 - 10\%), \overline{R}_f \times (1 + 10\%)] = [3.27, 3.99]$$

3 个抗折强度值都在平均值±10%范围内,所以取三个值的平均值作为 3d 抗折强度,精确至 0.1MPa,即 3.6MPa。

(2)3d 抗压强度:

$$R_{c1} = \frac{F}{bh} = \frac{28\,000}{40 \times 40} = 17.50(\text{MPa})$$

同理 $R_{c2} = R_{c3} = 18.30\text{MPa}, R_{c4} = 17.50\text{MPa}, R_{c5} = 16.25\text{MPa}, R_{c6} = 16.88\text{MPa}$

$$\overline{R}_c = \frac{R_{c1} + R_{c2} + R_{c3} + R_{c4} + R_{c5} + R_{c6}}{6} = 17.40(\text{MPa})$$

$$[\overline{R}_c \times (1-10\%), \overline{R}_c \times (1+10\%)] = [15.66, 19.14]$$

6个抗压强度值都在平均值±10%范围内,所以取平均值作为计算结果,精确至0.1MPa,即17.4MPa。

(3)同理计算出28d抗折强度和抗压强度。

(4)经过比较,3d抗折、抗压强度,28d抗折、抗压强度均满足标准规定的要求。

九 水泥胶砂流动度检验(GB/T 2419—2005)

(一)试验目的

通过测量一定配比的水泥胶砂在规定振动状态下的扩展范围来衡量其流动性,胶砂流动度是水泥胶砂可塑性的反映。测定水泥胶砂流动度是检验水泥需水性的一种方法。本试验利用跳桌测定水泥胶砂流动度,评定水泥施工性能。胶砂流动度以胶砂在跳桌上按规定操作进行跳动试验后,底部扩散直径用mm表示,以扩散直径大小表示流动性好坏。

(二)试验仪器设备

(1)胶砂搅拌机:应符合JC/T 681—1997的有关规定。

(2)水泥胶砂流动度测定仪(简称跳桌,如图3-13所示):技术要求及其安装方法应符合相关规定。

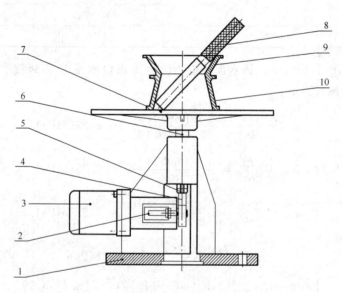

图3-13 跳桌

1-机架;2-接近开关;3-电动机;4-凸轮;5-滑轮;6-推杆;7-圆盘桌面;8-捣棒;9-模套;10-截锥圆模

(3)试模:用金属材料制成,由截锥圆模和模套组成。

截锥圆模内壁须光滑,尺寸为:高度60mm±0.5mm;上口内径70mm±0.5mm;下口内径100mm±0.5mm;下口外径120mm;模壁厚度大于5mm。模套与截锥圆模配合使用。

(4)捣棒:用金属材料制成,直径为20mm±0.5mm,长度约200mm,捣棒底面与侧面成直角,其下部光滑,上部手柄滚花。

(5)卡尺:量程不小于300mm,分度值不大于0.5mm。

(6)小刀：刀口平直，长度大于 80mm。

(7)秒表：分度值为 1s。

(8)天平：量程不小于 1 000g，感量不大于 1g。

(三)试样制备

1.材料准备

胶砂材料用量按相应标准要求或试验设计确定。水泥试样、标准砂和试验用水及试验条件应符合 GB/T 17671—1999 中第四条的有关规定。

2.胶砂制备

按 GB/T 17671—1999 中相关规定进行。

(四)试样步骤

(1)如跳桌在 24h 内未被使用，先空跳一个周期 25 次。

(2)在制备胶砂的同时，用潮湿棉布擦拭跳桌台面、试模内壁、捣棒以及与胶砂接触的用具，将试模放在跳桌台面中央并用潮湿棉布覆盖。

(3)将拌好的胶砂分两层迅速装入流动试模，第一层装至截锥圆模高度约 2/3 处，用小刀在互相垂直的两个方向上各划 5 次，用捣棒由边缘至中心均匀捣压 15 次，之后装第二层胶砂，装至高出截锥圆模约 20mm，用小刀在相互垂直的两个方向上各划 5 次，再用捣棒由边缘至中心均匀捣压 10 次。捣压后应使胶砂略高于截锥圆模。捣压深度，第一层捣至胶砂高度的 1/2，第二层捣实不超过已捣实底层表面。捣压顺序如图 3-14、图 3-15 所示。装胶砂和捣压时，用手扶稳试模，不要使其移动。

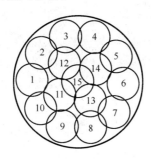
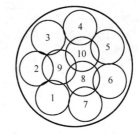

图 3-14　第一层捣压顺序　　　　　图 3-15　第二层捣压顺序

(4)捣压完毕，取下模套，用小刀由中间向边缘分两次以近水平的角度将高出截锥圆模的胶砂刮去并抹平，擦去落在桌面上的胶砂。将截锥圆模垂直向上轻轻提起，立刻开动跳桌，每秒钟一次，在 25s±1s 内完成 25 次跳动。

(5)流动度试验，从胶砂拌和开始到测量扩散直径结束，须在 6min 内完成。

(6)电动跳桌与手动跳桌测定的试验结果发生争议时，以电动跳桌为准。

(五)试验结果评定

跳动完毕，用卡尺测量胶砂底面最大扩散直径及与其垂直方向的直径，计算平均值，精确至 1mm，即为该水量下的水泥胶砂流动度。

(六)试验记录与示例

某水泥胶砂流动度试验记录见表 3-12。

试样编号	水泥质量 （g）	用水量 （mL）	标准砂用量 （g）	最大扩展直径 （mm）	与最大扩散直径垂直方向直径 （mm）	平均值 （mm）
1	450	225	1 350	185	181	183

结论：该水泥胶砂流动度为 183mm。

第四章 无机结合料稳定土

1. 具有测定水泥或石灰稳定土(包括稳定细粒土、中粒土和粗粒土)试件的无侧限抗压强度的能力;
2. 具有在工地快速测定水泥或石灰稳定土中水泥或石灰剂量,并检查拌和均匀性的能力。

@ **本章学习要求**

掌握无机结合料稳定土无侧限抗压强度试验、水泥或石灰稳定土中水泥或石灰剂量的测定试验的方法。

@ **本章试验采用的标准及规范**

《公路路面基层施工技术规范》(JTJ 034—2000)
《公路工程无机结合料稳定材料试验规程》(JTG E51—2009)
《公路工程集料试验规程》(JTJ 058—2000)

第一节 无机结合料稳定土主要技术性质与标准

无机结合料稳定材料应用广泛,由于其耐磨性差,在路面工程中一般不用于路面面层,主要作为路面基层材料。为满足行车、气候和水文地质的要求,稳定材料必须具备一定的强度、抗变形能力和水稳定性。

一 强度

无机结合稳定材料的抗压强度采用的是饱水状态下的无侧限抗压强度。

1. 试件尺寸

无机结合料稳定材料的抗压强度试件采用的都是高:直径＝1:1的圆柱体,不同颗粒大小的土应采用不同的试件尺寸,见表4-1。试件制备时,尽可能用静力压实法制备等干密度的试件。

无机结合料稳定材料无侧限抗压强度试件尺寸 表 4-1

土的颗粒大小	颗粒最大粒径(mm)	试件尺寸(直径×高)(mm)
细粒土	≤5	50×50
中粒土	≤25	100×100
粗粒土	≤40	150×150

2. 强度标准

不同的公路等级、稳定剂类型和路面结构层次,无机结合料稳定土的抗压强度标准也不一样,详见表4-2。

稳定剂类型	结 构 层 位	公 路 等 级	
		二级和二级以下公路(MPa)	高速公路和一级公路(MPa)
水泥稳定类	基层	2.5～3	3～5
	底基层	1.5～2	1.5～2.5
石灰稳定类	基层	≥0.8	—
	底基层	0.5～0.7	≥0.8
二灰稳定类	基层	0.6～0.8	0.8～1.1
	底基层	≥0.5	≥0.6

二 密度

密度是材料单位体积的质量,是衡量材料内部紧密程度的指标。密度愈大材料愈致密,其空隙愈小、耐久性和强度就愈高。无机结合料稳定材料的密度往往用压实度来表示。

1.压实度

压实度是指土或其他筑路材料在外力作用下,能获得的密实程度。它等于材料干密度与最大干密度的比值。

2.含水率

含水率是材料中所含水分的质量与干燥材料质量的比值。

用等量的机械功去压实无机结合料稳定材料,可以得到最大密度,此时的含水率值称为最佳含水率。

无机结合料稳定材料的最佳含水率和最大干密度都是通过标准击实试验得到的。

三 力学特性

无机结合料稳定材料的力学特性包括应力—应变关系、疲劳特性、收缩(温度和干缩)特性。

1.无机结合料稳定材料的应力—应变特性

无机结合料稳定材料的重要特点之一是强度和模量随龄期而不断增长,逐渐具有一定的刚性。一般规定水泥稳定类材料设计龄期为 3 个月,石灰或石灰粉煤灰(简称二灰)稳定类材料设计龄期为 6 个月。无机结合料稳定材料的应力—应变特性与原材料的性质、结合料的性质和剂量及密实度、含水率、龄期、温度等有关。

2.无机结合料稳定材料的疲劳特性

在重复荷载作用下,材料的强度与其静力极限强度相比则有所下降。荷载重复作用的次数越多,这种强度下降越大,即疲劳强度越小。材料从开始承受重复荷载至出现疲劳破坏的荷载作用次数称之为材料的疲劳寿命。

3.无机结合料稳定材料的干缩特性

无机结合料稳定材料经拌和压实后,由于水分挥发和混合料内部的水化作用,混合料的水分会不断减少。由此发生的毛细管作用、吸附作用、分子间引力的作用、材料矿物晶体或凝胶体同层间水的作用和碳化收缩作用等,都会引起无机结合料稳定材料体积的收缩。

无机结合料稳定材料的干缩特性(最大干缩应变和平均干缩系数)的大小与结合料的类型、剂量、被稳定材料的类别、粒料含量、小于 0.5mm 的细颗粒的含量、试件含水率和龄期等有关。

4.半刚性材料的温度收缩特性

半刚性材料由固相(组成其空间骨架原材料的颗粒和其间的胶结物)、液相(存在于固相表面与空隙中的水和水溶液)和气相(存在于空隙中的气体)组成,所以半刚性材料的外观胀缩性是三相在不同温度下收缩性的综合效应的结果。一般气相大部分与大气贯通,在综合效应中影响较小,可以忽略。原材料中砂粒以上颗粒的温度收缩系数较小,粉粒以下的颗粒温度收缩性较大。

四 水稳定性和抗冻稳定性

稳定类基层材料除具有适当的强度,能承受设计荷载以外,还应具备一定的水稳定性和抗冻稳定性。评价材料的水稳定性和抗冻稳定性可用浸水强度和冻融循环试验。

第二节 无机结合料稳定土试验

一 无侧限抗压强度试验

(一)目的和适用范围

本试验方法适用于测定无机结合料稳定材料(包括稳定细粒土、中粒土和粗粒土)试件的无侧限抗压强度。

(二)试验仪器设备

(1)标准养护室。

(2)水槽:深度应大于试件高度 50mm。

(3)压力机或万能试验机(也可用路面强度试验仪和测力计):压力机应符合现行《液压式万能试验机》(GB/T 3159—2008)及《试验机通用技术要求》(GB/T 2611—2007)中的要求,其测量精度为±1%,同时应具有加载速率指示装置或加载速率控制装置。上下压板平整并有足够刚度,可以均匀地连续加载卸载,可以保持固定荷载。开机停机均灵活自如,能够满足试件吨位要求,且压力机加载速率可以有效控制在 1mm/min。

(4)电子天平:量程 15kg,感量 0.1g;量程 4 000g,感量 0.01g。

(5)量筒、拌和工具、大小铝盒、烘箱等。

(6)球形支座。

(7)机油:若干。

(三)试件制备和养护

(1)试模如图 4-1 所示。细粒土,试模的直径×高＝φ50mm×50mm;中粒土,试模的直径×高＝φ100mm×100mm,粗粒土,试模的直径×高＝φ150mm×150mm。

(2)按照规程 T 0843—2009 方法成型径高比为1:1的圆柱形试件。

①将具有代表性的风干土试料(必要时,也可在 50℃烘箱内烘干),用木锤和木碾捣碎,但应避免破碎土或粒料的原粒径。按照公称粒径的大一级筛,将土过筛并进行分类。

②在预定做试验的前一天,取有代表性的试料测定其风干含水率。对于细粒土,试样应不小于100g;对于中粒土,试样应不小于1 000g;对于粗粒土,试样应不小于2 000g。

图4-1 试模

③用击实试验法确定水泥(石灰)混合料的最佳含水率和最大干密度。

④对于同一水泥(石灰)剂量需要制相同状态的试件数量(即平行试验的数量)与土类及操作的仔细程度有关(表4-3)。

⑤制备试件

a.称量一定数量的风干土并计算干土质量,其数量随试件大小而变。对于50mm×50mm试件,1个试件约需要干土180～210g;对于100mm×100mm试件,1个试件约需要干土1 700～1 900g;对于150mm×150mm试件,1个试件约需要干土5 700～6 000g。对于细粒土,一次可称取6个试件的土;对于中粒土,一次宜称取一个试件的土;对于粗粒土,一次只称取一个试件的土。

最少试件数量   表4-3

土 类 \ 偏差系数	<10%	10%～15%	15%～20%
细粒土	6	9	—
中粒土	6	9	13
粗粒土	—	9	13

b.将称量的土放在长方盘(400mm×600mm×70mm)内。向土中加水,对于细粒土(特别是黏性土)使其含水率较最佳含水率小3%,对于中粒土或粗粒土可按最佳含水率加水。加水量可按下式估算。

$$Q_w = \left(\frac{Q_n}{1+0.01w_n} + \frac{Q_c}{1+0.01w_n} \right) \times 0.01w - \frac{Q_n}{1+0.01Q_n} \times$$

$$0.01w_n - \frac{Q_c}{1+0.01w_c} \times 0.01w_c \tag{4-1}$$

式中:Q_w——混合料中应加水的质量(g);

Q_n——混合料中土(或粒料)的质量(g);

Q_c——混合料中水泥(或石灰)的质量(g);

w——要求达到的混合料的含水率(%);

w_n——混合料中土的含水率(风干含水率)(%);

w_c——混合料中水泥(或石灰)的原始含水率(%),通常很小,可以忽略不计。

将土和水拌和均匀后,如为石灰稳定土和水泥、石灰综合稳定土,可将石灰和试样一起拌匀后,放在密闭容器内浸润备用。浸润时间要求为:黏质土12～24h,粉质土6～8h,砂类土、砂砾土、红土砂砾、级配砂砾可以缩短至4h左右,含土很少的未筛分碎石、砂砾及砂可以缩短到2h。浸润时间一般不超过24h。

c.在浸润过的试料中,加入预定数量的水泥或石灰并拌和均匀。在拌和过程中,应将预留的3%水(对于细粒土)加入土中,使混合料含水率达到最佳含水率。拌和均匀的加有水泥的混合料应在 1h 内按下述方法制成试件,超过 1h 的混合料应该作废,其他结合料稳定土除外。

d.用反力框架和液压千斤顶制备预定干密度试件,见图 4-2。

Ⅰ制备一个预定干密度的试件需要的水泥混合料的数量 m_1(g),随试模的尺寸而变,可以下式计算。

$$m_1 = \rho_{\mathrm{d}}V(1+w) \tag{4-2}$$

式中:V——试模体积(cm^3);

$\quad\quad w$——混合料的含水率(%);

$\quad\quad \rho_{\mathrm{d}}$——稳定土试件的干密度($\mathrm{g/cm}^3$)。

Ⅱ将试模的下压柱放入试模的底部(事先在试模的内壁及上、下压柱的底面涂一薄层机油),外露 2cm 左右;将称量的规定数量 m_1(g)的稳定土混合料分 2~3 次灌入试模中,每次灌入后用夯棒轻轻均匀插实。如制的是 50mm×50mm 的小试件,则可以将混合料一次倒入试模中。然后将上、压柱放入试模内。应使其也外露 2cm 左右(即上、下压柱露出试模外的部分应该相等)。

Ⅲ将整个试模(连同上、下压柱)放到反力框架内的千斤顶上,加压直到上、下压柱都压入试模为止,维持压力 2min。解除压力后,取下试模,拿去上压柱,并放到脱模器上将试件顶出(利用千斤顶和下压柱),称试件的重量 m_2,小试件准确到 0.01g,中试件准确到 0.01g,大试件准确到 0.1g。然后用游标卡尺量试件的高度 h,准确到 0.1mm。用击锤制件,步骤同前。只是用击锤(可以利用做击实试验

图 4-2 反力框架及千斤顶

的锤、但压柱顶面需要垫一块牛皮,以保护锤面和压柱顶面不被损伤)将上、下压柱打入试模内。

(3)按照规程 T 0845—2009 的标准养生方法进行 7d 的标准养生。

试件从试模内脱出并称重后,应立即放到密封湿气箱内进行保湿养生。但中试件和大试件应先用塑料薄膜包裹。有条件时,可采用蜡封保湿养生。在没有上述条件的情况下,也可以将包有塑料薄膜的试件埋在湿砂中进行保湿养生。养生时间视需要而定,一般可以 7d 和 28d,作为工地控制,通常都只取 7d。整个养生期间的温度,在北方地区应保持 20℃±2℃,在南方地区以保持 25℃±2℃ 为合适。养生期的最后一天,应该将试件浸泡水中,水的深度应使水面在试件顶上约 2.5cm。在浸泡水中之前,应再次称试件的重量 m_3。在养生期间,试件重量的

损失应该符合下列规定:小试件不超过 1g,中试件不超过 4g,大试件不超过 10g。重量损失超过此规定的试件,应该作废。

(4)将试件两顶面用刮刀刮平,必要时可用快凝水泥砂浆抹平试件顶面。

(5)为保证试验结果的可靠性和准确性,每组试件的数目要求为:小试件不少于 6 个;中试件不少于 9 个;大试件不少于 13 个。

(四)试验步骤

(1)根据试验材料的类型和一般的工程经验,选择合适量程的测力计和压力机(图 4-3),试件破坏荷载应大于测力量程的 20% 且小于测力量程的 80%。球形支座和上下顶板涂上机油,使球形支座能够灵活转动。

(2)将已浸水一昼夜的试件从水中取出,用软布吸去试件表面的水分,并称试件的质量 m_4。

图 4-3 无侧限压力机

(3)用游标卡尺测量试件的高度 h_1，精确至 0.1mm。

(4)将试件放在路面材料强度试验仪或压力机上，并在升降台上先放一扁球座，进行抗压试验。试验过程中，应保持加载速率为 1mm/min。记录试件破坏时的最大压力 $P(\mathrm{N})$。

(5)从试件内部取有代表性的样品（经过打破），按照规程 T 0801—2009 方法，测定其含水率 w_1。

(五)试验结果评定

(1)试件的无侧限抗压强度用下列相应的公式计算：

对于小试件
$$R = \frac{P}{A} = 0.000\,51P(\mathrm{MPa}) \tag{4-3}$$

对于中试件
$$R = \frac{P}{A} = 0.000\,127P(\mathrm{MPa}) \tag{4-4}$$

对于大试件
$$R = \frac{P}{A} = 0.000\,057P(\mathrm{MPa}) \tag{4-5}$$

式中：P——试件破坏时的最大压力(N)；

A——试件的截面积$\left(A = \frac{\pi}{4}d^2 , d \text{ 试件的直径,cm}\right)$。

(2)试验精度。

若干次平行试验的变异系数 $C_v(\%)$ 应符合下列规定：

小试件　　不大于 10%
中试件　　不大于 15%
大试件　　不大于 20%

(六)试验记录与示例

某高速公路底基层水泥稳定土无侧限抗压强度试验记录见表 4-4。

无侧限抗压强度试验　　　　　　　　　　　　　　表 4-4

工程名称　__某高速公路底基层稳定土__　　　　混合料名称　__水泥稳定土__

试件尺寸(mm)　__50×50__　　　　　　　　　试件压实度(%)　__95__

结合料剂量(%)　__8__　　　　　　　　　　　养生龄期　__7d__

最大干密度(g/cm³)　__1.73__　　　　　　　　加载速率(mm/min)　__1__

试件号		1	2	3	4	5	6
试件制备方法	静力压实法	—	—	—	—	—	—
制作日期		2008—7—8	—	—	—	—	—
试验日期		2008—7—14	—	—	—	—	—
养生前试件质量 m_2	(g)	199	200	199	199	200	199
浸水前试件质量 m_3	(g)	198	199	199	199	199	199
浸水后试件质量 m_4	(g)	207	208	207	208	207	207
养生期间质量损失 m_2-m_3	(g)	1	1	0	0	1	0
吸水量 m_3-m_4	(g)	9	9	8	9	8	8
养生前试件高度 h	(cm)	5.16	5.11	5.14	5.13	5.10	5.13
浸水后试件高度 h_1	(cm)	5.18	5.13	5.15	5.16	5.13	5.15
试验的最大压力 P	(N)	3 738	3 788	3 779	3 769	3 799	3 764
无侧限抗压强度 R_c	(MPa)	1.90	1.93	1.93	1.92	1.94	1.92

试验者 _____　　　计算者 _____　　　校核者 _____　　　试验日期 _____

解析：

(1)试验相关数据

底基层土样为细粒土　　　　　　　细粒土风干含水率 $w_n=5.71\%$

稳定土最佳含水率 $w_{最佳}=17.2\%$　　稳定土最大干密度 $\rho=1.73\text{g/cm}^3$

水泥掺量为 8%　　　　　　　　　　试件尺寸 50mm×50mm

(2)具体计算及试验过程

①加水量的计算

a.第一次加水量的计算

$Q_n = 6 \times 210(\text{g}) = 1\,260(\text{g})$

$Q_c = Q_n \times 水泥掺量 = 1\,260 \times 8\% = 100.8(\text{g})$

$w = w_{最佳} - 3\% = 17.2\% - 3\% = 14.2\%$

$w_c = 0$

$$
\begin{aligned}
Q_w &= \left(\frac{Q_n}{1+0.01w_n} + \frac{Q_c}{1+0.01w_c}\right) \times 0.01w - \frac{Q_n}{1+0.01w_n} \times 0.01w_n - \\
&\quad \frac{Q_c}{1+0.01w_c} \times 0.01w_c \\
&= \left(\frac{1\,260}{1+0.01\times5.71} + \frac{100.8}{1}\right) \times 0.01 \times 14.2 - \\
&\quad \frac{1\,260}{1+0.01\times5.71} \times 0.01 \times 5.71 - 0 \\
&= 115.51(\text{g})
\end{aligned}
$$

b.第二次加水量的计算

总的加水量应按下式计算：

$$
\begin{aligned}
Q_{w总} &= \left(\frac{Q_n}{1+0.01w_n} + \frac{Q_c}{1+0.01w_c}\right) \times 0.01w - \frac{Q_n}{1+0.01w_n} \times 0.01w_n - \\
&\quad \frac{Q_n}{1+0.01w_c} \times 0.01w_c \\
&= \left(\frac{1\,260}{1+0.01\times5.71} + \frac{100.8}{1}\right) \times 0.01 \times 17.2 - \\
&\quad \frac{1\,260}{1+0.01\times5.71} \times 0.01 \times 5.71 - 0 \\
&= 154.29(\text{g})
\end{aligned}
$$

则预留的 3% 的加水量为：

$$Q_{w总} - Q_w = 154.29 - 115.51 = 38.78(\text{g})$$

②制备试件

a.制备一个预定干密度的试件需要的水泥混合料的数量 $m_1(\text{g})$，随试模的尺寸而变，可用下式计算：

$$
\begin{aligned}
m_1 &= \rho_d V(1+w) \\
&= 1.73 \times \left(\frac{\pi \times 5^2}{4} \times 5\right) \times (1+17.2\%) \\
&= 1.73 \times 98.17 \times 1.172 \\
&= 199.05(\text{g})
\end{aligned}
$$

b.试件制作完成后称取试件的质量 m_2。

③养生试件

a.按标准要求进行养生。养生期的最后一天,应该将试件浸泡在水中,在浸泡水中之前应再次称试件的质量 m_3。

b.将已浸水一昼夜的试件从水中取出,用软的旧布吸去试件表面的可见自由水,并称试件的质量 m_4。

④抗压试验

a.将试件放到路面材料强度试验仪的升降台上(台上先放一扁球座),进行抗压试验。记录试件破坏时的最大压力 $P(\mathrm{N})$。

b.从试件内部取有代表性的样品(经过打破)测定其含水率 w_1。

二 水泥或石灰稳定材料中水泥或石灰剂量测定方法(EDTA 滴定法)

(一)目的和适用范围

(1)本法适用于在工地快速测定水泥和石灰稳定材料中水泥和石灰的剂量,并可用于检查现场拌和和摊铺的均匀性。本办法适用于在水泥终凝之前的水泥含量测定,现场土样的石灰剂量应在路拌后尽快测试,否则需要用相应龄期的 EDTA 二钠标准溶液消耗量的标准曲线确定。

(2)本方法也可以用来测定水泥和石灰综合稳定材料中结合料的剂量。

(二)试验仪器设备

(1)滴定管(酸式):50mL,1 支。

(2)滴定台:1 个。

(3)滴定管夹:1 个。

(4)大肚移液管:10mL,50mL,10 支。

(5)锥形瓶(即三角瓶):200mL,20 个。

(6)烧杯:2 000mL(或 1 000mL),1 只;300mL,10 只。

(7)容量瓶:1 000mL,1 个。

(8)搪瓷杯:容量大于 1 200mL,10 只。

(9)不锈钢搅拌棒或粗玻璃棒:10 根。

(10)电子天平:量程不小于 1 500g,感量 0.01g。

(11)秒表:1 只。

(12)量筒:100mL 和 5mL,各 1 只;50mL,2 只。

(13)棕色广口瓶:60mL,1 只(装钙红指示剂)。

(14)表面皿:ϕ9cm,10 个。

(15)研钵:ϕ12～13cm,1 个。

(16)洗耳球:1 个。

(17)精密试纸:pH12～14。

(18)聚乙烯桶:20L(装蒸馏水和氯化铵及 EDTA 二钠标准溶液),3 个;5L(装氢氧化钠),1 个;5L(大口桶),10 个。

(19)毛刷、去污粉、吸水管、塑料勺、特种铅笔、厘米纸。

(20)洗瓶(塑料):500mL,1 只。

(三)试剂制备

1.0.1mol/m³ 乙二胺四乙酸二钠(简称 EDTA 二钠)标准液

准确称取 EDTA 二钠(分析纯)37.23g,用 40～50℃的无二氧化碳蒸馏水溶解,待全部溶解并冷却至室温后,定容至 1 000mL。

2.10% 氯化铵(NH₄CL)溶液。

将 500g 氯化铵(分析纯或化学纯)放在 10L 的聚乙烯桶内,加蒸馏水 4 500mL,充分振荡,使氯化铵完全溶解。也可以分批在 1 000mL 的烧杯内配制,然后倒入塑料桶内摇匀。

3.1.8% 氢氧化钠(内含三乙醇胺)溶液

用电子天平称 18g 氢氧化钠(NaOH)(分析纯),放入洁净干燥的 1 000mL 烧杯中,加 1 000mL 蒸馏水使其全部溶解,待溶液冷却至室温后,加入 2mL 三乙醇胺(分析纯),搅拌均匀后储于塑料桶中。

4.钙红指示剂

将 0.2g 钙试剂羧酸钠(分子式 $C_{21}H_{13}N_2NaO_7S$,分子量 460.39)与 20g 预先在 105℃烘箱中烘 1h 的硫酸钾混合。一起放入研钵中,研成极细粉末,储于棕色广口瓶中,以防吸潮。

(四)试验步骤

1.准备标准曲线

(1)取样:取工地用石灰和土,风干后用烘干法测其含水率(如为水泥,可假定含水率为0)。

(2)混合料组成的计算:

①公式

$$干料质量 = \frac{湿料质量}{(1+含水率)} \qquad (4-6)$$

②计算步骤

a.求干混合料质量 $= \dfrac{湿混合料质量}{(1+最佳含水率)}$

b.干土质量=干混合料质量/[1+石灰(或水泥)剂量]

c.干石灰或水泥质量=干混合料质量-干土质量

d.湿土质量=干土质量×(1+土的风干含水率)

e.湿石灰质量=干石灰质量×(1+石灰的风干含水率)

f.石灰土中应加入的水=湿混合料质量-湿土质量-湿石灰质量

(3)准备试样。

①必须严格保持所有仪器设备的清洁,应该用蒸馏水洗刷。

②准备 5 种试样,每种两个样品(以水泥稳定材料为例)如下:

如为水泥稳定中、粗粒土,每个样品取 1 000g 左右(如为细粒土,则可称取 300g 左右)准备试验。为了减少中、粗粒土的离散,宜按设计级配单份掺配的方式备料。

5 种混合料的水泥剂量应力:水泥剂量为0,最佳水泥剂量左右、最佳水泥剂量±2%和+4%[❶],每种剂量取两个(为湿质量)试样,共 10 个试样,并分别放在 10 个大口聚乙烯桶(如为

---

❶在此,准备标准曲线的水泥剂量可为0、2%、4%、6%、8%。如水泥剂量较高或较低,应保证工地实际所用水泥或石灰的剂量位于标准曲线所用剂量的中间。

稳定细粒土,可用搪瓷杯或1 000mL具塞三角瓶;如为粗粒土,可用5L的大口聚乙烯桶)内。土的含水率应等于工地预期达到的最佳含水率,土中所加的水应与工地所用的水相同。

③取一个盛有试样的盛样器,在盛样器内加入两倍试样质量(湿料质量)体积的10%氯化铵溶液(如湿料质量为300g,则氯化铵溶液为600mL;如湿料质量为1 000g,则氯化铵溶液为2 000mL)。料为300g,则搅拌3min(每分钟搅110～120次);料为1 000g,则搅拌5min。如用1 000mL具塞三角瓶,则手握三角瓶(瓶口向上)用力振荡3min(每分钟120次±5次),以代替搅拌棒搅拌。放置沉淀10min❶,然后将上部清液转移到300mL烧杯内,搅匀,加盖表面皿待测。

④用移液管吸取上层(液面上1～2cm)悬浮液10.0mL放入200mL的三角瓶内,用量管量取1.8%氢氧化钠(内含三乙醇胺)溶液50mL倒入三角瓶中,此时溶液pH值为12.5～13.0(可用pH为12～14精密试纸检验),然后加入钙红指示剂(质量约为0.2g),摇匀,溶液呈玫瑰红色。记录滴定管中EDTA二钠标准溶液的体积V_1,然后用EDTA二钠标准溶液滴定,边滴定边摇匀,并仔细观察溶液的颜色;在溶液颜色变为紫色时,放慢滴定速度,并摇匀;直到纯蓝色为终点,记录滴定管中EDTA二钠标准溶液体积V_2(以mL计,读至0.1mL)。计算V_1-V_2,即为EDTA二钠标准溶液的消耗量。

⑤对其他几个盛样器中的试样,用同样的方法进行试验,并记录各自的EDTA二钠标准溶液的消耗量。

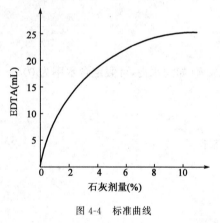

图4-4　标准曲线

⑥以同一水泥或石灰剂量稳定材料EDTA二钠标准溶液消耗量(mL)的平均值为纵坐标,以水泥或石灰剂量(%)力横坐标制图。两者的关系应是一根顺滑的曲线,如图4-4所示。如素土、水泥或石灰改变,必须重做标准曲线。

2.试验步骤

(1)选取有代表性的无机结合料稳定材料,对稳定中、粗粒土取试样约3 000g,对稳定细粒土取试样约1 000g。

(2)对水泥或石灰稳定细粒土,称300g放在搪瓷杯中,用搅拌棒将结块搅散,加10%氯化铵溶液600mL;对水泥或石灰稳定中、粗粒土,可直接称取1 000g左右,放入10%氯化铵溶液2 000mL,然后如前述步骤进行试验。

(3)利用所绘制的标准曲线,根据EDTA二钠标准溶液消耗量,确定混合料中的水泥或石灰剂量。

3.注意事项

(1)每个样品搅拌的时间、速度和方式应力求相同,以增加试验的精度。

(2)做标准曲线时,如工地实际水泥剂量较大,素集料和低剂量水泥的试样可以不做,而直接用较高的剂量做试验,但应有两种剂量大于实际用剂量,以及两种剂量小于实际剂量。

(3)配制的氯化铵溶液,最好当天用完,不要放置过久,以免影响试验的精度。

(五)试验记录与示例

某石灰稳定土灰剂量试验记录见表4-5。

---

❶如10min后得到的是混浊悬浮液,则应增加放置沉淀时间,直到出现无明显悬浮颗粒的悬浮液为止,并记录所需的时间。以后所有该种水泥(或石灰)稳定材料的试验,均应以同一时间为准。

灰剂量试验记录（EDTA）　　　　　　　　　　　　　　　表 4-5

设计灰剂量	0%	2%	4%	6%	8%	工地试样
湿混合料质量(g)	300	300	300	300	300	300
干混合料质量(g)	272.73	272.73	272.73	272.73	272.73	272.73
干土质量(g)	272.73	267.39	262.23	257.28	252.54	259.74
干石灰质量(g)	0	5.34	10.5	15.45	20.19	12.99
湿土质量(g)	286.35	280.77	275.34	270.15	265.17	273.57
湿石灰质量(g)	0	5.34	10.5	15.45	20.19	12.99
稳定土中需加水量(g)	13.65	13.89	14.16	14.40	14.64	13.44

（1）EDTA 二钠标准液滴定

依照试验步骤进行，用 EDTA 二钠标准液滴定配置溶液到纯蓝色为终点。记录 EDTA 二钠的耗量（以 mL 计，读至 0.1mL）。具体内容见表 4-6。

EDTA 二钠标准液滴定记录表　　　　　　　　　　　　　　表 4-6

试 样	试验次数	EDTA 耗量(ml)		灰剂量(%)
300g	1	5.4	5.4	0
	2	5.4		
300g	1	16.5	15.6	2
	2	14.4		
300g	1	30.0	31.2	4
	2	32.4		
300g	1	44.1	43.8	6
	2	43.5		
300g	1	48.3	48.6	8
	2	48.6		
工地实取试样300g	1	33.9	33.6	4.3%
	2	33.3		

试验者_____　　　计算者_____　　　校核者_____　　　试验日期_____

根据上述资料，标准曲线见图 4-5（即建立了 EDTA 消耗量与石灰灰剂量的关系曲线）。

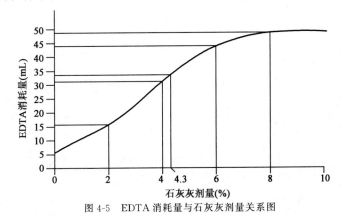

图 4-5　EDTA 消耗量与石灰灰剂量关系图

（2）工地操作

①选取有代表性的水泥土或石灰土混合料，称 300g 放在搪瓷杯中，用搅拌棒将结块搅散，加 600mL10%NH$_4$CL 溶液，然后如上述步骤那样进行试验。

②已知工地石灰稳定土消耗的 EDTA 溶液为 33.6mL,利用所绘制的标准曲线求得,对应的石灰灰剂量为 4.3%。

解析:

(1)试验相关数据

土样为细粒土　　　　　　混合料的最佳含水率=10.0%

土的风干含水率=5%　　　石灰的风干含水率=0%

(2)具体计算及试验过程

①准备标准曲线

②计算步骤(以设计灰剂量 2%为例):

a. 求干混合料质量$=\dfrac{300g}{1+最佳含水率}=\dfrac{300g}{1+10\%}=272.73g$

b. 干土质量=干混合料质量/[1+石灰(或水泥)剂量]

　　　　　$=272.73g/(1+2\%)=267.39g$

c. 干石灰质量=干混合料质量-干土质量

　　　　　$=272.73-267.39=5.34g$

d. 湿土质量=干土质量×(1+土的风干含水率)

　　　　　$=267.39×(1+5\%)=280.77g$

e. 湿石灰质量=干石灰质量×(1+石灰的风干含水率)

　　　　　$=5.34×(1+0\%)=5.34g$

f. 石灰土中应加入的水=300g-湿土质量-湿石灰质量

　　　　　$=300-280.77-5.34=13.89g$

第五章 水泥混凝土用砂石材料

 本章职业能力目标

掌握集料的取样技术,具有评定水泥混凝土用砂石质量的能力。

 本章学习要求

1.能正确做出砂的筛分曲线,计算砂的细度模数,评定砂的颗粒级配和粗细程度;

2.掌握砂的含水率、含泥量、泥块含量的测定方法;

3.能做出粗集料的颗粒级配曲线,判断其级配情况;

4.掌握石料含水率、含泥量、泥块含量、针片状颗粒含量、强度的测定方法。

 本章试验采用的标准及规范

《建筑用砂》(GB/T 14684—2011)

《建筑用卵石、碎石》(GB/T 14685—2011)

第一节 砂的主要技术性质与标准

一 主要技术性质

(一)颗粒级配及粗细程度

1.砂的颗粒级配

砂的颗粒级配是表示砂大小颗粒的搭配情况。砂的颗粒级配应符合表5-1的规定;砂的级配类别应符合表5-2的规定。对于砂浆用砂,4.75mm筛孔的累计筛余量应为0。砂的实际颗粒级配除4.75mm和0.6mm筛档外,可以略有超出,但各级累计筛余超出值总和应不大于5%。

颗 粒 级 配   表 5-1

砂的分类	天 然 砂			机 制 砂		
级配区	Ⅰ区	Ⅱ区	Ⅲ区	Ⅰ区	Ⅱ区	Ⅲ区
筛孔尺寸(mm)	累计筛余(%)					
4.75	0～10	0～10	0～10	0～10	0～10	0～10
2.36	5～35	0～25	0～15	5～35	0～25	0～15
1.18	35～65	10～50	0～25	35～65	10～50	0～25
0.6	71～85	41～70	16～40	71～85	41～70	16～40
0.3	80～95	70～92	55～85	0～95	70～92	55～85
0.15	90～100	90～100	90～100	85～97	80～94	75～94

类 别	Ⅰ	Ⅱ	Ⅲ
级 配 区	2 区	1、2、3 区	

2. 粗细程度

衡量砂粗细的指标是细度模数。砂按细度模数可分为粗、中、细三种规格:细度模数 3.1～3.7 为粗砂,细度模数 2.3～3.0 为中砂,细度模数 1.6～2.2 为细砂。

(二)含泥量、石粉含量和泥块含量

(1)含泥量指天然砂中粒径小于 0.075mm 的颗粒含量。

(2)泥块含量指天然砂中原粒径大于 1.18mm,经水浸洗、手捏后小于 0.6mm 的颗粒含量。

(3)石粉含量指人工砂中粒径小于 0.075mm 的颗粒含量。

(三)有害物质

砂中不应该有草根、树叶、树枝、塑料、煤块、炉渣等杂物。砂中含有的云母、有机物、轻物质、硫化物及硫酸盐、氯盐等为有害物质。

(四)坚固性

坚固性指砂在自然风化和其他外界物理化学因素作用下抵抗破裂的能力。

(1)天然砂。采用硫酸钠溶液法进行试验,用试样经 5 次循环后其质量损失表示。

(2)人工砂。采用压碎指标法进行试验,用压碎指标值表示。

(五)表观密度、堆积密度、空隙率

(1)表观密度:砂在规定条件下单位表观体积(包括矿质实体体积和闭口体积)的质量。

(2)堆积密度:砂按照一定方式装填于容器中,单位体积(包括矿质实体体积、闭口孔体积、开口孔体积及颗粒之间空隙体积)的质量。

(3)空隙率:砂按照一定方式堆积时,空隙体积占试样总体积的百分率。

(六)轻物质

轻物质指表观密度小于 2 000kg/m³ 的物质。

(七)碱集料反应

碱集料反应指水泥、外加剂等混凝土组成物及环境中的碱与集料中碱活性矿物在潮湿环境下缓慢发生并导致混凝土开裂破坏的膨胀反应。

(八)亚甲蓝 MB 值

亚甲蓝 MB 值是用于判定人工砂中粒径小于 0.075mm 颗粒含量主要是泥土还是与被加工母岩化学成分相同的石粉的指标。

水泥混凝土用细集料的主要技术标准见表5-3。

砂的主要技术标准 表5-3

项　　目			技 术 要 求		
			I 级	II 级	III 级
机制砂	单级最大压碎指标(%) (此外应满足硫酸钠溶液循环后重量损失)		≤20	≤25	≤30
	MB 值≤1.4 或快速法试验合格	MB 值	≤0.5	≤1.0	≤1.4 或合格
		石粉含量(按质量计)(%)	≤10.0		
		泥块含量(按质量计)(%)	0	≤1.0	≤2.0
	MB 值≥1.40 或不合格	石粉含量(按质量计)(%)	≤1.0	≤3.0	≤5.0
		泥块含量(按质量计)(%)	0	≤1.0	≤2.0
天然砂	硫酸钠溶液循环后重量损失(%)		≤8		≤10
	含泥量(按质量计)(%)		≤1.0	≤3.0	≤5.0
	泥块含量(按质量计)(%)		≤0	≤1.0	≤2.0
有害物质含量	云母(按质量计)(%)		≤1.0	≤2.0	
	轻物质(按质量计)(%)		≤1.0		
	有机物(比色法)		合格		
	硫化物及硫酸盐(按 SO_3 质量计)(%)		≤0.5		
	氯化物(以氯离子质量计)(%)		≤0.01	≤0.02	≤0.06
碱集料反应			经碱集料反应试验后,由砂制备的试件无裂缝,酥裂、胶体外溢等现象,在规定的试验龄期膨胀率小于0.10%		
密度和空隙率			表观密度不小于2 500kg/m³;松散堆积密度不小于1 400kg/m³;空隙率不大于44%		

第二节　砂　试　验

一 取样方法与处理方法

(一)取样方法

(1)在料堆上取样时,取样部位应均匀分布。取样前先将取样部位表层铲除,然后从不同部位抽取大致等量的砂8份,组成一组样品;

(2)从皮带运输机上取样时,应用接料器在皮带运输机机尾的出料处定时抽取大致相等的砂4份,组成一组样品;

(3)从火车、汽车、货船上取样时,从不同部位和深度抽取大致相等的砂8份,组成一组样品。

(二)取样数量

单项试验的最少取样数量应符合表5-4的规定。做几项试验时,如确能保证试样经一项试验后不致影响另一项试验的结果,可用同一试样进行几项不同的试验。

砂的单项试验取样数量   表 5-4

序　号	试　验　项　目		最少取样数量(kg)
1	颗粒级配		4.4
2	含泥量		4.4
3	石粉含量		6.0
4	泥块含量		20.0
5	云母含量		0.6
6	轻物质含量		3.2
7	有机物含量		2.0
8	硫化物与硫酸盐含量		0.6
9	氯化物含量		4.4
10	坚固性	天然砂	8.0
		人工砂	20.0
11	表观密度		2.6
12	堆积密度与空隙率		5.0
13	碱集料反应		20.0
14	贝壳含量		9.6
15	放射性		6.0
16	饱和面干吸水率		4.4

(三)试样处理

(1)分料器法:将样品在潮湿状态下拌和均匀,然后通过分料器,取接料斗中的其中一份再次通过分料器。重复上述过程,直至把样品缩分到试验所需量为止。

(2)人工四分法:将所取样品放在平整洁净的平板上,在潮湿状态下拌和均匀,并摊成厚度约20mm的圆饼,然后沿相互垂直的两条直径把圆饼分成大致相等的4份,取其对角的两份重新搅匀,再堆成圆饼。重复上述过程把样品缩分到试验所需量为止。

(3)堆积密度、机制砂坚固性检验所用试样可不经缩分,在搅匀后直接进行试验。

二　砂筛分

(一)试验目的

测定砂的颗粒级配,通过计算细度模数,评定砂的粗细程度。

(二)试验仪器设备

(1)鼓风烘箱:能使温度控制在105℃±5℃。

(2)天平:量程1 000g,感量1g。

(3)标准方孔筛:孔径为 0.15mm、0.3mm、0.6mm、1.18mm、2.36mm、4.75mm 及 9.50mm的筛各一只,并附有筛底和筛盖。

(4)摇筛机,仪器装置见图5-1。

图 5-1　摇筛机示意图

(5)搪瓷盘、毛刷等。

(三)试验步骤

(1)按规定方法取样,筛除大于9.50mm的颗粒(并算出其筛余百分率),并将试样缩分至约1 100g,放在干燥箱中于(105±5)℃下烘干至恒量,待冷却至室温后,分为大致相等的两份备用。

(2)称取试样500g,精确至1g。将试样倒入按孔径由大到小组合的套筛(附筛底)上,然后进行筛分。

(3)将套筛置于摇筛机上,摇10min,取下套筛,按孔径大小顺序再逐个用手筛,筛至每分钟通过量小于试样总量的0.1%为止。通过的试样并入下一号筛中,并和下一号筛中的试样一起过筛,直至各号筛全部筛完为止。

称出各号筛的筛余量,精确至1g,试样在各号筛上的筛余量不得超过按式(5-1)计算出的量。

$$m = \frac{A \times d^{\frac{1}{2}}}{200} \tag{5-1}$$

式中:m——在一个筛上的筛余量(g);

　　A——筛面的面积(mm^2);

　　d——筛孔尺寸(mm)。

超过时应按下列方法之一处理:

①将该粒级试样分成少于按式(5-1)计算出的量,分别筛分,并以筛余量之和作为该号筛的筛余量。

②将该粒级及以下各粒级的筛余混合均匀,称出其质量,精确至1g。再用四分法缩分为大致相等的两份,取其中一份,称出其质量,精确至1g,继续筛分。计算该粒级及以下各粒级的分计筛余量时应根据缩分比例进行修正。

(四)结果计算与评定

(1)计算分计筛余百分率:各号筛的筛余量与试样总量之比,计算精确至0.1%。

(2)计算累计筛余百分率:该号筛的分计筛余百分率加上该号筛以上各分计筛余百分率之和,精确至0.1%。筛分后,如每号筛的筛余量与筛底的剩余量之和同原试样质量之差超过1%时,应重新试验。

(3)砂的细度模数按式(5-2)计算,精确至0.01。

$$M_x = \frac{(A_2 + A_3 + A_4 + A_5 + A_6) - 5A_1}{100 - A_1} \qquad (5\text{-}2)$$

式中: M_x——细度模数;

A_1、A_2、A_3、A_4、A_5、A_6——分别为4.75mm、2.36mm、1.18mm、0.6mm、0.3mm、0.15mm筛的累计筛余百分率。

(4)累计筛余百分率取两次试验结果的算术平均值,精确至1%。细度模数取两次试验结果的算术平均值,精确至0.1;如两次试验的细度模数之差超过0.20时,应重新试验。

(5)根据各号筛的累计筛余百分率,采用修约值比较法评定该试样的颗粒级配。

(五)试验记录与示例

某砂的筛分试验记录见表5-5。

砂的筛分试验记录表   表5-5

编号	筛孔尺寸 (mm)	9.50	4.75	2.36	1.18	0.60	0.30	0.15	筛底	损失率 (%)
1	筛余质量(g)	0	0	73	46	166	127	52	36	0
	分计筛余百分率 a(%)	0	0	14.6	9.2	33.2	25.3	10.4	—	
	累计筛余百分率 A(%)	0	0	14.6	23.8	57.0	82.3	92.7	—	
2	筛余质量(g)			68	50	142	136	60	41	0.68
	分计筛余百分率 a(%)	0	0	13.6	10.0	28.4	27.2	12.0	—	
	累计筛余百分率 A(%)	0	0	13.6	23.6	52.0	79.2	91.2	—	
3	累计筛余百分率平均值 A(%)	0	0	14	24	54	81	92	—	—
4	通过百分率 P(%)	100	100	86	76	46	19	8.0		

1.细度模数计算、评定砂的粗细程度

第一次试验细度模数为:

$$M_{x_1} = \frac{(A_2 + A_3 + A_4 + A_5 + A_6) - 5A_1}{100 - A_1}$$

$$= \frac{(92.7 + 82.3 + 57.0 + 23.8 + 14.6) - 5 \times 0}{100 - 0} = 2.70$$

第二次试验细度模数为:

$$M_{x_2} = \frac{(A_2 + A_3 + A_4 + A_5 + A_6) - 5A_1}{100 - A_1}$$

$$= \frac{(91.2 + 79.2 + 52.0 + 23.6 + 13.6) - 5 \times 0}{100 - 0} = 2.60$$

两次细度模数差值为：

$$|M_{x_1} - M_{x_2}| = 0.1 < 0.2$$

平均值：

$$M_x = 2.6$$

2.对照国家规范规定的级配区范围或绘制级配曲线评定级配情况

(1)对照国家规范规定的级配区范围(表5-6)

国家规范规定的级配区范围   表5-6

筛孔尺寸(mm)	II区砂下限(%)	II区砂累计筛余上限(%)	砂样累计筛余(%)
4.75	0	10	0
2.36	0	25	14
1.18	10	50	24
0.6	41	70	54
0.3	70	92	81
0.15	90	100	92

(2)绘制级配曲线(图5-2)

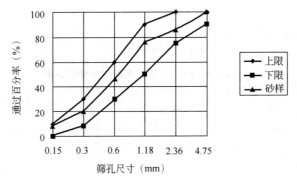

图5-2 II区砂范围与砂样级配曲线

结论：细度模数为2.6，在2.3~3.0范围内，因此该砂为中砂。

该砂级配属于II区，级配情况良好。

三 砂表观密度

(一)试验目的

测定砂的表观密度，借以评定砂的质量，同时为混凝土的配合比设计作为参考的依据。

(二)试验仪器设备

(1)鼓风干燥箱：能使温度控制在(105±5)℃；

(2)天平：量程1 000g，感量0.1g；

(3)容量瓶：500mL；

(4)干燥器、搪瓷盘、滴管、毛刷、温度计等。

(三)试验步骤

(1)按规定方法取样,并将试样缩分至约660g,放在干燥箱中于(105±5)℃下烘干至恒重,待冷却至室温后,分为大致相等的两份待用。

(2)称取试样300g(m_0),精确至0.1g。将试样装入容量瓶,注入冷开水至接近500mL的刻度处,用手旋转摇动容量瓶,使砂样充分摇动,排除气泡,塞紧瓶塞,静置24h。然后用滴管小心加水至容量瓶500mL刻度处,塞紧瓶塞,擦干瓶外水分,称取其质量(m_1),精确至1g。

(3)倒出瓶内水和试样,洗净容量瓶,再容量向瓶内注入(应与(2)水温相差不超过2℃,并在15~25℃范围内)至500mL刻度线,塞紧瓶塞,擦干瓶外水分,称出其质量(m_2),精确至1g。

注:在砂的表观密度试验过程中应测量并控制水的温度,试验的各项称量可在15~25℃范围内进行。从试样加水静置的最后2h起直至试验结束,其温度相差不应超过2℃。

(四)结果计算与评定

(1)砂的表观密度ρ_0按式(5-3)计算,精确至10kg/m³:

$$\rho_0 = \left(\frac{m_0}{m_0 + m_2 - m_1} - \alpha_t \right) \times \rho_水 \qquad (5-3)$$

式中:ρ_0——表观密度(kg/m³);

$\rho_水$——水的密度(kg/m³);

m_0——烘干试样的质量(g);

m_1——试样、水及容量瓶的总质量(g);

m_2——水及容量瓶的总质量(g);

α_t——水温对表观密度影响的修正系数(表5-7)。

不同水温对砂的表观密度影响的修正系数　　　　　　　　表5-7

水温(℃)	15	16	17	18	19	20	21	22	23	24	25
α_t	0.002	0.003	0.003	0.004	0.004	0.005	0.005	0.006	0.006	0.007	0.008

(2)表观密度取两次试验结果的算术平均值,精确至10kg/m³,如两次测定结果之差大于20kg/m³,应重新试验。

(3)采用修约值比较法进行评定。

(五)试验记录与示例

某砂表观密度试验记录见表5-8。

砂表观密度记录表　　　　　　　　表5-8

次数	试样质量 m_0 (g)	容量瓶、砂及水的总质量 m_1 (g)	容量瓶及水的总质量 m_2 (g)	水温修正系数 α_t	表观密度 ρ_0 (kg/m³)	
1	300	833	648	0.005	2 610	2 610
2	300	835	650	0.005	2 610	

$$\rho_1 - \rho_2 = 0kg/m^3 \not> 20kg/m^3$$

结论:该砂的表观密度为2 610kg/m³,2 620kg/m³>2 500kg/m³,该砂表观密度满足标准要求。

(一)试验目的

测定砂松散堆积状态与紧密堆积状态下的堆积密度并计算其空隙率,借以评定砂的质量,同时为混凝土的配合比设计作为参考的依据。

(二)试验仪器设备

(1)鼓风干燥箱:能使温度控制在(105±5)℃;

(2)容量筒:圆柱形金属筒,内径 108mm,净高 109mm,壁厚 2mm,筒底厚约 5mm,容积为 1L,仪器装置见图 5-3;

(3)天平:量程 10kg,感量 1g;

(4)方孔筛:孔径为 4.75mm 的筛一只;

(5)垫棒:直径 10mm,长 500mm 的圆钢;

(6)直尺、漏斗或料勺、搪瓷盘、毛刷等。

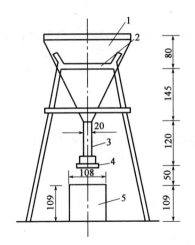 

图 5-3　标准漏斗(尺寸单位:mm)

1-漏斗;2-漏斗托架;3-φ20mm 管子;4-活塞勺;5-容积筒

(三)试验步骤

(1)按规定的取样方法取样,用搪瓷盘装取试样约 3L,放在烘箱中于(105±5)℃下烘干至恒重,待冷却至室温后,筛除大于 4.75mm 的颗粒,分为大致相等的两份备用。

(2)松散堆积密度:取试样一份,用漏斗或料勺将试样从容量筒中心上方 50mm 处徐徐倒入,让试样以自由落体落下,当容量筒上部试样呈锥体,且容量筒四周溢满时,即停止加料。然后用直尺沿筒口中心线向两边刮平(试验过程应防止触动容量筒),称出试样和容量筒总重量,精确至 1g。

(3)紧装堆积密度:取试样一份分两次装入容量筒。装完第一层后(约计稍高于 1/2),在筒底垫放一根直径为 10mm 的圆钢筋,将筒按住,左右交替击地面各 25 下。然后装入第二层,第二层装满后用同样方法颠实(但筒底所垫钢筋的方向应与第一层放置方向垂直),再加试样直至超过筒口,然后用直尺沿筒口中心线向两边刮平,称出试样和容量筒总质量,精确至1g。

(四)结果计算与评定

(1)试样的松散或紧密堆积密度按式(5-4)计算,精确至10kg/m³。

$$\rho_1 = \frac{m_1 - m_2}{V} \tag{5-4}$$

式中:ρ_1——松散或紧密堆积密度(kg/m³);

m_1——容量筒和试样总质量(g);

m_2——容量筒质量(g);

V——容量筒体积(L),$V=1L$。

(2)空隙率按式(5-5)计算,精确至1%:

$$V_0 = \left(1 - \frac{\rho_1}{\rho_0}\right) \times 100 \tag{5-5}$$

式中:V_0——空隙率(%);

ρ_1——试样的松散(或紧密)堆积密度(kg/m³);

ρ_0——试样表观密度(kg/m³)。

(3)堆积密度取两次试验结果的算术平均值,精确至10kg/m³,空隙率取两次试验结果的算术平均值,精确至1%。

(4)采用修约值比较法进行评定。

(五)容量筒的校准方法

将温度为20℃±2℃的饮用水装满容量筒;用一玻璃板沿筒口推移,使其紧贴水面。擦干筒外壁水分,然后称其质量,精确至1g。

容量筒容积按式(5-6)计算:

$$V = m_2' - m_1' \tag{5-6}$$

式中:V——容量筒容积(mL),精确至1mL;

m_2'——容量筒、玻璃板和水的总质量(g);

m_1'——容量筒和玻璃板质量(g)。

(六)试验记录与示例

某细集料堆积密度试验记录见表5-9。

细集料堆积密度记录表　　　　　　　　　　表5-9

编　号		容量筒容积 V (L)	容量筒质量 m_1 (g)	容量筒、砂质量 m_2 (g)	砂质量 m (g)	堆积密度 ρ_1 (kg/m³)	平均值 (kg/m³)
松散堆积密度	1	1	450	1 900	1 450	1 450	1 470
	2	1	450	1 940	1 490	1 490	
紧密堆积密度	1	1	450	2 400	1 950	1 950	1 950
	2	1	450	2 400	1 950	1 950	

计算砂的空隙率：

$$V_0 = \left(1 - \frac{\rho_1}{\rho_0}\right) \times 100$$

(1)用松散堆积密度计算：

$$V_1 = \left(1 - \frac{1\,450}{2\,620}\right) \times 100 = 45(\%)$$

$$V_2 = \left(1 - \frac{1\,490}{2\,620}\right) \times 100 = 43(\%)$$

$$V_0 = \frac{V_1 + V_2}{2} = 44(\%)$$

(2)用紧装堆积密度计算：

$$V_1 = \left(1 - \frac{1\,950}{2\,620}\right) \times 100 = 26(\%)$$

$$V_2 = \left(1 - \frac{1\,950}{2\,620}\right) \times 100 = 26(\%)$$

$$V_0 = \frac{V_1 + V_2}{2} = 26(\%)$$

结论：该砂松散堆积密度为 $1\,470\text{kg/m}^3$，紧装堆积密度为 $1\,950\text{kg/m}^3$；该砂松散堆积状态空隙率为 44%，紧密堆积状态空隙率为 26%。该砂松散堆积密度为 $1\,470\text{kg/m}^3 > 1\,350\text{kg/m}^3$，该砂松散堆积状态空隙率为 $44\% < 47\%$，满足标准要求。

五　砂的含水率试验

(一)试验目的

测定砂的含水率，借以评定砂的质量，同时为混凝土的配合比设计作为参考的依据。

(二)仪器设备

(1)鼓风干燥箱：能使温度控制在(105 ± 5)℃；

(2)天平：量程 $1\,000\text{g}$，感量 0.1g；

(3)干燥器、搪瓷盘、小勺、毛刷等。

(三)试验步骤

(1)将自然潮湿状态下的试样用四分法缩分至约 $1\,100\text{g}$，拌匀后分为大致相等的两份备用。

(2)称取一份试样的质量，精确至 0.1g。将试样倒入已知质量的烧杯中，放在干燥箱中于(105 ± 5)℃下烘至恒量。待冷却至室温后，再称出其质量，精确至 0.1g。

(四)结果计算与评定

(1)砂的含水率按式(5-7)计算，精确至 0.1%：

$$Z = \frac{m_2 - m_1}{m_1} \times 100 \tag{5-7}$$

式中:Z——含水率(%);

m_2——烘干前的试样质量(g);

m_1——烘干后的试样质量(g)。

(2)含水率取两次试验结果的算术平均值,精确至 0.1%;两次试验结果之差大于 0.2%时,应重新试验。

(五)试验记录与示例

某砂含水率试验记录见表 5-10。

砂的含水率试验记录表 表 5-10

编　　号	烘干前试样质量 m_2(g)	烘干后试样质量 m_1(g)	含水率(%)	平均值(%)
1	510.0	482.0	5.8	5.8
2	500.0	473.0	5.7	

含水率 $Z_1 - Z_2 = 0.1\% < 0.2\%$

结论:该砂的含水率为 5.8%。

六　砂的含泥量试验

(一)试验目的

测定天然砂中粒径小于 0.075mm 的颗粒含量。

(二)仪器设备

(1)鼓风干燥箱:能使温度控制在(105±5)℃;

(2)天平:量程 1 000g,感量 0.1g;

(3)容器:要求淘洗试样时,保持试样不溅出(深度大于 250mm);

(4)方孔筛:孔径为 0.075mm 及 1.18mm 的筛各一只。

(5)搪瓷盘、毛刷等。

(三)试验步骤

(1)按规定方法取样,并将试样缩分至约 1 100g,放在干燥箱中于(105±5)℃下烘干至恒量,待冷却至室温后,分为大致相等的两份备用。

(2)称取试样 500g,精确至 0.1g。将试样倒入淘洗容器中,注入清水,使水面高于试样面约 150mm,充分搅拌均匀后,浸泡 2h,然后用手在水中淘洗试样,使尘屑、淤泥和黏土与砂粒分离,把浑水缓缓倒入 1.18mm 及 0.075mm 的套筛上(1.18mm 筛放在 0.075mm 筛上面),滤去小于 0.075mm 的颗粒。试验前筛子的两面应先用水润湿,在整个过程中应小心防止砂粒流失。

(3)再向容器中注入清水,重复上述操作,直至容器内的水目测清澈为止。

(4)用水冲洗剩留在筛上的细粒,并将 0.075mm 筛放在水中(使水面略高出筛中砂粒的上表面)来回摇动,以充分洗掉小于 0.075mm 的颗粒,然后将两只筛的筛余颗粒和清洗容器中已经洗净的试样一并倒入搪瓷盘,放在干燥箱中于(105±5)℃下烘干至恒量,待冷却至室温后,称出其质量,精确至 0.1g。

(四)结果计算与评定

(1)含泥量按式(5-8)计算,精确至0.1%:

$$Q_a = \frac{m_0 - m_1}{m_0} \times 100 \qquad (5-8)$$

式中:Q_a——含泥量(%);

　　m_0——试验前烘干试样的质量(g);

　　m_1——试验后烘干试样的质量(g)。

(2)含泥量取两个试样的试验结果算术平均值作为测定值,采用修约值比较法进行评定。

(五)试验记录与示例

某砂含泥量试验记录见表5-11。

砂的含泥量试验记录表　　　　　　　　　　　　　　表5-11

编　　号	试验前烘干试样的质量 m_0 (g)	试验后烘干试样的质量 m_1 (g)	含泥量 Q_a (%)	平均值 (%)
1	500	485	3.0	3.5
2	500	480	4.0	

结论:根据 GB 14685—2011 规定,该砂的含泥量符合Ⅲ类砂质量要求。

七　砂的泥块含量试验

(一)试验目的

测定天然砂中原粒径大于1.18mm,经水浸洗、手捏后小于0.6mm的颗粒含量。

(二)仪器设备

(1)天平:量程1 000g,感量0.1g;

(2)鼓风干燥箱:能使温度控制在(105±5)℃;

(3)方孔筛:孔径为0.6mm及1.18mm的筛各一只;

(4)容器:要求淘洗试样时,保持试样不溅出(深度大于250mm);

(5)搪瓷盘,毛刷等。

(三)试验步骤

(1)按规定方法取样,并将试样缩分至约5 000g,放在干燥箱中于(105±5)℃下烘干至恒量,待冷却至室温后,筛除小于1.18mm的颗粒,并分成大致相等的两份备用。

(2)称取试样200g,精确至0.1g。将试样倒入淘洗容器中,注入清水,使水面高出试样面约150mm。充分搅拌均匀后,浸泡24h,然后用手在水中碾碎泥块,再把试样放在0.6mm筛上,用水淘洗,直至容器内的水目测清澈为止。

(3)将保留下来的试样小心地从筛中取出,装入浅盘后,放在干燥箱中于(105±5)℃下烘干至恒量,待冷却到室温后,称出其质量,精确至0.1g。

(四)结果计算与评定

(1)泥块含量按式(5-9)计算,精确至 0.1%:

$$Q_b = \frac{m_1 - m_2}{m_1} \times 100 \tag{5-9}$$

式中:Q_b——泥块含量($\%$);

m_1——1.18mm 筛筛余试样的质量(g);

m_2——试验后烘干试样的质量(g)。

(2)泥块含量取两次试验结果的算术平均值,精确至 0.1%。

(3)采用修约值比较法进行评定。

(五)试验记录与示例

某砂泥块含量试验记录见表 5-12。

砂的泥块含量试验记录表　　　　　　　　　　表 5-12

编　号	1.18mm 筛筛余试样的质量 m_1 (g)	试验后烘干试样的质量 m_2 (g)	泥块含量 Q_b ($\%$)	平均值 ($\%$)
1	200	196	2	1.5
2	200	198	1	

结论:根据 GB/T 14684—2011 规定,该砂的泥块含量符合Ⅲ类砂质量要求。

第三节　粗集料的主要技术性质和标准

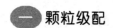
一　颗粒级配

粗集料的颗粒级配范围应符合表 5-13 的规定。

碎石或卵石的颗粒级配范围　　　　　　　　　表 5-13

级配	筛孔尺寸 累计筛余	2.36	4.75	9.50	16.0	19.0	26.5	31.5	37.5	53.0	63.0	75.0	90.0
连续粒级	5~16	95~100	85~100	30~60	0~10	0	—	—	—	—	—	—	—
	5~20	95~100	90~100	40~80	—	0~10	0	—	—	—	—	—	—
	5~25	95~100	90~100	—	30~70	—	0~5	0	—	—	—	—	—
	5~31.5	95~100	90~100	70~90	—	15~45	—	0~5	0	—	—	—	—
	5~40	95~100	95~100	70~90	—	30~65	—	—	0~5	0	—	—	—
单粒粒级	5~10	95~100	80~100	0~15	0	—	—	—	—	—	—	—	—
	10~16	—	95~100	80~100	0~15	—	—	—	—	—	—	—	—
	10~20	—	95~100	85~100	—	0~15	0	—	—	—	—	—	—
	16~25	—	—	95~100	55~70	25~40	0~10	0	—	—	—	—	—
	16~31.5	—	95~100	—	85~100	—	—	0~10	0	—	—	—	—
	20~40	—	—	95~100	—	80~100	—	—	0~10	0	—	—	—
	40~80	—	—	—	95~100	—	—	—	70~100	—	30~60	0~10	0

二 含泥量和泥块含量

(1)含泥量:卵石、碎石中粒径小于 0.075mm 的颗粒含量。

(2)泥块含量:卵石、碎石中原粒径大于 4.75mm,经水浸洗、手捏后小于 2.36mm 的颗粒含量。

卵石、碎石的含泥量和泥块含量应符合表 5-14 的规定。

含泥量和泥块含量 表 5-14

项 目	指 标		
	Ⅰ类	Ⅱ类	Ⅲ类
含泥量(按质量计)(%)	≤0.5	≤1.0	≤1.5
泥块含量(按质量计)(%)	0	≤0.2	≤0.5

三 针、片状颗粒含量

凡颗粒长度大于该颗粒所属相应粒级的平均粒径 2.4 倍为针状颗粒;厚度小于平均粒径 0.4 倍为片状颗粒。平均粒径指该粒级上、下限粒径的平均值。卵石、碎石的含泥量和泥块含量应符合表 5-15 的规定。

针、片状颗粒含量 表 5-15

项 目	指 标		
	Ⅰ类	Ⅱ类	Ⅲ类
针、片状颗粒含量(按质量计)(%)	≤5	≤10	≤15

四 有害物质含量

卵石和碎石中不应混有草根、树叶、树枝、塑料、煤块和炉渣等杂物。其有害物质应符合表 5-16 的规定。

有 害 物 质 含 量 表 5-16

项 目	指 标		
	Ⅰ类	Ⅱ类	Ⅲ类
有机物	合格	合格	合格
硫化物及硫酸盐(按 SO_3 质量计)(%)	≤0.5	≤1.0	≤1.0

五 坚固性

卵石、碎石在自然风化和其他外界物理化学因素作用下抵抗破裂的能力。

采用硫酸钠溶液法进行试验,卵石和碎石经 5 次循环后,其质量损失应符合表 5-17 的规定。

坚 固 性 指 标			表 5-17

项 目	指 标		
	I 类	II 类	III 类
质量损失(%)	≤5	≤8	≤12

六 强度

1. 岩石抗压强度

在水饱和状态下,其抗压强度火成岩应不小于80MPa,变质岩应不小于60MPa,水成岩应不小于30MPa。

2. 压碎指标

压碎指标应不小于表5-18的规定。

压 碎 指 标			表 5-18

项 目	指 标		
	I 类	II 类	III 类
碎石压碎指标(%)	≤10	≤20	≤30
卵石压碎指标(%)	≤12	≤14	≤16

七 表观密度、连续级配松散堆积空隙率

碎石、卵石表观密度、连续级配松散堆积孔隙率应符合如下规定:
(1)表观密度不小于2 600kg/m³;
(2)连续级配松散堆积孔隙率应符合表5-19的规定。

压 碎 指 标			表 5-19

类 别	I 类	II 类	III 类
空隙率(%)	≤43	≤45	≤47

八 吸水率

吸水率应符合表5-20的规定。

吸 水 率			表 5-20

类 别	I 类	II 类	III 类
吸水率(%)	≤1.0	≤2.0	≤3.0

九 碱集料反应

碱集料反应指水泥、外加剂等混凝土组成物及环境中的碱与集料中碱活性矿物在潮湿环

境下缓慢发生并导致混凝土开裂破坏的膨胀反应。

经碱集料反应试验后,由卵石、碎石制备的试件无裂缝、酥裂、胶体外溢等现象,在规定的试验龄期的膨胀率应小于 0.10%。

 十 含水率和堆积

报告其实测值。

第四节 粗集料试验

 一 抽样、取样与处理方法

(一)取样方法

(1)在料堆上取样时,取样部位应均匀分布。取样前先将取样部位表层铲除,然后从不同部位抽取大致等量的石子 15 份(在料堆的顶部、中部和底部均匀分布的 15 个不同部位取得),组成一组样品。

(2)从皮带运输机上取样时,应用接料器在皮带运输机机尾的出料处定时抽取大致等量的石子 8 份,组成一组样品。

(3)从火车、汽车 、货船上取样时,从不同部位和深度抽取大致等量的石子 16 份,组成一组样品。

(二)试样数量

单项试验的最少取样数量应符合表 5-21 的规定。做几项试验时,如确能保证试样经一项试验后不致影响另一项试验的结果,可用同一试样进行几项不同的试验。

单项试验取样数量(kg) 表 5-21

试 验 项 目	最 大 粒 径 (mm)							
	9.5	16.0	19.0	26.5	31.5	37.5	63.0	75.0
筛分析	9.5	16.0	19.0	26.5	31.5	37.5	63.0	80.0
含泥量	8.0	8.0	24.0	24.0	40.0	40.0	80.0	80.0
泥块含量	8.0	8.0	24.0	24.0	40.0	40.0	80.0	80.0
针、片状颗粒含量	1.2	4.0	8.0	12.0	20.0	40.0	40.0	40.0
表观密度	8.0	8.0	8.0	8.0	12.0	16.0	24.0	24.0
堆积密度与孔隙率	40.0	40.0	40.0	40.0	80.0	80.0	120.0	120.0
吸水率	2.0	4.0	8.0	12.0	20.0	40.0	40.0	40.0
碱集料反应	20.0							
有机物含量 硫酸盐和硫化物含量 坚固性	按试验要求的粒级和数量取样							
岩石抗压强度	随机选取完整石块锯切或钻取成试验用样品							

(三)试样处理

(1)将所取样品置于平板上,在自然状态下拌和均匀,并堆成锥体;然后沿互相垂直的两条直径把锥体分成大致相等的四份,取其对角的两份重新拌匀,再堆成锥体。重复上述过程,直至把样品缩分到试验所需量为止。

(2)碎石或卵石的含水率、堆积密度、紧装密度检验所用的试样,不经缩分,拌匀后直接进行试验。

 ## 碎石或卵石的筛分试验

(一)试验目的

测定碎石或卵石的颗粒级配。

(二)试验仪器设备

(1)鼓风烘箱:能使温度控制在105℃±5℃。

(2)台秤:量程10kg,感量1g。

(3)标准方孔筛:孔径为90mm、75.0mm、63.0mm、53.0mm、37.5mm、31.5mm、26.5mm、19.0mm、16.0mm、9.5mm、4.75mm和2.36mm的筛各一只,并附有筛底和筛盖。

(4)摇筛机。

(5)搪瓷盘、毛刷等。

(三)试验步骤

(1)按表5-21规定取样,并将试样缩分至略大于表5-22规定的数量,烘干或风干后备用。

颗粒级配试验所需试样数量   表5-22

最大粒径(mm)	9.5	16.0	19.0	26.5	31.5	37.5	63.0	75.0
最少试样质量(kg)	1.9	3.2	3.8	5.0	6.3	7.5	12.6	16.0

(2)称取按表5-22规定数量的试样一份,精确到1g。将试样倒入按孔径大小从上到下组合的套筛(附筛底)上,然后进行筛分。

(3)将套筛置于摇筛机上,摇10min;取下套筛,按筛孔大小顺序再逐个用手筛,筛至每分钟通过量小于试样总量0.1%为止。通过的颗粒并入下一号筛中,并和下一号筛中的试样一起过筛,这样顺序进行,直至各号筛全部筛完为止。

注:当筛余颗粒的粒径大于19.0mm时,在筛分过程中,允许用手指拨动颗粒。

(4)称出各号筛的筛余量,精确至1g。

(四)结果计算与评定

(1)计算分计筛余百分率:各号筛的筛余量与试样总质量之比,计算精确至0.1%。

(2)计算累计筛余百分率:该号筛的筛余百分率加上该号筛以上各分计筛余百分率之和,精确至1%。筛分后,如每号筛的筛余量与筛底的筛余量之和同原试样质量之差超过1%时,须重新试验。

(五)试验记录与示例

称取某粗集料试样5.0kg进行筛分试验,数据记录见表5-23。

粗集料筛分试验记录表　　　　　　　　　　　　表5-23

筛孔尺寸(mm)	31.5	26.5	19.0	16.0	9.5	4.75	2.36	筛底	损失率(%)
筛余质量(g)	0	245	325	1 980	1 466	776	197	5	
分计筛余百分率a(%)	0	4.9	6.5	39.6	29.3	15.5	3.9	0.1	0.1
累计筛余百分率A(%)	0	5	11	51	80	96	100		
要求级配范围(%)	0	0～5	—	30～70	—	90～100	95～100		

结论:根据GB 14685—2011规定,我们可以得出该石子公称最大粒径为26.5mm,为5～26.5mm的连续级配,级配在要求级配范围之内,所以级配良好。

三　碎石或卵石的含泥量试验

(一)试验目的

测定碎石或卵石中的泥含量。

(二)试验仪器设备

(1)鼓风烘箱:能使温度控制在105℃±5℃。

(2)台秤:量程10kg,感量1g。

(3)方孔筛:孔径为0.075mm及1.18mm的筛各一只。

(4)容器:要求淘洗试样时,保持试样不溅出。

(5)搪瓷盘、毛刷等。

(三)试验步骤

(1)按表5-21规定取样,并将试样缩分至略大于表5-24规定的数量,放在烘箱中于105℃±5℃下烘干至恒量,待冷却至室温后,分为大致相等的两份备用。

注:恒量系指试样在烘干1～3h的情况下,其前后质量之差不大于该项试验所要求的称量精度(下同)。

含泥量试验所需试样数量　　　　　　　　　　　表5-24

最大粒径(mm)	9.5	16.0	19.0	26.5	31.5	37.5	63.0	75.0
最少试样质量(kg)	2.0	2.0	6.0	6.0	10.0	10.0	20.0	20.0

(2)称取按表5-24规定数量的试样一份,精确到1g。将试样倒入淘洗容器中,注入清水,使水面高于试样上表面150mm,充分搅拌均匀后,浸泡2h,然后用手在水中淘洗试样,使尘屑、淤泥和黏土与石子颗粒分离,把浑水缓缓倒入1.18mm及0.075mm的套筛上(1.18mm筛放在0.075mm筛上面),滤去小于0.075mm的颗粒。试验前筛子的两面应先用水润湿。在整个试验过程中应小心防止大于0.075mm的颗粒流失。

(3)再向容器中注入清水,重复上述操作,直至容器内的水目测清澈为止。

(4)用水淋洗剩余在筛上的细粒,并将0.075mm筛放入水中(使水面略高出筛中石子颗粒的上表面)来回摇动,以充分洗掉小于 0.075mm 的颗粒;然后将两只筛上筛余的颗粒和清洗容器中已经洗净的试样一并倒入搪瓷盘中,置于烘箱中于 105℃±5℃下烘干至恒量,待冷却至室温后,称出其质量,精确至 1g。

(四)结果计算与评定

(1)含泥量 Q_a(%)按式(5-10)计算,精确至 0.1%。

$$Q_a = \frac{m_1 - m_2}{m_1} \times 100 \tag{5-10}$$

式中:m_1——试验前烘干试样的质量(g);

m_2——试验后烘干试样的质量(g)。

(2)含泥量取两次试验结果的算术平均值,精确至 0.1%。

(五)试验记录与示例

称取 5～26.5mm 粒径的石子 6.0kg 进行含泥量试验,数据记录与计算见表 5-25。

石子含泥量试验记录表 表 5-25

编　　号	试验前烘干试样的质量 m_1 (g)	试验后烘干试样的质量 m_2 (g)	含泥量 Q_a (%)	平均值 (%)
1	3 000	2 989	0.4	0.4
2	3 000	2 988	0.4	

结论:从表中计算结果得该石子含泥量 Q_a=0.4%,根据 GB 14685—2011 规定,该石子含泥量符合 I 类石子质量要求。

四 碎石或卵石的泥块含量试验

(一)试验目的

测定碎石或卵石中的泥块含量。

(二)试验仪器设备

(1)鼓风烘箱:能使温度控制在 105℃±5℃。

(2)台秤:量程 10kg,感量 1g。

(3)方孔筛:孔径为 2.36mm 及 4.75mm 的筛各一只。

(4)容器:要求淘洗试样时,保持试样不溅出。

(5)搪瓷盘、毛刷等。

(三)试验步骤

(1)按表 5-21 规定取样,并将试样缩分至略大于表 5-24 规定的数量,放在烘箱中于 105℃±5℃下烘干至恒量,待冷却至室温后,筛除小于 4.75mm 的颗粒,分为大致相等的两份备用。

注:恒量系指试样在烘干 1～3h 的情况下,其前后质量之差不大于该项试验所要求的称量精度(下同)。

(2)称取按表 5-24 规定数量的试样一份,精确到 1g。将试样倒入淘洗容器中,注入清水,使水面高于试样上表面。充分搅拌均匀后,浸泡24h。然后用手在水中碾碎泥块,再把试样放在2.36mm筛上,用水淘洗,直至容器内的水目测清澈为止。

(3)将保留下来的试样小心地从筛中取出,装入搪瓷盘后,放在烘箱中于105℃±5℃下烘干至恒量,待冷却至室温后,称出其质量,精确至1g。

(四)结果计算与评定

(1)泥块含量Q_b(%)按式(5-11)计算,精确至0.1%。

$$Q_b = \frac{m_1 - m_2}{m_1} \times 100 \tag{5-11}$$

式中:m_1——4.75mm筛筛余试样的质量(g);

m_2——试验后烘干试样的质量(g)。

(2)泥块含量取两次试验结果的算术平均值,精确至0.1%。

(五)试验记录与示例

称取5~26.5mm粒径的石子6.0kg进行泥块含量试验,数据记录于计算见表5-26。

粗集料泥块含量试验记录表

表5-26

编　　号	4.75mm筛筛余试样的质量 m_1 (g)	试验后烘干试样的质量 m_2 (g)	泥块含量 Q_b (%)	平均值 (%)
1	3 000	2 992	0.3	0.3
2	3 000	2 990	0.3	

结论:从表中计算结果得该石子泥块含量Q_b=0.3%,根据GB 14685—2011规定,该石子泥块含量符合Ⅱ类石子质量要求。

五 碎石或卵石的表观密度试验——液体比重天平法

(一)试验目的

测定碎石或卵石的表观密度。

(二)试验仪器设备

(1)鼓风烘箱:能使温度控制在105℃±5℃;

(2)台秤:量程5kg,感量5g。其型号及尺寸应能允许在臂上悬挂盛试样的吊篮,并能将吊篮放在水中称量。

(3)吊篮:直径和高度均为150mm,由孔径为1~2mm的筛网或钻有2~3mm孔洞的耐蚀金属板制成,见图5-4。

(4)方孔筛:孔径为4.75mm的筛一只。

(5)盛水容器:有溢流孔。

(6)温度计、搪瓷盘、毛巾等。

图5-4 网篮法测表观密度试验设备

(三)试验步骤

(1)按表 5-21 规定取样,并将试样缩分至略大于表 5-27 规定的数量,风干后筛除小于 4.75mm 的颗粒,然后洗刷干净,分为大致相等的两份备用。

表观密度试验所需试样数量　　　　　　　　　　　　表 5-27

最大粒径(mm)	<26.5	31.5	37.5	63.0	75.0
最少试样质量(kg)	2.0	3.0	4.0	6.0	6.0

(2)取试样一份装入吊篮,并浸入盛水的容器中,液面至少高出试样表面 50mm。浸水 24h 后,移放到称量用的盛水容器中,并用上下升降吊篮的方法排除气泡(试样不得露出水面)。吊篮每升降一次约 1s,升降高度为 30～50mm。

(3)测定水温后(此时吊篮应全浸在水中),准确称出吊篮及试样在水中的质量,精确至 5g。称量时盛水容器中水面的高度由容器的溢流孔控制。

(4)提起吊篮,将试样倒入浅盘,放在烘箱中于 105℃±5℃ 下烘干至恒量。待冷却至室温后,称出其质量,精确至 5g。

(5)称出吊篮在同样温度的水中的质量,精确至 5g。称量时盛水容器的水面高度仍由溢流孔控制。

注:试验时各项称量可以在 15～25℃ 范围内进行,但从试样加水静置的 2h 起至试验结束,其温度变化不应超过 2℃。

(四)结果计算与评定

(1)按式(5-12)计算石子的表观密度 ρ_0,精确至 $10kg/m^3$。

$$\rho_o = \left(\frac{m_0}{m_0 + m_2 - m_1} - \alpha_t \right) \times \rho_水 \qquad (5-12)$$

式中:$\rho_水$——水的密度(kg/m^3);

m_0——烘干后试样的质量(g);

m_1——吊篮及试样在水中的质量(g);

m_2——吊篮在水中的质量(g);

α_t——水温对表观密度影响的修正系数(表 5-28)。

不同水温对碎石和卵石的表观密度影响的修正系数　　　　表 5-28

水温(℃)	15	16	17	18	19	20	21	22	23	24	25
α_t	0.002	0.003	0.003	0.004	0.004	0.005	0.005	0.006	0.006	0.007	0.008

(2)表观密度取两次试验结果的算术平均值,精确至 $10kg/m^3$,如两次测定结果的差值大于 $20kg/m^3$ 时,须重新试验。对颗粒材质不均匀的试样,如两次试验结果之差超过 $20kg/m^3$,可取 4 次试验结果的算术平均值。

(五)试验记录与示例

称取 5～26.5mm 粒径的石子 4.0kg 进行表观密度试验,数据记录与计算见表 5-29。

粗集料表观密度试验记录表　　　　　　　　表 5-29

编号	试样质量 m_0（g）	试样在水中的质量 m_1（g）	石子在水中所占的总体积 V（cm³）	表观密度 ρ_0（kg/m³）	表观密度平均值（kg/m³）
1	2 000	1 300	700	2 860	2 870
2	2 000	1 305	695	2 880	

结论：$2\,880-2\,860=20\text{kg/m}^3 \not> 20\text{kg/m}^3$，所以该石的表观密度为 $2\,870\ \text{kg/m}^3$。

六　碎石或卵石的表观密度试验——广口瓶法

(一)试验目的

测定碎石或卵石的表观密度。

注：本方法不宜用于测定最大粒径大于 37.5mm 的碎石或卵石的表观密度。

(二)试验仪器设备

(1)鼓风烘箱：能使温度控制在 105℃±5℃。

(2)天平：量程 2kg，感量 1g。

(3)广口瓶：1 000mL，磨口，带玻璃片，见图 5-5。

(4)方孔筛：孔径为 4.75mm 的筛一只。

(5)温度计、搪瓷盘、毛巾等。

图 5-5　广口瓶

(三)试验步骤

(1)按表 5-21 规定取样，并将试样缩分至略大于表 5-22 规定的数量，风干后筛除小于 4.75mm 的颗粒，然后洗刷干净，分为大致相等的两份备用。

(2)将试样浸水饱和，然后装入广口瓶中。装试样时，广口瓶应倾斜放置，注入饮用水，用玻璃片覆盖瓶口。以上下左右摇晃的方法排除气泡。

(3)气泡排尽后，向瓶中添加饮用水，直至水面凸出瓶口边缘；然后用玻璃片沿瓶口迅速滑行，使其紧贴瓶口水面。擦干瓶外水分后，称出试样、水、瓶和玻璃片总质量，精确至 1g。

(4)将瓶中试样倒入浅盘，放在烘箱中于 105℃±5℃下烘干至恒量；待冷却至室温后，称出其质量，精确至 1g。

(5)将瓶洗净并重新注入饮用水，用玻璃片紧贴瓶口水面，擦干瓶外水分后，称出水、瓶和玻璃片总质量，精确至 1g。

注：试验时各项称量可以在 15～25℃ 范围内进行，但从试样加水静止的 2h 起至试验结束，其温度变化不应超过 2℃。

(四)结果计算与评定

(1)按式(5-13)计算石子的表观密度 ρ_0，精确至 10kg/m³。

$$\rho_0 = \left(\frac{m_0}{m_0 + m_2 - m_1} - \alpha_t \right) \times \rho_{水} \qquad (5\text{-}13)$$

式中：$\rho_{水}$——水的密度（kg/m³）；

m_0——烘干后试样的质量(g);

m_1——试样、水、瓶和玻璃片总质量(g);

m_2——水、瓶和玻璃片总质量(g);

α_t——水温对表观密度影响的修正系数(表5-27)。

(2)表观密度取两次试验结果的算术平均值,精确至$10kg/m^3$;如两次测定结果的差值大于$20kg/m^3$时,须重新试验。对颗粒材质不均匀的试样,如两次试验结果之差超过$20kg/m^3$,可取4次试验结果的算术平均值。

(五)试验记录与示例

称取5~26.5mm粒径的石子4.0kg进行表观密度试验,数据记录与计算见表5-30。

粗集料表观密度试验记录表　　　　表5-30

编　号	试样质量 m_0 (g)	瓶、石子、满水质量 m_1 (g)	瓶、满水质量 m_2 (g)	石子在水中所占的总体积 V (cm³)	表观密度 ρ_0 (kg/m³)	平均值 (kg/m³)
1	2 000	2 300	1 000	700	2 860	2 870
2	2 000	2 305	1 000	695	2 880	

结论:$2\,880 - 2\,860 = 20kg/m^3 \not> 20kg/m^3$,所以该石子的表观密度为 $2\,870\ kg/m^3$。$2\,870kg/m^3 > 2\,500\ kg/m^3$,满足规范规定的要求。

七 碎石或卵石的堆积密度和空隙率试验

(一)试验目的

为混凝土的配合比设计提供参考依据。

(二)试验仪器设备

(1)台秤:量程10kg,感量10g。

(2)磅秤:量程50kg或100kg,感量50g。

(3)容量筒:容量筒规格见表5-31。

(4)垫棒:直径16mm、长600mm的圆钢。

(5)直尺、小铲等。

容量筒的规格要求　　　　表5-31

石子最大粒径 (mm)	容量筒的容积 (L)	容 量 筒 尺 寸(mm)		
		内径	净高	壁厚
9.5、16.0、19.0、26.5	10	208	294	2
31.5、37.5	20	294	294	3
53.0、63.0、75.0	30	360	294	4

(三)试验步骤

(1)按表5-21规定取样,烘干或风干后,拌匀并把试样分为大致相等的两份备用。

（2）松散堆积密度试验：

取试样一份，用小铲将试样从容量筒口中心上方 50mm 处徐徐倒入，让试样以自由落体落下；当容量筒上部试样呈锥体，且容量筒四周溢满时，即停止加料。除去凸出容量筒口表面的颗粒，并以合适的颗粒填入凹陷部分，使表面稍凸出部分和凹陷部分的体积大致相等（试验过程应防止触动容量筒），称出试样和容量筒总质量。

（3）紧密堆积密度试验：

取试样一份分三次装入容量筒。装完第一次后，在筒底垫放一根直径为 16mm 的圆钢，将筒按住，左右交替颠击地面各 25 次，再装入第二层，第二层装满后用同样的方法颠实（但筒底所垫钢筋的方向与第一层时的方向垂直），然后装入第三层，如法颠实。试样装填完毕，再加试样直至高出筒口，用钢尺沿筒口边缘刮去高出的试样，并用适合的颗粒填平凹处，使表面稍凸出部分和凹陷部分的体积大致相等。称取试样和容量筒的总质量，精确至 10g。

（四）结果计算与评定

（1）松散或紧密堆积密度 ρ_0' 按式（5-14）计算，精确至 10kg/m^3。

$$\rho_0' = \frac{m_1 - m_2}{V} \tag{5-14}$$

式中：m_1——容量筒和试样的总质量（g）；

m_2——容量筒质量（g）；

V——容量筒的容积（L）。

（2）空隙率 V_0（%）按式（5-15）计算，精确至 1%。

$$V_0 = \left(1 - \frac{\rho_1}{\rho_2}\right) \times 100 \tag{5-15}$$

式中：ρ_1——按式（5-14）计算的松散（或紧密）堆积密度（kg/m^3）；

ρ_2——按式（5-13）计算的表观密度（kg/m^3）。

（3）堆积密度取两次试验结果的算术平均值，精确至 10kg/m^3；空隙率取两次试验结果的算术平均值，精确至 1%。

（五）容量筒的校准方法

将温度为 20℃±2℃ 的饮用水装满容量筒，用一玻璃板沿筒口推移，使其紧贴水面。擦干筒外壁水分，然后称出其质量，精确至 10g。容量筒容积按式（5-16）计算，精确至 1mL。

$$V = m_1 - m_2 \tag{5-16}$$

式中：V——容量筒的容积（mL）；

m_1——容量筒、玻璃板和水的总质量（g）；

m_2——容量筒和玻璃板的总质量（g）。

（六）试验记录与示例

选取一定量 5～26.5mm 的石子进行堆积密度试验，数据记录与计算见表 5-32。

编号		容量筒容积 V (L)	容量筒质量 m_1 (g)	容量筒、石子质量 m_2 (g)	石子质量 m (g)	堆积密度 ρ_1 (kg/m³)	平均值 (kg/m³)	空隙率 (%)
松散	1	10	2 150	18 850	16 700	1 670	1 650	43
	2	10	2 155	18 455	16 300	1 630		
紧密	1	10	2 150	20 850	18 700	1 870	1 860	35
	2	10	2 155	20 655	18 500	1 850		

结论：该石子的松散堆积密度为 1 650 kg/m³＞1 350 kg/m³，满足规范规定的要求。空隙率 43％＜47％，满足规范规定的要求。

八 碎石或卵石的吸水率试验

(一)试验目的

测定碎石或卵石的吸水率。

(二)试验仪器设备

(1)鼓风烘箱：能使温度控制在(105±5)℃；

(2)台秤：量程 10kg，感量 1g；

(3)方孔筛：孔径为 4.75mm 的筛一只；

(4)容器、搪瓷盘、毛巾、毛刷等。

(三)试验步骤

(1)按表 5-21 规定取样，并将试样缩分至略大于表 5-33 规定的数量，烘干或风干后备用。

吸水率试验所需试样数量　　　　　　　　　　　　　　　　　表 5-33

最大粒径(mm)	9.5	16.0	19.0	26.5	31.5	37.5	63.0	75.0
最少试样质量(kg)	2.0	2.0	4.0	4.0	4.0	6.0	6.0	8.0

(2)称取按表 5-33 规定数量的试样一份，精确到 1g。置于盛水的容器中，水面应高出试样表面约 5mm，浸泡 24h 后，从水中取出，用湿毛巾将颗粒表面的水分擦干，即成为饱和面干试样，立即称出其质量，精确到 1g。

(3)将饱和面干试样放在干燥箱中于(105±5)℃下烘干至恒重，待冷却至室温后，称出其质量，精确至 1g。

(四)结果计算与评定

(1)吸水率按式(5-17)计算，精确至 0.1％：

$$W = \frac{m_1 - m_2}{m_2} \times 100 \qquad (5\text{-}17)$$

式中：W——吸水率(％)；

m_1——饱和面干试样的质量(g)；

m_2——烘干后试样的质量(g)。

(2)吸水率取两次试验结果的算术平均值,精确至0.1%。

(五)试验记录与示例

称取试样4.0kg,数据记录与分析见表5-34。

粗集料吸水率记录表　　　　　　　　　　表5-34

编　号	饱和面干试验质量 m_1（g）	烘干后试样的质量 m_2（g）	吸水率 W（%）	平均值（%）
1	4 026	4 000	0.6	0.7
2	4 030	4 000	0.8	

结论:根据GB 14685—2011规定,我们可以得出该石子吸水率为0.7%,符合Ⅰ类石子的要求。

九 碎石或卵石的针片状颗粒含量试验

(一)试验目的

通过试验,确定石子针片状颗粒含量值,以便对混凝土的施工质量进行控制。

(二)试验仪器设备

(1)针状规准仪与片状规准仪:如图5-6所示。

(2)方孔筛:孔径为37.5mm、31.5mm、26.5mm、19.0mm、16.0mm、9.5mm及4.75mm的筛各一只,并附有筛底和筛盖。

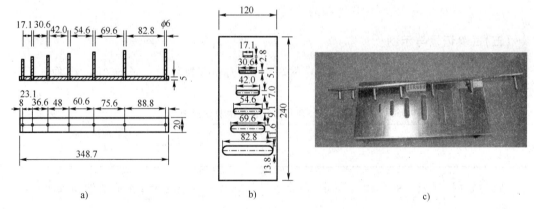

图5-6　针状规准仪与片状规准仪(尺寸单位:mm)

a)针状规准仪;b)片状规准仪;c)针、片状规准仪实物图

(三)试验步骤

(1)按表5-21规定取样,并将试样缩分至略大于表5-35规定的数量,烘干或风干后备用。

针、片状颗粒含量试验所需试样数量　　　　　　　　　　表5-35

最大粒径(mm)	9.5	16.0	19.0	26.5	31.5	37.5	63.0	75.0
最少试样质量(kg)	0.3	1.0	2.0	3.0	5.0	10.0	10.0	10.0

（2）称取表 5-35 规定数量的试样一份，精确到 1g，然后按规定的粒级进行筛分。

（3）按表 5-36 规定的粒级分别用规准仪逐粒检验，凡颗粒长度大于针状规准仪上相应间距者，为针状颗粒；颗粒厚度小于片状规准仪上相应孔宽者，为片状颗粒。称出其总质量，精确到 1g。

针片状颗粒含量试验的粒级划分及其相应的规准仪孔宽或间距（mm）　　表 5-36

石 子 粒 级	4.75～9.50	9.50～16.0	16.0～19.0	19.0～26.5	26.5～31.5	31.5～37.5
片状规准仪相对应孔宽	2.8	5.1	7.0	9.1	11.6	13.8
针状规准仪相对应间距	17.1	30.6	42.0	54.6	69.6	82.8

（4）石子粒径大于 37.5mm 的碎石或卵石可用卡尺检验针片状颗粒，卡尺卡口的设定宽度应符合表 5-37 的规定。

针片状颗粒含量试验的粒级划分及其相应的卡尺卡口宽度（mm）　　表 5-37

石 子 粒 级	37.5～53.0	53.0～63.0	63.0～75.0	75.0～90.0
针状石子卡尺相对应宽度	108.6	139.2	165.6	198
片状石子卡尺相对应宽度	18.1	23.2	27.6	33.0

（四）结果计算与评定

针、片状颗粒含量 Q_c（%）按式（5-18）计算，精确至 1%。

$$Q_c = \frac{m_1}{m_2} \times 100 \tag{5-18}$$

式中：m_2——试样的质量（g）；

m_1——试样中所含针、片状颗粒的总质量（g）。

（五）试验记录与示例

在测定石子针片状颗粒含量试验中，称取 5～31.5mm 粒径的石子 5.0kg，数据记录与计算见表 5-38。

粗集料针、片状颗粒含量试验记录表　　表 5-38

试样质量 m_1（g）	针片状颗粒的总质量 m_2（g）	针片状颗粒含量 Q_c（%）
5 000	213	4

结论：根据 GB 14685—2011 规定，该石子针片状颗粒含量符合 I 类石子质量要求。

十　碎石或卵石压碎指标值试验

（一）试验目的

石子的压碎指标值用于相对地衡量石子在逐渐增加的荷载下抵抗压碎的能力。工程施工单位可采用压碎指标值进行质量控制。

（二）试验仪器设备

（1）压力试验机：量程 300kN，示值相对误差 2%。

(2)台秤:量程 10kg,感量 10g。

(3)天平:量程 1kg,感量 1g。

(4)压碎值测定仪:见图 5-7。

(5)方孔筛:孔径分别为 2.36mm、9.50mm、16.0mm 及 19.0mm 的筛各一只。

(6)垫棒:ϕ10mm、长 500mm 圆钢。

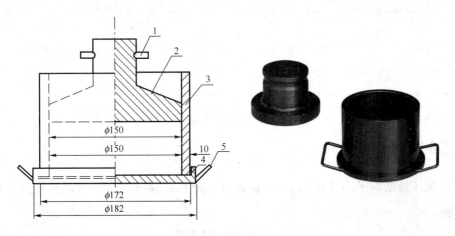

图 5-7 压碎指标值测定仪(尺寸单位:mm)

1、5-把手;2-加压头;3-圆模;4-底盘

(三)试验步骤

(1)按表 5-21 规定取样,风干后筛除大于 19.0mm 及小于 9.50mm 的颗粒,并去除针片状颗粒,分为大致相等的三份备用。

(2)称取试样 3 000g,精确到 1g。将试样分两层装入圆模(置于底盘上)内,每装完一层试样后,在底盘下面垫放一直径为 10mm 的圆钢,将筒按住,左右交替颠击地面各 25 次,两层颠实后,平整模内试样表面,盖上压头。

注:①当试样中粒径在 9.50~19.0mm 之间的颗粒不足时,允许将粒径大于 19.0mm 的颗粒破碎成粒径在 9.50~19.0mm 之间的颗粒用作压碎指标值试验。

②当圆模装不下 3 000g 试样时,以装至距圆模上口 10mm 为准。

(3)把装有试样的模子置于压力机上,开动压力试验机,按 1kN/s 速度均匀加荷至 200kN 并稳荷 5s,然后卸荷。取下加压头,倒出试样,用孔径 2.36mm 的筛筛除被压碎的细粒,称出留在筛上的试样质量,精确至 1g。

(四)结果计算与评定

(1)压碎指标值 Q_e(%)按式(5-19)计算,精确至 0.1%。

$$Q_e = \frac{m_1 - m_2}{m_1} \times 100 \qquad (5\text{-}19)$$

式中:m_1——试样的质量(g);

m_2——压碎试验后筛余的试样质量(g)。

(2)压碎指标值取三次试验结果的算术平均值,精确至 1%。

(五)试验记录与示例

在测定石子压碎指标值试验中,称取一定量5~31.5mm粒径的石子进行试验,数据记录与评定见表5-39。

粗集料压碎指标值试验记录表　　　　　　　　　　表5-39

编　号	试样质量 m_1(g)	压碎试验后筛余的试样质量 m_2(g)	压碎指标值 Q_e(%)	平均值(%)
1	3 000	2 769	7.7	
2	3 000	2 754	8.2	8
3	3 000	2 766	7.8	

结论:根据GB 14685—2011规定,该石子强度符合Ⅰ类石子质量要求。

十一　碎石掺配示例

例　某工地采购了一批单粒级碎石,通过筛分析试验(圆孔筛)得出其颗粒级配,见表5-40~表5-44。

5~10.0mm 颗粒粒级　　　　　　　　　　表5-40

筛孔尺寸(mm)	40.0	31.5	25.0	20.0	16.0	10.0	5.00	2.50	损失
筛余质量(g)	—	—	—	—	—	242	1 616	139	3
分计筛余(%)						12.1	80.8	7.0	—
累计筛余(%)						12	93	100	
筛分试样质量(kg)	2.0				最大粒径(mm)			10	

10.0~20.0mm 颗粒粒级　　　　　　　　　　表5-41

筛孔尺寸(mm)	40.0	31.5	25.0	20.0	16.0	10.0	5.00	2.50	损失
筛余质量(g)	—	—	—	455	1 710	2 615	195	15	5
分计筛余(%)				9.1	34.2	52.3	3.9	0.3	—
累计筛余(%)				9	43	96	100	100	
筛分试样质量(kg)	5.0				最大粒径(mm)			20	

16.0~31.5mm 颗粒粒级　　　　　　　　　　表5-42

筛孔尺寸(mm)	40.0	31.5	25.0	20.0	16.0	10.0	5.00	2.50	损失
筛余质量(g)	—	333	2 470	3 133	507	50	5	0	2
分计筛余(%)	—	5.1	38.0	48.2	7.8	0.8	0.1	0	—
累计筛余(%)	—	5	43	91	99	100	100	100	
筛分试样质量(kg)	6.5				最大粒径(mm)			31.5	

现在有一工程需要用此级配碎石配制混凝土,问三种石子应按什么比例进行搭配才能配制出5~31.5mm的连续级配碎石?

解 根据规范要求,5～31.5mm 的连续级配的累计筛余百分率见表 5-43。

表 5-43

5～31.5mm 连续级配

筛孔尺寸(mm)	40.0	31.5	25.0	20.0	16.0	10.0	5.00	2.50
标准规定累计筛余百分率(%)	0	0～5	—	15～45	—	70～90	90～100	95～100
累计筛余百分率中值(%)	0	2	—	30	—	80	95	98

假设 5～10.0mm 颗粒在总碎石中含量为 x,10.0～20.0mm 颗粒在总碎石中含量为 y,16.0～31.5mm 颗粒在总碎石中含量为 z,现在选取表中 20.0mm、10.0mm、5.0mm 作为计算点,根据累计筛余百分率中值有:

$$9y + 91z = 30$$
$$12x + 96y + 100z = 80$$
$$93x + 100y + 100z = 95$$

根据以上三式,得 $x \approx 0.2, y \approx 0.5, z \approx 0.3$。

配比计算结果见表 5-44。

配 比 计 算 结 果 　　　　表 5-44

筛孔尺寸(mm)	40.0	31.5	25.0	20.0	16.0	10.0	5.00	2.50
标准规定累计筛余百分率(%)	0	0～5	—	15～45	—	70～90	90～100	95～100
累计筛余百分率中值(%)	0	2.5	—	30	—	80	95	98
理论计算累计筛余(%)	0	2	13	32	51	80	99	100
配比		5～10.0mm : 10.0～20.0mm : 16.0～31.5mm=20 : 50 : 30						
最大粒径(mm)		31.5						

第六章　普通水泥混凝土及其掺合料

⊚ **本章职业能力目标**

1. 具有检测及评定新拌混凝土和易性的能力；
2. 具有检测及评定硬化后混凝土抗压强度的能力，能够针对检测试验结果进行技术分析、评价；
3. 能够对粉煤灰、矿渣粉主要技术性质进行检测，评定其质量；
4. 能熟练操作混凝土、粉煤灰、矿渣粉等试验中的主要仪器。

⊚ **本章学习要求**

1. 掌握检测新拌混凝土和易性的方法、调整混凝土和易性的措施；
2. 掌握混凝土抗压强度的试件制作方法、测定方法和评定方法；
3. 掌握粉煤灰、矿渣粉主要技术性质的概念与相关国家标准规定；
4. 掌握粉煤灰、矿渣粉主要技术性质试验方法。

⊚ **本章试验采用的标准及规范**

《普通混凝土拌合物性能试验方法标准》(GB/T 50080—2002)

《普通混凝土力学性能试验方法标准》(GB/T 50081—2002)

《普通混凝土配合比设计规程》(JGJ 55—2011)

《用于水泥和混凝土中的粉煤灰》(GB/T 1596—2005)

《用于水泥和混凝土中的粒化高炉矿渣粉》(GB/T 18046—2008)

《水泥胶砂强度检验方法(ISO 法)》(GB/T 17671—1999)

《水泥胶砂流动度检验》(GB/T 2419—2005)

《水泥比表面积测定方法——勃氏法》(GB/T 8074—2005)

第一节　普通水泥混凝土的主要技术性质与标准

混凝土的主要技术性质包括混凝土拌合物的和易性，以及硬化混凝土的强度、变形及耐久性。

1. 混凝土拌合物的和易性

和易性也称工作性(workability)，是指混凝土拌合物易于施工操作(拌和、运输、浇灌、捣实)并能获得质量均匀、成型密实的性能。和易性是一项综合的技术性质，包括有流动性、黏聚性和保水性等三方面的含义。

2. 强度(strength)

强度是混凝土硬化后重要的力学指标，主要包括立方体抗压强度、轴心抗压强度、劈裂抗拉强度和抗折强度等。

3. 耐久性(durability)

耐久性是指混凝土在使用条件下抵抗周围环境各种因素长期作用的能力。混凝土耐久性能主要包括抗渗性、抗冻性、抗侵蚀性,以及抵抗碳化、碱集料反应及混凝土中的钢筋锈蚀等的性能。

第二节　普通水泥混凝土试验

 现场取样方法及取样数量

(1)同一组混凝土拌合物的试样应从同一盘混凝土或同一车混凝土中取得。取样量应多于试验所需量的 1.5 倍,且宜不小于 20L。

(2)混凝土拌合物的取样应具有代表性,宜采用多次采样的方法。一般在同一盘混凝土或同一车混凝土中的约 1/4 处、1/7 处和 3/4 处之间分别取样,从第一次取样到最后一次取样不宜超过 15min,然后人工搅拌均匀。

(3)从取样完毕到开始做各项性能试验不宜超过 5min。

(4)普通混凝土力学性能试验应以三个试件为一组,每组试件所用的拌合物应从同一盘混凝土或同一车混凝土中取样。

 试样的制备

(一)一般要求

(1)在试验室制备混凝土拌合物时,拌和时试验室的温度应保持在 20℃±5℃,所用材料的温度应与试验室温度保持一致。

注:需要模拟施工条件下所用的混凝土时,所用原材料的温度宜与施工现场保持一致。

(2)试验室拌和混凝土时,材料用量应以质量计。混凝土试配最小拌和量是:当集料最大粒径小于 31.5mm 时,拌制数量为 15L,最大粒径为 40mm 时取 25L;当采用机械搅拌时,搅拌量不应小于搅拌机额定搅拌量的 1/4。称量精度:集料为 ±1%;水、水泥、掺合料、外加剂均为 ±0.5%。

(3)粗集料、细集料均以干燥状态为基准,计算用水量时应扣除粗集料、细集料的含水率。干燥状态是指细集料含水率小于 0.5% 和粗集料含水率小于 0.2%。

(4)外加剂的加入方法如下:对不溶于水或难溶于水且不含潮解型类的外加剂,应先和一部分水泥拌和,以保证充分分散;对不溶于水或难溶于水但含潮解型类的外加剂,应先和细集料拌和;对水溶性或液体的外加剂,应先和水拌和;其他特殊外加剂,应遵守相关规定。

(5)从试样制备完毕到开始做各项性能试验不宜超过 5min。

(二)人工拌和法

(1)按所定的配合比备料,以干燥状态为基准,称取各材料用量。

(2)将拌板和拌铲用湿布润湿后,将砂倒在拌板上,然后加入水泥,用拌铲自拌板一端翻拌至另一端,如此反复,直至充分混合,颜色均匀,再放入称好的粗集料与之拌和,继续翻拌,直至混合均匀为止。

（3）将干混合料堆成锥形，在中间做一凹槽，将已称量好的水，倒入一半左右（勿使水流出），然后仔细翻拌并徐徐加入剩余的水，继续翻拌。每翻拌一次，用铲在混合料上铲切一次。

（4）拌好后，应立即做和易性试验或成型试件，从开始加水时算起，全部操作须在30min内完成。

（三）机械搅拌法

（1）按所定的配合比备料，以干燥状态为基准，称取各种材料用量。

（2）拌和前先对混凝土搅拌机挂浆，即用按配合比要求的水泥、砂、水和少量石子，在搅拌机中涮膛，然后倒去多余砂浆。其目的在于防止正式拌和时水泥浆挂失影响混凝土配合比。

（3）将称好的石子、砂、水泥按顺序倒入搅拌机内，干拌均匀，再将需用的水徐徐倒入搅拌机内一起拌和，全部加料时间不得超过2min，水全部加入后，再拌和2min。

（4）将拌合物从搅拌机中卸出，倾倒在拌板上，再经人工拌和2～3次。

三 混凝土拌合物稠度试验——坍落度与坍落扩展度法

（一）试验目的与适用条件

确定或检验混凝土拌合物的稠度，同时观察其黏聚性和保水性，以满足混凝土配合比设计及施工要求。本试验方法适用于坍落度值不小于10mm、集料最大粒径不大于40mm的混凝土拌合物的坍落度测定。

（二）试验仪器设备

坍落度筒（图6-1）、捣棒、小铲、木尺、钢尺、拌板、抹刀、喂料斗等。

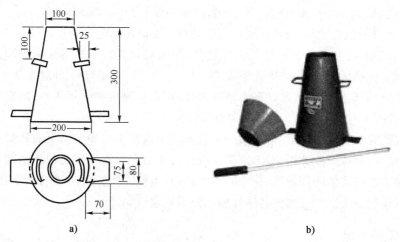

图6-1 坍落度筒（尺寸单位：mm）

a）示意图；b）实物图

（三）试验步骤

（1）湿润坍落度筒及底板，在坍落度筒内壁和底板上应无明水。底板应放置在坚实水平面上,并把筒放在底板中心,然后用脚踩住两边的脚踏板。坍落度筒在装料时应保持固定的位置。

(2)把按要求取得的混凝土试样用小铲分三层均匀地装入筒内,使捣实后每层高度为筒高的1/3左右。每层用捣棒插捣25次。插捣应沿螺旋方向由外向中心进行,各次插捣应在截面上均匀分布。插捣筒边混凝土时,捣棒可以稍稍倾斜。插捣底层时,捣棒应贯穿整个深度,插捣第二层和顶层时,捣棒应插透本层至下一层的表面;浇灌顶层时,混凝土应灌到高出筒口。插捣过程中,如混凝土沉落到低于筒口,则应随时添加。顶层插捣完后,刮去多余的混凝土,并用抹刀抹平。

(3)清除筒边底板上的混凝土后,垂直平稳地提起坍落度筒。坍落度筒的提离过程应在5~10s内完成;从开始装料到提坍落度筒的整个过程应不间断地进行,并应在150s内完成。

(4)提起坍落度筒后,测量筒高与坍落后混凝土试体最高点高度之差,即为该混凝土拌合物的坍落度值。坍落度筒提离后,如混凝土发生崩坍或一边剪坏现象,则应重新取样另行测定;如第二次试验仍出现上述现象,则表示该混凝土和易性不好,应予记录备查。

(四)结果整理

(1)混凝土拌合物坍落度和坍落扩展度值以毫米为单位,测量精确至1mm,结果修约至5mm。

(2)坍落度筒提起后如有较多的稀浆从底部析出,锥体部分的混凝土也因失浆而集料外露,则表明此混凝土拌合物的保水性能不好;如坍落度筒提起后无稀浆或仅有少量稀浆自底部析出,则表示此混凝土拌合物保水性良好。

(3)用捣棒在做完坍落度的试样一侧轻打,如试样保持原状而渐渐下沉,表示黏聚性较好;若试样突然坍倒、部分崩裂或发生离析现象,表示黏聚性不好。

(4)当混凝土拌合物的坍落度大于220mm时,用钢尺测量混凝土扩展后最终的最大直径和最小直径,在这两个直径之差小于50mm的条件下,用其算术平均值作为坍落扩展度值;否则,此次试验无效。如果发现粗集料在中央集堆或边缘有水泥浆析出,表示此混凝土拌合物抗离析性不好,应予记录。

(五)试验记录与示例

某混凝土试样稠度试验记录见表6-1、表6-2。

混凝土试拌材料用量与和易性评定表 表6-1

试验日期 <u>2008年5月12日</u> 气温/室温 <u>25℃</u> 湿度: <u>45%</u>

粗集料种类 <u>碎石</u> 粗集料最大粒径 <u>31.5mm</u>

砂率 <u>33%</u> 拟订坍落度 <u>30~50mm</u>

	材料	水泥	砂子	石子	水	外加剂	总量	配合比(水泥:砂:石) 水灰比
调整前	每立方米混凝土 材料用量(kg)	320	600	1 200	185	0	2 305	1:1.88:3.75 水灰比0.58
	试拌15L混凝 土材料用量(kg)	4.80	9	18	2.775	0	34.575	1:1.88:3.75 水灰比0.58
	和易性评定				坍落度:20mm 黏聚性:良好 保水性:良好			

材　　料	水泥	砂子	石子	水	外加剂	总量	配合比(水泥：砂：石) 水灰比
第一次调整增加量(kg)	0.24	0	0	0.139	0	0.379	1：1.79：3.57 水灰比 0.58
调整后　第二次调整增加量(kg)							
和易性评定				坍落度：35mm 黏聚性：良好 保水性：良好			

四 混凝土拌合物稠度试验——维勃稠度法

(一)试验目的与适用条件

本方法适用于集料最大粒径不大于 40mm、维勃稠度在 5～30s 之间的混凝土拌合物稠度测定。

(二)试验仪器设备

维勃稠度仪、捣棒、小铲、秒表等。维勃稠度试验所用维勃稠度仪应符合《维勃稠度仪》(JG 3043)中技术要求的规定,见图 6-2。

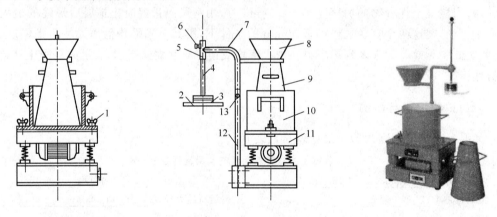

图 6-2　维勃稠度仪

1-容器固定螺丝;2-透明圆盘;3-荷载;4-滑棒;5-套筒;6-螺栓;7-旋转架;8-喂料斗;9-坍落度筒;10-容器;11-振动台;12-支柱;13-测杆螺丝

(三)试验步骤

(1)维勃稠度仪应放置在坚实水平面上,用湿布把容器、坍落度筒、喂料斗内壁及其他用具润湿。

(2)将喂料斗提到坍落度筒上方扣紧,校正容器位置,使其中心与喂料斗中心重合,然后拧紧固定螺丝。

（3）把按要求取样或制作的混凝土拌合物试样用小铲分三层经喂料斗均匀地装入筒内，装料及插捣的方法规定与坍落度试验要求相同。

（4）把喂料斗转离，垂直地提起坍落度筒，此时应注意不使混凝土试体产生横向的扭动。

（5）拧紧定位螺钉，并检查测杆螺钉是否已经完全放松。

（6）在开启振动台的同时用秒表计时，当振动到透明圆盘的底面被水泥浆布满的瞬间停止计时，并关闭振动台。

（四）结果整理

由秒表读出时间即为该混凝土拌合物的维勃稠度值，精确至 1s。如维勃稠度值小于 5s 或大于 30s，则此种混凝土拌合物所具有的稠度已超出本方法的适用范围，不能用维勃稠度值表示。

（五）试验记录与示例

同坍落度与坍落扩展度法。

五 混凝土拌合物表观密度试验

（一）试验目的与适用条件

本方法适用于测定混凝土拌合物捣实后的单位体积质量（即表观密度），以备修正、核实水泥混凝土配合比计算中的材料用量。当已知所用原材料的密度时，还可以算出拌合物近似的含气量。

（二）试验仪器设备

混凝土拌合物表观密度试验所用的仪器设备应符合下列规定：

（1）容量筒：金属制成的圆筒，两旁装有提手。对集料最大粒径不大于 40mm 的拌合物采用容积为 5L 的容量筒，其内径与内高均为 186mm±2mm，筒壁厚为 3mm；集料最大粒径大于 40mm 时，容量筒的内径与内高均应大于集料最大粒径的 4 倍。容量筒上缘及内壁应光滑平整，顶面与底面应平行并与圆柱体的轴线垂直。

容量筒容积应予以标定。标定方法可用一块能覆盖住容量筒顶面的玻璃板，先称出玻璃板和空桶的质量，然后向容量筒中灌入清水，当水接近上口时，一边不断加水，一边把玻璃板沿筒口徐徐推入盖严，应注意使玻璃板下不带入任何气泡；然后擦净玻璃板面及筒壁外的水分，将容量筒连同玻璃板放在台秤上称其质量，两次质量之差（kg）即可算出容量筒的容积 V。

（2）台秤：量程 50kg，感量 50g。

（3）振动台：应符合《混凝土试验用振动台》（JG/T 245—2009）中技术要求的规定。

（4）捣棒。

（三）试验步骤

（1）用湿布把容量筒内外擦干净，称出容量筒质量，精确至 50g。

（2）混凝土的装料及捣实方法应根据拌合物的稠度而定。坍落度不大于 70mm 的混凝土，用振动台振实为宜；大于 70mm 的用捣棒捣实为宜。采用捣棒捣实时，应根据容量筒的大小决定分层与插捣次数:用 5L 容量筒时,混凝土拌合物应分两层装入,每层的插捣次数应为 25 次;用大于 5L 的容量筒时,每层混凝土的高度不应大于 100mm,每层插捣次数应按每 10 000mm² 截面不小于 12 次计算。各次插捣应由边缘向中心均匀地插捣,插捣底层时捣棒应贯穿整个深度,插捣第二层时,捣棒应插透本层至下一层的表面;每一层捣完后用橡皮锤轻轻沿容器外壁敲打 5～10 次,进行振实,直至拌合物表面插捣孔消失并不见大气泡为止。采用振动台振实时,应一次将混凝土拌合物灌到高出容量筒口。装料时可用捣棒稍加插捣,振动过程中如混凝土低于筒口,应随时添加混凝土,振动直至表面出浆为止。

(3)用刮尺将筒口多余的混凝土拌合物刮去,表面如有凹陷应填平;将容量筒外壁擦净,称出混凝土试样与容量筒总质量,精确至 50g。

(四)结果评定

混凝土拌合物表观密度按式(6-1)计算,精确至 10kg/m³。

$$\rho = \frac{m_2 - m_1}{V} \times 1\,000 \qquad (6\text{-}1)$$

式中:ρ——表观密度(kg/m³);

m_1——容量筒质量(kg);

m_2——容量筒和试样总质量(kg);

V——容量筒容积(L)。

以两次试验结果的算术平均值作为测定值,精确到 10kg,试样不得重复使用。

(五)试验记录与示例

某混凝土拌合物表观密度试验记录见表 6-3。

混凝土拌合物表观密度试验记录表　　　　　　　　　表 6-3

编号	容量筒容积 V (L)	容量筒质量 m_1 (kg)	容量筒+混凝土质量 m_2 (kg)	混凝土质量 $m_2 - m_1$ (kg)	混凝土拌合物的表观密度 (kg/m³)	
					单值	平均值
1	5	1.20	13.56	12.36	2 470	2 480
2	5	1.20	13.60	12.40	2 480	

六 水泥混凝土立方体抗压强度试验

(一)试验目的

学会混凝土抗压强度的试件制作及测试方法,用以检验混凝土强度,确定、校核混凝土配合比,并为控制混凝土施工质量提供依据。

(二)试验仪器设备

养护设备、压力试验机、振动台、试模、捣棒、小铁铲、钢尺等,如图 6-3～图 6-5 所示。

图 6-3 混凝土正立方体试模
a)铸铁试模；b)塑料试模

图 6-4 混凝土振动台

图 6-5 混凝土压力试验机

(三)试验步骤

1.试件的制作

(1)试件制作应符合下列规定：

①每一组试件所用的混凝土拌合物应从同一次拌和成的拌合物中取出。

②制作前，应将试模洗干净并将试模的内表面涂以一薄层矿物油脂或其他不与混凝土发生反应的脱模剂。

③在试验室拌制混凝土时，其材料用量应以质量计，称量的精度：水泥、掺合料、水和外加剂为±0.5%；集料为±1%。

④取样或试验室拌制混凝土应在拌制后尽量短的时间内成型，一般不宜超过 15min。

⑤根据混凝土拌合物的稠度确定混凝土成型方法，坍落度不大于 70mm 的混凝土宜用振动台振实；大于 70mm 的宜用捣棒人工捣实。检验现浇混凝土或预制构件的混凝土，试件成型方法宜与实际采用的方法相同。

(2)试件制作步骤如下：

①取样或拌制好的混凝土拌合物应至少用铁锹再来回拌和 3 次。

②用振动台振实制作试件应按下述方法进行：

a.将混凝土拌合物一次装入试模，装料时应用抹刀沿试模壁插捣，并使混凝土拌合物高出试模口。

b.试模应附着或固定在振动台上，振动时试模不得有任何跳动，振动应持续到表面出浆为止，不得过振。

③用人工插捣制作试件应按下述方法进行：

a. 混凝土拌合物应分两层装入试模，每层的装料厚度大致相等。

b. 插捣应按螺旋方向从边缘向中心均匀进行。在插捣底层混凝土时，捣棒应达到试模底面；插捣上层时，捣棒应贯穿上层后插入下层20～30mm。插捣时捣棒应保持垂直，不得倾斜，然后应用抹刀沿试模内壁插捣数次。

c. 每层插捣次数按在10 000mm² 面积内不得少于12次。

d. 插捣后应用橡皮锤轻轻敲击试模四周，直至插捣棒留下的空洞消失为止。

④用插入式捣棒振实制作试件应按下述方法进行：

a. 将混凝土拌合物一次装入试模，装料时应用抹刀沿试模壁插捣，并使混凝土拌合物高出试模口。

b. 宜用直径为 $\phi25mm$ 的插入式振捣棒。插入试模振捣时，振捣棒距试模底板10～20mm且不得触及试模底板，振动应持续到表面出浆为止，且应避免过振，以防止混凝土离析。一般振捣时间为20s。振捣棒拔出时要缓慢，拔出后不得留有孔洞。

⑤刮除试模上口多余的混凝土，待混凝土临近初凝时，用抹刀抹平。

2. 试件的养护

(1)试件成型后应立即用不透水的薄膜覆盖表面。

(2)采用标准养护的试件，应在温度为20℃±5℃的环境下静置一昼夜至两昼夜，然后编号、拆模。拆模后应立即放入温度为20℃±2℃、相对湿度为95%以上的标准养护室中养护，或在温度为20℃±2℃的不流动的 $Ca(OH)_2$ 饱和溶液中养护。标准养护室内的试件应放在支架上，彼此间隔为10～20mm，试件表面应保持潮湿，并不得被水直接冲淋。

(3)同条件养护试件的拆模时间可与实际构件的拆模时间相同。拆模后，试件仍需保持同条件养护。

(4)标准养护龄期为28d(从搅拌加水开始计时)。

3. 试件的破型

(1)试件从养护室取出，随即擦干并量出其尺寸(精确至1mm)，并以此计算试件的受压面积 $A(mm^2)$。如实测尺寸与公称尺寸之差不超过1mm，可按公称尺寸进行计算。

(2)将试件安放在压力试验机的下压板上，试件的承压面应与成型时的顶面垂直。试件的轴心应与压力机下压板中心对准。开动试验机，当上压板与试件接近时，调整球座，使接触均衡。

(3)加压时，应连续而均匀地加荷，加荷速率为：当混凝土强度等级小于C30时，加荷速率取0.3～0.5MPa/s；当混凝土强度等级大于或等于C30时，加荷速率取0.5～0.8MPa/s；当混凝土强度等级大于或等于C60时，加荷速率取0.8～1.0MPa/s。当试件接近破坏而开始迅速变形时，应停止调整试验机油门，直至试件破坏，然后记录破坏荷载 $F(N)$。

(四)结果整理

(1)混凝土立方体试件抗压强度 f_{cu}(MPa)按式(6-2)计算，精确至0.1MPa。

$$f_{cu} = \frac{F}{A} \tag{6-2}$$

式中：F——破坏荷载(N)；

A——受压面积(mm^2)；

f_{cu}——混凝土立方体试件抗压强度(MPa)。

(2)强度值的确定应符合下列规定：

以三个试件测值的算术平均值作为该组试件的强度值(精确至 0.1MPa)；三个测定值中的最小值或最大值中有一个与中间值的差异超过中间值的 15%时，则把最大及最小值一并舍去，取中间值作为该组试件的抗压强度值；如最大和最小值与中间值的差均超过中间值的 15%时，则此组试件的试验结果无效。

(3)混凝土强度等级低于 C60 时，用非标准试件测得的强度值均应乘以尺寸换算系数，其值为对 200mm×200mm×200mm 试件为 1.05；对 100mm×100mm×100mm 试件为 0.95。当混凝土强度等级大于或等于 C60 时，宜采用标准试件；使用非标准试件时，尺寸换算系数应由试验确定。

(五)试验记录与示例

某混凝土抗压强度试验记录见表 6-4。

混凝土抗压强度试验记录表　　　　　　　　　　　　表 6-4

试件养护条件:温度_____℃　　　　　　相对湿度_____%　　　　　　龄期_____d

编号	试件尺寸(mm)		受压面积 A (mm²)	破坏荷载 F (N)	抗压强度(MPa)		试件尺寸换算后强度的代表值(MPa)
	a	b			测定值	是否超过中间值的 15%	
1	100	100	10 000	250×10³	25	否	
2	100	100	10 000	265×10³	26.5	—	25.5
3	100	100	10 000	290×10³	29.0	否	

七 水泥混凝土抗折强度试验

(一)试验目的

掌握混凝土抗折强度的试件制作及测试方法，用以检验混凝土的抗折强度，确定、校核以抗折强度为依据的混凝土配合比。

(二)试验仪器设备

养护设备、压力试验机或万能试验机、抗折试验装置。

(三)试验步骤

抗折强度试验应按下列步骤进行：

(1)试件的制作方法及养护方法同混凝土立方体抗压强度试验。抗折强度试件应符合下列规定：

①尺寸为 150mm×150mm×600mm(或 550mm)的棱柱体试件是标准试件。

②尺寸为 100mm×100mm×400mm 的棱柱体试件是非标准试件。

(2)试件从养护地取出后应及时进行试验，将试件表面擦干净。

(3)按图 6-6 装置试件，安装尺寸偏差不得大于 1mm。试件的承压面应为试件成型时的侧面。支座及承压面与圆柱的接触面应平稳、均匀，否则应垫平。

99

(4)施加荷载应保持均匀、连续。当混凝土强度等级小于 C30 时,加荷速率取 0.02～0.05MPa/s;当混凝土强度等级大于或等于 C30 且小于 C60 时,取 0.05～0.08MPa/s;当混凝土强度等级大于或等于 C60 时,取 0.08～0.10MPa/s。至试件接近破坏时,应停止调整试验机油门,直至试件破坏,然后记录破坏荷载。

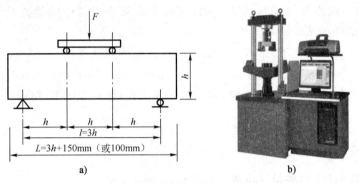

图 6-6　混凝土抗折试验装置

a)简图;b)实物图

(5)记录试件破坏荷载的试验机示值及试件下边缘断裂位置。

(四)结果整理

抗折强度试验结果计算及确定按下列方法进行:

(1)试件的抗折强度按式(6-3)计算,精确至 0.1MPa。

$$f_{\mathrm{f}} = \frac{Fl}{bh^2} \tag{6-3}$$

式中:f_{f}——混凝土的抗折强度(MPa);

F——试件破坏荷载(N);

l——支座间跨度(mm);

h——试件截面高度(mm);

b——试件截面宽度(mm)。

(2)强度值的确定应符合下列规定:

①以三个试件测值的算术平均值作为该组试件的强度值。

②三个测值中的最大值或最小值中如有一个与中间值的差值超过中间值的 15% 时,则把最大及最小值一并舍去,取中间值作为该组试件的抗折强度值。

③如最大值和最小值与中间值的差均超过中间值的 15%,则该组试件的试验结果无效。

(3)三个试件中若有一个折断面位于两个集中荷载之外,则混凝土抗折强度值按另两个试件的试验结果计算;若这两个测值的差值不大于这两个测值中较小值的 15% 时,则该组试件的抗折强度值按这两个测值的平均值计算,否则该组试件的试验无效。若有两个试件的下边缘断裂位置位于两个集中荷载作用线之外,则该组试件试验无效。

(4)当试件为 100mm×100mm×400mm 的非标准试件时,应乘以尺寸换算系数 0.85。当混凝土强度等级大于或等于 C60 时,宜采用标准试件;使用非标准试件时,尺寸换算系数应由试验确定。

(五)试验记录与示例

某混凝土抗折强度试验记录见表 6-5。

试件养护条件:温度_____℃ 相对湿度_____% 龄期_____d

试件下边缘断裂位置_____

编 号	试件尺寸（mm）			破坏荷载 F（N）	抗折强度（MPa）		试件尺寸换算后强度的代表值（MPa）
	b	h	l		测定值	是否超过中间值的 15%	
1	150	150	450	45×10^3	6.0	否	
2	150	150	450	46.5×10^3	6.2	—	6.3
3	150	150	450	50×10^3	6.7	否	

第三节 粉煤灰、矿渣粉的主要技术性质与标准

一 粉煤灰的主要技术性质与标准

粉煤灰用于拌制混凝土和砂浆时作为掺合料及水泥生产中作为活性混合材料。作为大量应用的建筑材料,国家标准对其各项性能有着明确的规定和要求。

(一)细度

细度是指粉煤灰颗粒的粗细程度。粉煤灰的细度既可用筛余量表示,也可用比表面积来表示。比表面积即单位质量水泥颗粒的总表面积(m^2/kg)。

不同用途粉煤灰的细度应符合表 6-6、表 6-7 的相关规定。

拌制混凝土和砂浆用粉煤灰技术要求 表 6-6

项 目		技 术 要 求		
		I 级	II 级	III 级
细度（45μm 方孔筛筛余）（%） ≤	F 类粉煤灰	12.0	25.0	45.0
	C 类粉煤灰			
需水量比（%） ≤	F 类粉煤灰	95	105	115
	C 类粉煤灰			
烧失量（%） ≤	F 类粉煤灰	5.0	8.0	15.0
	C 类粉煤灰			
含水率（%） ≤	F 类粉煤灰	1.0		
	C 类粉煤灰			
三氧化硫含量（%） ≤	F 类粉煤灰	3.0		
	C 类粉煤灰			
游离氧化钙含量（%） ≤	F 类粉煤灰	1.0		
	C 类粉煤灰	4.0		
安定性 雷氏夹沸煮后增加距离（mm） ≤	C 类粉煤灰	5.0		

注:粉煤灰按煤种分为 F 类和 C 类。F 类粉煤灰——由无烟煤或烟煤煅烧收集的粉煤灰;C 类粉煤灰——由褐煤或次烟煤煅烧收集的粉煤灰,其氧化钙含量一般大于 10%。

项 目		技 术 要 求
烧失量(%) ≤	F 类粉煤灰	8.0
	C 类粉煤灰	
含水率(%) ≤	F 类粉煤灰	1.0
	C 类粉煤灰	
三氧化硫含量(%) ≤	F 类粉煤灰	3.5
	C 类粉煤灰	
游离氧化钙含量(%) ≤	F 类粉煤灰	1.0
	C 类粉煤灰	4.0
安定性 雷氏夹沸煮后增加距离(mm) ≤	C 类粉煤灰	5.0
强度活性指数(%) ≥	F 类粉煤灰	70.0
	C 类粉煤灰	

(二)需水量比

按 GB/T 2419 测定试验胶砂和对比胶砂的流动度,以二者流动度达到 $130\sim140$mm 时的加水量之比确定粉煤灰的需水量比。

(三)活性指数

按 GB/T 17671—1999 测定试验胶砂和对比胶砂的抗压强度,以二者抗压强度之比确定试验胶砂的活性指数。

二 矿渣粉的主要技术性质与标准

以粒化高炉矿渣为主要原料,可掺加少量石膏磨制成一定细度的粉体,称作粒化高炉矿渣粉,简称矿渣粉。矿渣粉用于拌制混凝土和砂浆时作为掺合料,水泥生产中作为活性混合材料。作为大量应用的建筑材料,国家标准对其各项性能有着明确的规定和要求,见表 6-8。

矿渣粉技术指标 表 6-8

项 目		级 别		
		S105	S95	S75
密度(g/cm³) ≥		2.8		
比表面积(m²/kg) ≥		500	400	300
活性指数(%) ≥	7d	95	75	55
	28d	105	95	75
流动度比(%) ≥		95		
含水率(质量分数)(%) ≤		1.0		
三氧化硫含量(质量分数)(%) ≤		4.0		
氯离子含量(质量分数)(%) ≤		0.06		
烧失量(质量分数)(%) ≤		3.0		
玻璃体含量(质量分数)(%) ≥		85		
放射性		合格		

(一)细度

细度是指粉煤灰颗粒的粗细程度。矿渣粉的细度用比表面积来表示。比表面积即单位质量矿渣粉颗粒的总表面积(m²/kg)。

(二)流动度比

测定试验样品和对比样品的流动度,用两者流动度之比评价矿渣粉的流动度比。

(三)活性指数

测定试验样品和对比样品的抗压强度,采用两种样品同龄期的抗压强度之比评价矿渣粉的活性指数。

第四节　粉煤灰、矿渣粉试验

 取样方法及取样数量

(一)粉煤灰取样方法及取样数量

(1)以连续供应的200t相同等级、相同种类的粉煤灰为一编号,不足200t按一个编号论。粉煤灰质量按干灰(含水率小于1%)的质量计算。

(2)每一编号为一取样单位。当散装粉煤灰运输工具的容量超过该厂规定出厂编号吨数时,允许该编号的数量超过取样规定吨数。

(3)取样方法按GB 12573进行。取样应有代表性,可连续取,也可从10个以上不同部位取等量样品,总量至少3kg。

(二)矿渣粉取样方法及取样数量

取样按GB 12573规定进行。取样应有代表性,可连续取样,也可以在20个以上部位取等量样品,总量至少20kg。试样应混合均匀,按四分法缩取出比试验所需量大一倍的试样。

 粉煤灰细度试验(GB/T 1596—2005)

(一)试验目的

通过 $45\mu m$ 筛析法测定筛余量,评定粉煤灰细度是否达到标准要求;若不符合标准要求,该粉煤灰视为不合格。

(二)试验仪器设备

(1)试验筛:由圆形筛框和筛网组成。负压筛应附有透明筛盖,筛盖与筛上口应有良好的密封性。筛网应紧绷在筛框上,筛网和筛框接触处,应用防水胶密封,防止水泥嵌入。

（2）负压筛析仪：

①负压筛析仪由筛座、负压筛、负压源及收尘器组成，其中筛座由转速为 30r/min±2r/min 的喷气嘴、负压表、控制板、微电机及壳体等部分构成。

②筛析仪负压可调范围为 4 000～6 000Pa。

③负压源和收尘器，由功率≥600W 的工业吸尘器和小型旋风收尘筒组成或由其他具有相当功能的设备组成。

（3）天平：量程 100g，感量不大于 0.01g。

（三）试验步骤

（1）将测试用粉煤灰样品置于温度为 105～110℃的烘干箱内烘至恒量，取出放在干燥器中冷却至室温。

（2）试验时所用试验筛应保持清洁，负压筛应保持干燥。

（3）筛析试验前，应把负压筛放在筛座上，盖上筛盖，接通电源，检查控制系统，调整负压至 4 000～6 000Pa 范围内。

（4）称取试样 10g，置于洁净的负压筛中，盖上筛盖，放在筛座上，开动筛析仪连续筛析 3min。在此期间如有试样附着在筛盖上，可轻轻地敲击，使试样落下。筛毕，用天平称量全部筛余物。3min 后筛析自动停止。停机后观察筛余物，如出现颗粒成球、粘筛或有细颗粒沉积在筛框边缘，用毛刷将细颗粒轻轻刷开。将定时开关固定在手动位置，再筛析 1～3min，直至筛分彻底为止，将筛网内的筛余物收集并称量，准确至 0.01g。

（5）当工作负压小于 4 000Pa 时，应清理收尘器内粉煤灰，使负压恢复正常。

（四）试验结果评定

（1）粉煤灰试样筛余百分数按式（6-4）计算，结果计算至 0.1%。

$$F = \frac{R_s}{m} \times 100 \tag{6-4}$$

式中：F——粉煤灰试样的筛余百分数（%）；

R_s——粉煤灰筛余物的质量（g）；

m——粉煤灰试样的质量（g）。

（2）每个样品应称取两个试样分别筛析，取筛余平均值作为筛析结果。若两次筛余结果绝对误差大于 0.5% 时（筛余值大于 5% 时可以放至 1%），应再做一次试验，取两次相近结果的平均值作为最终结果。

（3）当采用 45μm 筛时，若粉煤灰筛余百分数符合表 6-6 相关规定，则细度合格。

（五）试验记录与示例

采用 45μm 的方孔负压筛法测得的某混凝土用 I 级粉煤灰的筛析结果见表 6-9。

粉煤灰细度试验记录表　　　　表 6-9

试 样 编 号	粉煤灰试样质量 m (g)	粉煤灰筛余物质量 R_s (g)	粉煤灰筛余百分数（%）	
			个别值	平均值
1	10	0.63	6.3	6.1
2	10	0.59	5.9	

结论：依据 GB/T 1596—2005，该粉煤灰所检指标达到 I 级粉煤灰技术要求。

104

(一)试验目的

按 GB/T 2419 测定试验胶砂和对比胶砂的流动度,以二者流动度达到 130～140mm 时的加水量之比确定粉煤灰的需水量比。

(二)试验仪器设备

(1)天平:量程不小于 1 000g,最小分度值不大于 1g。

(2)搅拌机:符合 GB/T 17671—1999 规定的行星式水泥胶砂搅拌机。

(3)流动度跳桌:符合 GB/T 2419 规定。

(三)试验步骤

(1)胶砂配比,见表 6-10。

胶 砂 配 比 表 表 6-10

胶 砂 种 类	水泥(g)	粉煤灰(g)	标准砂(g)	加水量(mL)
对比胶砂	250	—	750	125
试验胶砂	175	75	750	

(2)试验胶砂按 GB/T 17671 规定进行搅拌。

(3)搅拌后的试验胶砂按 GB/T 2419 测定流动度。当流动度在 130～140mm 范围内,记录此时的加水量;当流动度小于 130mm 或大于 140mm 时,重新调整加水量,直至流动度达到 130～140mm 为止。

(四)试验结果评定

需水量比按式(6-5)计算,计算至 1%。

$$X = \frac{L_1}{125} \times 100 \tag{6-5}$$

式中:X——需水量比(%);

L_1——试验胶砂流动度达到 130～140mm 时的加水量(mL);

125——对比胶砂的加水量(mL)。

(五)试验记录与示例

某 III 级粉煤灰需水量比试验记录见表 6-11。

粉煤灰需水量比试验记录表 表 6-11

胶 砂 种 类	水泥(g)	粉煤灰(g)	标准砂(g)	加水量(mL)
对比胶砂	250	—	750	125
试验胶砂	175	75	750	140

计算得到需水量比为 $X = (140/125) \times 100 = 112$(%)

结论:该品种粉煤灰需水量比 112%<115%,符合标准要求。

(一)试验目的

按 GB/T 17671—1999 测定试验胶砂和对比胶砂的抗压强度,以二者抗压强度之比确定试验胶砂的活性指数。

(二)试验材料及仪器设备

1. 材料

(1)水泥:符合 GSB 14-1510 规定的强度检验用水泥标准样品。

(2)标准砂:符合 GB/T 17671—1999 规定的中国 ISO 标准砂。

(3)水:洁净的饮用水。

2. 仪器设备

天平、搅拌机、振实台或振动台、抗压强度试验机等,均应符合 GB/T 17671—1999 规定。

(三)试验步骤

(1)胶砂配比,见表6-12。

胶 砂 配 比   表 6-12

胶 砂 种 类	水泥(g)	粉煤灰(g)	标准砂(g)	水(mL)
对比胶砂	450	—	1 350	225
试验胶砂	315	135	1 350	225

(2)将对比胶砂和试验胶砂分别按 GB/T 17671 规定进行搅拌、试件成型和养护。

(3)试件养护至 28d,按 GB/T 17671 规定分别测定对比胶砂和试验胶砂的抗压强度。

(四)试验结果评定

活性指数按式(6-6)计算,计算至1%。

$$H_{28} = \frac{R}{R_0} \times 100 \qquad (6-6)$$

式中:H_{28}——活性指数(%);

R——试验胶砂 28d 抗压强度(MPa);

R_0——对比胶砂 28d 抗压强度(MPa)。

注:对比胶砂 28d 抗压强度也可取 GSB 14-1510 强度检验用水泥标准样品给出的标准值。

(五)试验记录与示例

某粉煤灰活性指数试验记录见表6-13。

粉煤灰活性指数试验记录表   表 6-13

胶 砂 种 类	水泥(g)	粉煤灰(g)	标准砂(g)	水(mL)	强度(MPa)
对比胶砂	450	—	1 350	225	35.2
试验胶砂	315	135	1 350	225	32.1

结论:可得该粉煤灰活性指数为 $H_{28} = (32.1/35.2) \times 100 = 91(\%) > 70(\%)$,合格。

五　矿渣粉细度试验(GB/T 8074—2005)

矿渣粉细度采用勃氏比表面积表示,单位为 cm^2/g 或 m^2/kg。具体要求见表6-8。测试方法参见水泥勃氏比表面积法。

六　矿渣粉活性指数及流动度比试验(GB/T 18046—2008)

(一)试验目的

测定试验样品和对比样品的抗压强度,采用两种样品同龄期的抗压强度之比评价矿渣粉的活性指数。测定试验样品和对比样品的流动度,以两者流动度之比作为矿渣粉的流动度比。

(二)样品

(1)对比水泥:符合 GB 175 规定的强度等级为42.5的硅酸盐水泥或普通硅酸盐水泥,且7d抗压强度35~45MPa,28d抗压强度50~60MPa,比表面积300~400m^2/kg,SO_3含量(质量分数)2.3%~2.8%,碱含量($Na_2O+0.658K_2O$)(质量分数)0.5%~0.9%。

(2)试验样品:由对比水泥和矿渣粉按质量比1:1组成。

(三)试验仪器设备

(1)水泥胶砂搅拌机:应符合 JC/T 681—1997 的有关规定。

(2)水泥胶砂流动度测定仪(简称跳桌):技术要求及其安装方法应符合相关规定。

(3)试模:用金属材料制成,由截锥圆模和模套组成。

截锥圆模内壁须光滑,尺寸为:高度60mm±0.5mm,上口内径70mm±0.5mm,下口内径100mm±0.5mm,下口外径120mm,模壁厚度大于5mm。模套与截锥圆模配合使用。

(4)捣棒:用金属材料制成,直径为20mm±0.5mm,长度约200mm。捣棒底面与侧面成直角,其下部光滑,上部手柄滚花。

(5)卡尺:量程不小于300mm,分度值不大于0.5mm。

(6)小刀:刀口平直,长度大于80mm。

(7)秒表:分度值为1s。

(8)天平:量程不小于1000g,分度值不大于1g。

(四)试验步骤

(1)砂浆配比:对比胶砂和试验胶砂配比见表6-14。

胶　砂　配　比　表

表6-14

胶 砂 种 类	对比水泥(g)	矿渣粉(g)	标准砂(g)	水(mL)
对比胶砂	450	—	1 350	225
试验胶砂	225	225	1 350	225

(2)砂浆搅拌程序:按 GB/T 17671 进行。

(3)胶砂强度试件制作按水泥胶砂规定进行,对比胶砂和试验胶砂各做两组。

(五)试验记录与示例

1.矿渣粉活性指数计算

分别测定对比胶砂和试验胶砂的 7d、28d 抗压强度。

(1)矿渣粉 7d 活性指数按式(6-7)计算,计算结果保留至整数。

$$A_7 = \frac{R_7}{R_{07}} \times 100 \tag{6-7}$$

式中:A_7——矿渣粉 7d 活性指数(%);

R_{07}——对比胶砂 7d 抗压强度(MPa);

R_7——试验胶砂 7d 抗压强度(MPa)。

(2)矿渣粉 28d 活性指数按式(6-8)计算,计算结果保留至整数。

$$A_{28} = \frac{R_{28}}{R_{028}} \times 100 \tag{6-8}$$

式中:A_{28}——矿渣粉 28d 活性指数(%);

R_{028}——对比胶砂 28d 抗压强度(MPa);

R_{28}——试验胶砂 28d 抗压强度(MPa)。

2.矿渣粉流动度比计算

按表 6-14 胶砂配比和 GB/T 2419 进行流动度试验,分别测定对比胶砂和试验胶砂的流动度。矿渣粉的流动度比按式(6-9)计算,计算结果保留至整数。

$$F = \frac{L}{L_m} \times 100 \tag{6-9}$$

式中:F——矿渣粉流动度比(%);

L_m——对比样品胶砂流动度(mm);

L——试验样品胶砂流动度(mm)。

(六)试验记录与示例

某 S95 矿渣粉流动度比及活性指数试验记录见表 6-15。

矿渣粉流动度比及活性指数试验记录表   表 6-15

胶 砂 种 类	对比水泥(g)	矿渣粉(g)	标准砂(g)	水(mL)	流动度(mm)	强度(MPa) 7d	强度(MPa) 28d	活性指数(%) 7d	活性指数(%) 28d	流动度比(%)
对比胶砂	450	—	1 350	225	195	31.2	45.1	91	96	104
试验胶砂	225	225	1 350	225	203	28.4	43.2			

结论:由表 6-15 可知,该 S95 矿渣粉的活性指数及流动度比均符合要求。

第七章 建筑砂浆

本章职业能力目标

1.具有评定砂浆和易性和砂浆强度的能力;
2.能够针对检测试验结果进行技术分析、评价。

本章学习要求

熟悉建筑砂浆的相关技术及标准,了解试验原理。

本章试验采用的标准及规范

《建筑砂浆基本性能试验方法标准》(JGJ/T 70—2009)
《砌筑砂浆配合比设计规程》(JGJ 98—2010)

第一节 建筑砂浆的主要技术性质与标准

新拌的砂浆必须具有良好的和易性,硬化后的砂浆应满足设计强度等级要求。

1.砌筑砂浆的和易性

和易性是指砂浆拌合物能在粗糙的砌筑表面上铺成均匀的薄层,能和基底紧密黏结,不致分层离析的性质,主要包括流动性和保水性两个方面含义。评价建筑砂浆的和易性,主要从流动性和保水性两个方面进行。

2.砂浆的抗压强度

砂浆的抗压强度是以 3 个 70.7mm×70.7mm×70.7mm 的立方体试块,在标准条件下养护 28d 后,用标准方法测得的抗压强度(MPa)平均值来评定的。

第二节 建筑砂浆试验

 一 试样的制备

(一)取样

建筑砂浆试验用料应从同一盘砂浆或同一车砂浆中取样。取样量应不少于试验所需量的 4 倍。

施工中取样进行砂浆试验时,其取样方法和原则应按相应的施工验收规范执行。一般在使用地点的砂浆槽、砂浆运送车或搅拌机出料口,至少从三个不同部位取样。现场取来的试样,试验前应人工搅拌均匀。

从取样完毕到开始进行各项性能试验不宜超过 15min。

(二)试样的制备

(1)在试验室制备砂浆拌和物时,所用材料应提前 24h 运入室内。拌合时试验室的温度应保持在(20±5)℃。需要模拟施工条件下所用的砂浆时,所用原材料的温度宜与施工现场保持一致。

(2)试验所用原材料应与现场使用材料一致。砂应通过公称粒径 5mm 筛。

(3)试验室拌制砂浆时,材料用量应以质量计。称量精度:水泥、外加剂、掺合料等为±0.5%;砂为±1%。

(4)在试验室搅拌砂浆时应采用机械搅拌,搅拌机应符合《试验用砂浆搅拌机》(JG/T 3033—1996)的规定,搅拌的用量宜为搅拌机容量的 30%～70%,搅拌时间不应少于120s。掺有掺合料和外加剂的砂浆,其搅拌时间不应少于 180s。

①人工拌和方法:按配合比称取各材料用量,将称量好的砂子倒在拌板上,然后加入水泥,用拌铲拌和至混合物颜色均匀为止。将混合物堆成堆,在中间做一凹槽,将称好的石灰膏(或黏土膏)倒入凹槽中(如为水泥砂浆,则将称好的水倒一半入凹槽中),再倒入部分水将石灰膏(或黏土膏)调稀;然后与水泥、砂共同拌和。并逐渐加水,直至拌合物色泽一致,和易性凭经验调整到符合要求为止,一般需拌和 5min。

②机械拌和方法:按配合比先拌适量砂浆,使搅拌机内壁粘附一薄层砂浆,以正式拌和时的砂浆配合比成分为准。搅拌的用料总量不宜少于搅拌机容量的 20%。称出各材料用量,将砂、水泥装入搅拌机内。开动搅拌机,将水徐徐加入(混合砂浆需将石膏或粘土膏用水稀释至浆状),搅拌约 3min。

三 砂浆稠度试验

(一)试验目的

本方法适用于确定配合比或施工过程中控制砂浆的稠度,以达到控制用水量的目的。

(二)试验仪器设备

砂浆稠度仪(图 7-1)、捣棒、台秤、拌锅、拌铲、秒表等。

(三)试验步骤

(1)用少量润滑油轻擦滑杆,再将滑杆上多余的油用吸油纸擦净,使滑杆能自由滑动。

(2)用湿布擦净盛浆容器和试锥表面,将砂浆拌合物一次装入容器,使砂浆表面低于容器口约 10mm 左右。用捣棒自容器中心向边缘均匀地插捣 25 次,然后轻轻地将容器摇动或敲击5～6 下,使砂浆表面平整,然后将容器置于稠度测定仪的底座上。

(3)拧松制动螺丝,向下移动滑杆,当试锥尖端与砂浆表面刚接触时,拧紧制动螺丝,使齿条侧杆下端刚接触滑杆上端,读出刻度盘上的读数(精确至 1mm)。

(4)拧松制动螺丝,同时计时间,10s 时立即拧紧螺丝,将齿条测杆下端接触滑杆上端,从

刻度盘上读出下沉深度(精确至 1mm),二次读数的差值即为砂浆的稠度值;

(5)盛装容器内的砂浆,只允许测定一次稠度,重复测定时,应重新取样测定。

(6)稠度试验结果应按下列要求确定:

①取两次试验结果的算术平均值,精确至 1mm;

②如两次试验值之差大于 10mm,应重新取样测定。

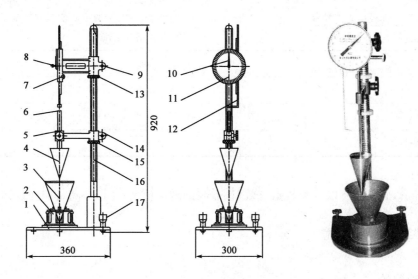

图 7-1　砂浆稠度测定仪(尺寸单位:mm)

1-底盘;2-容器座;3-圆锥形砂浆容器;4-试锥;5-试锥滑杆制动螺丝;6-试锥滑杆;7-齿条旋钮;8-调节螺丝;9-表盘升降架;
10-指针及调零螺钮;11-刻度盘;12-齿条测杆;13-锁紧螺母;14-手柄;15-试锥架;16-立柱;17-底盘水平调整螺丝

(四)试验记录及示例

(1)试验记录应包括下列内容:

①取样日期和时间;

②工程名称、部位;

③砂浆品种、砂浆强度等级;

④取样方法;

⑤试样编号;

⑥试样数量;

⑦环境温度;

⑧试验室温度;

⑨原材料品种、规格、产地及性能指标;

⑩砂浆配合比和每盘砂浆的材料用量;

⑪仪器设备名称、编号及有效期;

⑫试验单位、地点;

⑬取样人员、试验人员、复核人员;

⑭其他。

(2)试验记录示例:

某砂浆稠度试验记录见表 7-1。

记录编号:×××　　　　　　　　　　　委托编号:×××

砂浆品种:水泥砂浆　　　　　　　　　试验日期:2012 年 3 月 3 日

拌制方式:人工拌制　　　　　　　　　水泥品种:P.S32.5

砂状况:河砂、中砂　　　　　　　　　用水来源:自来水

环境温度:17℃　　　　　　　　　　　试验室温度:22℃

试验单位:××标段中心实验室　　　　试验地点:××标段中心实验室砂浆试验室

设计稠度范围:70～90mm　　　　　　设计强度等级:M7.5

配合比(质量比)	水泥:砂:水=210kg:1650kg:300kg				
试拌量(10L)	水泥:砂:水=2.1kg:16.5kg:3kg				
稠度(mm)	第 1 次	78	第 2 次	84	差值	6
平均值(mm)	81				

(3)结果评定:

因为 6mm＜10mm 所以试验数据有效,该砂浆的稠度值为 81mm,满足稠度设计要求。

三　砂浆分层度试验

(一)试验目的

本方法适用于测定砂浆拌合物在运输及停放时内部组分的稳定性。

(二)试验仪器设备

(1)分层度测定仪(图 7-2)内径为 150mm,上节高度为 200mm,下节带底净高为 100mm,用金属板制成,上、下层连接处需加宽到 3～5mm,并设有橡胶热圈。

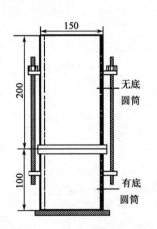

图 7-2　分层度测定仪(尺寸单位:mm)

(2)振动台:振幅(0.5±0.05)mm,频率(50±3)Hz

(3)木锤

(4)其他仪器同稠度试验仪器。

(三)试验步骤

(1)首先将砂浆拌合物按稠度试验方法测定稠度;

(2)将砂浆拌合物一次装入分层度筒内,待装满后,用木锤在容器周围距离大致相等的四个不同部位轻轻敲击1~2下,如砂浆沉落到低于筒口,则应随时添加,然后刮去多余的砂浆并用抹刀抹平;

(3)静置30min后,去掉上节200mm砂浆,剩余的100mm砂浆倒出放在拌合锅内拌2min,再按第4章稠度试验方法测其稠度。前后测得的稠度之差即为该砂浆的分层度值(mm)。

注:也可采用快速法测定分层度,其步骤是:(一)按稠度试验方法测定稠度;(二)将分层度筒预先固定在振动台上,砂浆一次装入分层度筒内,振动20S;(三)然后去掉上节200mm砂浆,剩余100mm砂浆倒出放在拌合锅内拌2min,再按稠度试验方法测其稠度,前后测得的稠度之差即为是该砂浆的分层度值。但如有争议时,以标准法为准。

(4)分层度试验结果应按下列要求确定:

①取两次试验结果的算术平均值作为该砂浆的分层度值;

②两次分层度试验值之差如大于10mm,应重新取样测定。

(四)试验记录及示例

(1)试验记录应包括下列内容:

①取样日期和时间;

②工程名称、部位;

③砂浆品种、砂浆强度等级;

④取样方法;

⑤试样编号;

⑥试样数量;

⑦环境温度;

⑧试验室温度;

⑨原材料品种、规格、产地及性能指标。

(2)试验记录示例(表7-2):

砂浆分层度试验记录表　　　　　　　　　　　表7-2

配合比(质量比)	水泥:砂:水=210kg:1650kg:300kg			
试拌量(10L)	水泥:砂:水=2.1kg:16.5kg:3kg			
分层度(mm)	第1次	16	第2次	12
平均值(mm)	14			
差值(mm)	4			

(3)结果评定:

因为4mm<10mm,所以该砂浆的分层度值为14mm。

因为10mm<14mm<20mm,所以该砂浆的分层度值满足设计要求。

(一)试验目的

本方法适用于测定砂浆保水性,以判定砂浆拌合物在运输及停放时内部组分的稳定性。

(二)试验仪器设备

(1)金属或硬塑料圆环试模内径 100mm、内部高度 25mm;

(2)可密封的取样容器,应清洁、干燥;

(3)2kg 的重物;

(4)医用棉纱,尺寸为 110mm×110mm,宜选用纱线稀疏、厚度较薄的棉纱;

(5)超白滤纸,符合《化学分析滤纸》GB/T 1914—2007 中速定性滤纸。直径 110mm,200g/m²;

(6)2 片金属或玻璃的方形或圆形不透水片,边长或直径大于 110mm;

(7)天平:量程 200g,感量 0.1g;量程 2000g,感量 1g;

(8)烘箱。

(三)试验步骤

(1)称量下不透水片与干燥试模质量 m_1 和 8 片中速定性滤纸质量 m_2。

(2)将砂浆拌合物一次性填入试模,并用抹刀插捣数次,当填充砂浆略高于试模边缘时,用抹刀以 45°角一次性将试模表面多余的砂浆刮去,然后再用抹刀以较平的角度在试模表面反方向将砂浆刮平。

(3)抹掉试模边的砂浆,称量试模、下不透水片与砂浆总质量 m_3。

(4)用两片医用棉纱覆盖在砂浆表面,再在棉纱表面放上 8 片滤纸,用不透水片盖在滤纸表面,以 2kg 的重物把不透水片压着。

(5)静止 2min 后移走重物及不透水片,取出滤纸(不包括棉砂),迅速称量滤纸质量 m_4。

(6)从砂浆的配比及加水量计算砂浆的含水率,若无法计算,可按砂浆含水率测试方法的规定测定砂浆的含水率。

(7)砂浆保水性应按式(7-1)计算:

$$W = \left[1 - \frac{m_4 - m_2}{\alpha \times (m_3 - m_1)}\right] \times 100\% \tag{7-1}$$

式中:W——保水性(%);

m_1——下不透水片与干燥试模质量(g);

m_2——8 片滤纸吸水前的质量(g);

m_3——试模、下不透水片与砂浆总质量(g);

m_4——8 片滤纸吸水后的质量(g);

α——砂浆含水率(%)。

(8)取两次试验结果的平均值作为结果,如两个测定值中有 1 个超出平均值的 5%,则此组试验结果无效。

(9)砂浆含水率测试方法。

称取 100g 砂浆拌合物试样,置于一干燥并已称重的盘中,在$(105\pm5)℃$的烘箱中烘干至恒重,砂浆含水率应按下式计算:

$$\alpha = \frac{m_5}{m_6} \times 100\%$$ (7-2)

式中:α——砂浆含水率(%);

$\quad m_5$——烘干后砂浆样本损失的质量(g);

$\quad m_6$——砂浆样本的总质量(g)。

砂浆含水率值应精确至 0.1%。

(四)试验记录及示例

(1)试验记录应包括下列内容:

①取样日期和时间;

②工程名称、部位;

③砂浆品种、砂浆强度等级;

④取样方法;

⑤试样编号;

⑥试样数量;

⑦环境温度;

⑧试验室温度;

⑨原材料品种、规格、产地及性能指标。

(2)试验记录示例(表 7-3):

砂浆保水性试验记录表 表 7-3

配合比(质量比)		水泥:砂:水=210kg:1650kg:300kg								
试拌量(10L)		水泥:砂:水=2.1kg:16.5kg:3kg								
试验次数	第1次	$m_1(g)$	860	$m_2(g)$	7	$m_3(g)$	2360	$m_4(g)$	105	α (%)	43
	第2次	$m_1(g)$	860	$m_2(g)$	7	$m_3(g)$	2380	$m_4(g)$	95		
保水性(%)	第1次		84.8			第2次			85.5		
平均值(%)		85.2									

(3)结果评定:

85.2%×(1+5%)=89.5%

85.2%×(1−5%)=80.9%

因为 85.5%<89.5% 且 80.9%<84.8%,所以该砂浆的分层度值为 85.2%。

五 砂浆立方体抗压强度试验

(一)试验目的

本方法适用于测定砂浆立方体的抗压强度。

(二)试验仪器设备

(1)试模(图 7-3):尺寸为 70.7mm×70.7mm×70.7mm 的带底试模,应具有足够的刚度并拆装方便。试模的内表面应机械加工,其不平度应为每 100mm 不超过 0.05mm,组装后各相邻面的不垂直度不应超过±0.5°;

(2)钢制捣棒:直径为 10mm,长为 350mm,端部应磨圆;

(3)压力试验机:精度为 1%,试件破坏荷载应不小于压力机量程的 20%,且不大于全量程的 80%;

图 7-3　砂浆强度试模

(4)垫板:试验机上、下压板及试件之间可垫以钢垫板,垫板的尺寸应大于试件的承压面,其不平度应为每 100mm 不超过 0.02mm。

(5)振动台:空载中台面的垂直振幅应为(0.5±0.05)mm,空载频率应为(50±3)Hz,空载台面振幅均匀度不大于 10%,一次试验至少能固定(或用磁力吸盘)三个试模。

(三)试件制备

1.试件制作

(1)采用立方体试件,每组试件 3 个。

(2)应用黄油等密封材料涂抹试模的外接缝,试模内涂刷薄层机油或脱模剂,将拌制好的砂浆一次性装满砂浆试模,成型方法根据稠度而定。当稠度不小于 50mm 时采用人工振捣成型,当稠度小于 50mm 时采用振动台振实成型。

①人工振捣:用捣棒均匀地由边缘向中心按螺旋方式插捣 25 次,插捣过程中如砂浆沉落低于试模口,应随时添加砂浆,可用油灰刀插捣数次,并用手将试模一边抬高 5~10mm 各振动 5 次,使砂浆高出试模顶面 6~8mm。

②机械振动:将砂浆一次装满试模,放置到振动台上,振动时试模不得跳动,振动 5~10s 或持续到表面出浆为止;不得过振。

(3)待表面水分稍干后,将高出试模部分的砂浆沿试模顶面刮去并抹平。

2.试件养护

试件制作后应在室温为(20±5)℃的环境下静置(24±2)h,当气温较低时,可适当延长时间,但不应超过两昼夜,然后对试件进行编号、拆模。试件拆模后应立即放入温度为(20±2)℃,相对湿度为 90%以上的标准养护室中养护。养护期间,试件彼此间隔不小于 10mm,混合砂浆试件上面应覆盖以防有水滴在试件上。

(四)砂浆立方体抗压强度测定

(1)试件从养护地点取出后应及时进行试验。试验前将试件表面擦试干净,测量尺寸,并检查其外观。并据此计算试件的承压面积,如实测尺寸与公称尺寸之差不超过 1mm,可按公称尺寸进行计算;

(2)将试件安放在试验机的下压板(或下垫板)上,试件的承压面应与成型时的顶面垂直,试件中心应与试验机下压板(或下垫板)中心对准。开动试验机,当上压板与试件(或上垫板)接近时,调整球座,使接触面均衡受压。承压试验应连续而均匀地加荷,加荷速度应为每秒钟 0.25~1.5kN(砂浆强度不大于 5MPa 时,宜取下限,砂浆强度大于 5MPa 时,宜取上限),当试件接近破坏而开始迅速变形时,停止调整试验机油门,直至试件破坏,然后记录破坏荷载。

(3)试验结果按下列方法整理

①砂浆立方体抗压强度应按下列公式计算(精确至 0.1MPa):

$$f_{m,cu} = \frac{F}{A} \tag{7-3}$$

式中:$f_{m,cu}$——砂浆立方体抗压强度(MPa);

$\quad\quad F$——立方体破坏压力(N);

$\quad\quad A$——试件承压面积(mm^2)。

②以三个试件测值的算术平均值的 1.3 倍(f_2)作为该组试件的砂浆立方体试件抗压强度平均值(精确至 0.1MPa)。当三个测值的最大值或最小值中如有一个与中间值的差值超过中间值的 15% 时,则把最大值及最小值一并舍除,取中间值作为该组试件的抗压强度值;如有两个测值与中间值的差值均超过中间值的 15% 时,则该组试件的试验结果无效。

(五)试验记录及示例

(1)试验记录应包括下列内容:

①取样日期和时间;

②工程名称、部位;

③砂浆品种、砂浆强度等级;

④取样方法;

⑤试样编号;

⑥试样数量;

⑦环境温度;

⑧试验室温度;

⑨原材料品种、规格、产地及性能指标。

(2)试验记录示例(表 7-4):

砂浆抗压强度试验记录表

表 7-4

组别	试块尺寸 (边长)(mm)	受压面积 (mm^2)	破坏荷重 F(kN)			抗压强度测定值(MPa)			平均值 (MPa)
			1	2	3	1	2	3	
1	70.7	4 998.49	33	34	35	6.6	6.8	7.0	6.7

(3)结果评定:

单个试件抗压强度最大值($f_{m,cu\,max}$)=7.0MPa

单个试件抗压强度最小值($f_{m,cu\,min}$)=6.6MPa

三个试件抗压强度中间值 $f_{m,cu}$=6.8MPa

6.8×(1+15%)=7.8MPa

6.8×(1−15%)=5.9MPa

因为 7.0MPa<7.8MPa 且 6.6MPa>5.9MPa,取三个强度值平均值的 1.3 倍作为本次试验强度值:

平均值 $f_{m,cu}$=6.8MPa;6.8×1.3=8.8MPa

所以则该砂浆的抗压强度为 8.8MPa。

第八章 钢 筋

◉ **本章职业能力目标**

具有对钢筋混凝土结构常用热轧钢筋质量检测的能力。

◉ **本章学习要求**

掌握钢筋拉伸试验及钢筋冷弯试验方法。

◉ **本章试验采用的标准及规范**

《金属材料室温拉伸试验方法》(GB/T 228—2010)

《金属材料弯曲试验方法》(GB/T 232—2010)

《钢筋混凝土用热轧带肋钢筋》(GB 1499.2—2007)

《钢筋混凝土用热轧光圆钢筋》(GB 1499.1—2008)

《低碳钢热轧圆盘条》(GB/T 701—2008)

第一节 热轧钢筋的主要技术性质与标准

钢筋混凝土结构中使用的热轧钢筋主要有热轧光圆钢筋、热轧带肋钢筋、低碳钢热轧圆盘条,其主要力学性能和工艺性能要求见表8-1~表8-3。

热轧钢筋力学性能(GB 1499.1—2008、GB 1499.2—2007)　　　　　表 8-1

标　准	牌　号	屈服强度(MPa)	抗拉强度(MPa)	伸长率(%)
GB 1499.1—2008	HPB235	≥235	≥370	$\delta_5 \geqslant 25$
	HPB300	≥300	≥420	$\delta_5 \geqslant 25$
GB 1499.2—2007	HRB335	≥335	≥455	$\delta_5 \geqslant 17$
	HRB400	≥400	≥540	$\delta_5 \geqslant 16$
	HRB500	≥500	≥630	$\delta_5 \geqslant 15$
	HRBF335	≥335	≥455	$\delta_5 \geqslant 17$
	HRBF400	≥400	≥540	$\delta_5 \geqslant 16$
	HRBF500	≥500	≥630	$\delta_5 \geqslant 15$

热轧钢筋的工艺性能(GB 1499.1—2008、GB 1499.2—2007)　　　　　表 8-2

牌　号	公称直径 d (mm)	弯曲试验180° d-弯心直径,a-试样直径
HPB235、HPB300	8~20	$d=a$
HRB335 HRBF335	6~25	$d=3a$
	28~40	$d=4a$
	>40~50	$d=5a$

牌　　号	公 称 直 径 d （mm）	弯曲试验180° d-弯心直径，a-试样直径
HRB400 HRBF400	6～25 28～40 ＞40～50	$d=4a$ $d=5a$ $d=6a$
HRB500 HRBF500	6～25 28～40 ＞40～50	$d=6a$ $d=7a$ $d=8a$

低碳钢热轧圆盘条力学性能与工艺性能（GB/T 701—2008）　　　　表 8-3

用　途	牌　号	力 学 性 能		弯曲试验180° d-弯心直径，a-试样直径
		抗拉强度（MPa）	伸长率 δ_{10}（100％）	
拉丝等	Q195	≤410	≥30	$d=0$
	Q215	≤435	≥28	$d=0$
	Q235	≤500	≥23	$d=0.5a$
	Q275	≤540	≥21	$d=1.5a$

第二节　钢　筋　试　验

 钢筋取样方法及取样数量、复检与判定

（1）同一炉罐号、同一牌号、同规格、同交货状态分批检验和验收，每批质量不大于 60t。

（2）钢筋应有出厂证明书或试验报告单。验收时应抽样做机械性能试验：拉伸试验和冷弯试验。钢筋在使用中若有脆断、焊接性能不良或机械性能显著不正常等现象时，还应进行化学成分分析。验收时包括尺寸、表面及质量偏差等检验项目。

（3）外观检查从每批钢筋中抽取 5％进行，机械性能试验从每批钢筋中任意抽取两根。于每根钢筋任意一端切去 500mm，然后各取一套试样（两根试件），在每套试件中取一根做拉力试验，另一根做冷弯试验。

（4）在拉力试验的两根试件中，如其中一根试件的屈服点、抗拉强度和伸长率三个指标中有一个指标达不到标准中规定的数值，应再抽取双倍（4 根）试件重做试验；如仍有一根试件的一个指标达不到标准要求，则不论这个指标在第一次试验中是否达到标准要求，拉力试验项目都作为不合格。

（5）冷弯试验中，如有一根试件不符合标准要求，应同样抽取双倍钢筋，制作双倍试件重做试验；如仍有一根试件不符合标准要求，冷弯试验项目即为不合格。

（6）拉力试验和冷弯试验两个项目中如有一个项目不合格，该批钢筋就是不合格品。

（7）钢筋拉伸及冷弯试验的试样不允许进行车削加工。试验应在 20℃±10℃的温度下进行；对温度要求严格的试验，试验温度应为 23℃±5℃。

（8）拉伸和冷弯试件的长度 L，分别按下式计算后截取：

拉伸试件：

$$L = L_0 + 2h + 2h_1$$

冷弯试件：

$$L_w = 0.5\pi(d+a) + 140mm$$

式中：L、L_w——分别为拉伸试件和冷弯试件的长度（mm）；

L_0——拉伸试件的标距（mm），$L_0 = 5a$ 或 $L_0 = 10a$；

h、h_1——分别为夹具长度和预留长度（mm）；

$$h_1 = (0.5 \sim 1)a$$

a——钢筋的公称直径（mm）；

d——弯心直径（mm）。

 钢筋拉伸试验

（一）试验目的

测定钢筋的屈服点、抗拉强度和伸长率，评定钢筋的强度等级。

（二）试验仪器设备

（1）万能材料试验机：试验机的测力示值误差不大于 1%。为保证机器安全和试验准确，试验过程中达到最大荷载时，指针最好在量程的第三象限（180°～270°）内，或者数显破坏荷载在量程的 50%～75% 之间，万能试验机如图 8-1 所示。

图 8-1　万能材料试验机

（2）钢筋打点机或画线机、游标卡尺（精度为 0.1mm）等。

（三）试样制备

拉伸试验用钢筋试件不得进行车削加工，可以用两个或一系列等分小冲点或细画线标出试件原始标距（标记不应影响试样断裂），测量标距长度 L_0（精确至 0.1mm），如图 8-2 所示。根据钢筋的公称直径按表 8-4 选取公称横截面积（mm²）。

公称直径(mm)	公称横截面积(mm²)	公称直径(mm)	公称横截面积(mm²)
8	50.27	22	380.1
10	78.54	25	490.9
12	113.1	28	615.8
14	153.9	32	804.2
16	201.1	36	1018
18	254.5	40	1257
20	314.2	50	1964

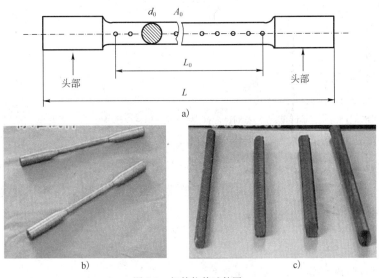

图 8-2 钢筋拉伸试件图

a)钢筋拉伸试件示意图;b)钢筋拉伸标准试件;c)钢筋拉伸非标准试件

(四)试验步骤

1.调整指针

调整试验机测力度盘的指针,使其对准零点,并拨动副指针,使其与主指针重叠。

2.拉伸

将试件固定在试验机夹头内,开动试验机进行拉伸。

(1)在弹性范围至上屈服强度,试验机夹头的分离速率应尽可能保持恒定并在表 8-5 规定的应力速率范围内。

屈服前的加荷速率 表 8-5

金属材料的弹性模量(MPa)	应力速率[(N/mm²)·s⁻¹]	
	最　小	最　大
<150 000	2	20
≥150 000	6	60

(2)若只测定下屈服强度,在试样平行长度的屈服期间应变速率应在 0.000 25～0.002 5/s 之间。平行长度内的应变速率应尽可能保持恒定。如不能直接调节这一应变速率,应通过调节屈服即将开始前的应力速率来调整,屈服完成之前不再调节试验机的控制。

（3）在任何情况下，弹性范围内的应力速率不得超过表 8-5 规定的最大速率。

（4）如在同一试验中测定上屈服强度和下屈服强度，测定下屈服强度的条件也应符合（2）的要求。

（5）平行长度内的应变速率不应超过 0.008/s。如试验不包括屈服强度和规定强度的测定，试验机的速率可以达到塑性范围内允许的最大速率。

3. 屈服强度的测定

拉伸中，测力度盘的指针停止转动时的恒定荷载，或第一次回转时的最小荷载，即为所求的屈服点荷载 P_s（N）。按下式计算试件的屈服强度：

$$\sigma_s = \frac{P_s}{A} \tag{8-1}$$

式中：σ_s——屈服点（MPa）；

P_s——屈服点荷载（N）；

A——试件公称横截面积（mm^2）。

当 $\sigma_s > 1\,000 MPa$ 时，应计算至 10MPa；σ_s 为 $200 \sim 1\,000 MPa$ 时，计算至 5MPa；$\sigma_s \leqslant 200 MPa$ 时，计算至 1MPa。小数点数字按"四舍六入五成双法"处理。

4. 抗拉强度的测定

对试件连续施加荷载直至拉断，由测力度盘读出最大荷载 P_b（N）。σ_b 计算精度同 σ_s。按下式计算试件的抗拉强度：

$$\sigma_b = \frac{P_b}{A} \tag{8-2}$$

式中：σ_b——抗拉强度（MPa）；

P_b——最大荷载（N）；

A——试件公称横截面积（mm^2）。

5. 伸长率的测定

（1）试件拉断后，将其断裂部分在断裂处对齐，尽量使其轴线位于一条直线上。如拉断处由于各种原因形成缝隙，则此缝隙应计入试件拉断后的标距部分长度内。

（2）如拉断处到最邻近标距端点的距离大于 $\frac{L_0}{3}$ 时，可用卡尺直接量出拉断后两标距端点间的距离 L_1（mm）。伸长率按式（8-3）计算，精确至 0.5%。

$$\delta_5（或 \delta_{10}）= \frac{L_1 - L_0}{L_0} \times 100 \tag{8-3}$$

式中：δ_5、δ_{10}——分别表示 $L_0 = 5a$ 和 $L_0 = 10a$ 时的伸长率（%）；

L_0——原始标距长度 $5a$（或 $10a$）（mm）；

L_1——拉断后标距端点间的长度（mm），测量精度 0.1mm。

（3）如断裂处与最接近的标距标记的距离小于原始标距的 1/3，可以采用移位法测定断后伸长率。移位法测定断后伸长率的步骤如下：

① 试验前将原始标距（L_0）细分为 N 等份。

② 试验后，以符号 X 表示断裂后试样短段的标距标记，以符号 Y 表示断裂试样长段的等分标记，此标记与断裂处的距离最接近于断裂处至标记 X 的距离。设 X 与 Y 之间的分格数

为 n。

③如果 $N-n$ 为偶数,测量 X 与 Y 和 Y 与 Z 之间的距离,使 Y 与 Z 之间的分格数为 $(N-n)/2$,如图 8-3 所示,按式(8-4)计算断后伸长率 $A(\%)$。

$$A = \frac{XY + 2YZ - L_0}{L_0} \times 100 \tag{8-4}$$

④如果 $N-n$ 为奇数,测量 X 与 Y、Y 与 Z' 和 Y 与 Z'' 之间的距离,使 Y 与 Z' 和 Y 与 Z'' 之间的分格数分别为 $(N-n-1)/2$ 和 $(N-n+1)/2$,如图 8-4 所示,按式(8-5)计算断后伸长率 $A(\%)$。

$$A = \frac{XY + YZ' + YZ'' - L_0}{L_0} \times 100 \tag{8-5}$$

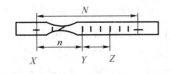
图 8-3　试样标记(一)

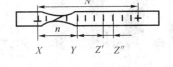
图 8-4　试样标记(二)

(4)如用直接量测所求得的伸长率能达到技术条件的规定值,则可不采用移位法。

(5)如试件在标距端点上或标距外断裂,试验结果无效,应重做试验。

(五)试验结果评定

在拉力试验的两根试件中,如其中一根试件的屈服点、抗拉强度和伸长率三个指标中有一个指标达不到标准中规定的数值,应再抽取双倍(4 根)试件重做试验;如仍有一根试件的一个指标达不到标准要求,则不论这个指标在第一次试验中是否达到标准要求,拉力试验项目都作为不合格。

(六)试验记录与示例

某钢材拉伸试验记录见表 8-6。

钢材拉伸试验记录　　　　　　　　　　　　　　　　　　　　表 8-6

检验日期＿＿＿＿＿＿＿＿＿　　　　　　　　设备编号＿＿＿＿＿＿＿＿＿

序号	表面形状	钢筋等级	公称直径(mm)	横截面积(mm²)	原始标距(mm)	拉伸试验										
						第 一 根						第 二 根				
						屈服荷载(kN)	极限荷载(kN)	断后标距(mm)	屈服强度(MPa)	抗拉强度(MPa)	伸长率(%)	屈服荷载(kN)	极限荷载(kN)	断后标距(mm)	屈服强度(MPa)	抗拉强度(MPa)	伸长率(%)
			①	②	③	④	⑤	⑥	⑦	⑧	⑨	⑩	⑪	⑫	⑬	⑭	⑮
1	L	HRB 335	12	113.1	60	42.4	62.0	71.1	374.9	548.2	18.5	41.5	61.6	71.5	366.9	544.6	19.0
2																	

注:1.表面形状栏选项有:光圆和带肋。光圆钢筋则填 G,带肋钢筋则填 L。

　　2.屈服强度⑦＝④÷②;抗拉强度⑧＝⑤÷②;伸长率⑨＝(⑥−③)÷③×100%。⑬、⑭、⑮计算同理。

结论:根据表 8-1 热轧钢筋力学性能,钢材屈服强度 374.9MPa 和 366.9MPa 均大于335MPa;抗拉强度 548.2MPa 和 544.6MPa 均大于 490MPa;伸长率 18.5% 和 19.0% 均大于16%。所以,钢筋拉伸试验符合 GB 1499.1—2008 和 GB 1499.2—2007 的要求。

三 钢筋冷弯试验

(一)试验目的

通过冷弯试验,对钢筋塑性进行严格检验,也间接测定钢筋内部的缺陷及可焊性。

图 8-5 不同直径的弯心

(二)试验仪器设备

压力机或万能试验机:试验机应有足够硬度的支承辊(支承辊间距可以调节),同时还应有不同直径的弯心,弯心规格见图 8-5。弯心直径符合有关标准规定。

本试验采用支辊弯曲。装置示意如图 8-6a)所示。

(三)试样制备

试样应去除由于剪切或火焰切割或类似操作而影响了材料性能的部分。如果试验结果不受影响,允许不去除试样受影响的部分。试样表面不得有划痕或损伤。

(四)试验步骤

(1)试验前测量试件尺寸是否合格。根据钢筋的级别,确定弯心直径、弯曲角度,调整两支辊之间的距离。两支辊之间的距离为:

$$l = (d + 3a) \pm 0.5a \tag{8-6}$$

式中:d——弯心直径(mm);

a——钢筋公称直径(mm)。

距离 l 在试验期间应保持不变。

(2)试样按照规定的弯心直径和弯曲角度进行弯曲。试验过程中应在稳压力作用下,缓慢施加试验力。在作用力下的弯曲程度可以分为三种类型,如图 8-6 所示。测试应按有关标准中的规定分别选用。

①达到某规定角度 α 的弯曲,如图 8-6b)。

②绕着弯心弯曲至两臂平行的弯曲,如图 8-6c)。

③弯曲至两臂接触的重合弯曲,如图 8-6d)。

试样在两支点上按一定弯心直径弯曲至两臂平行时,可一次完成试验,亦可先弯曲到图 8-6b)角度,然后放置在试验机平板之间继续施加压力,压至试样两臂平行。此时可以加与弯心直径相同尺寸的衬垫进行试验。当试样需要弯曲至两臂接触时,首先将试样弯曲到图 8-6c)所示状态,然后放置在两平板间继续施加压力,直至两臂接触,如图 8-6d)所示状态。

(五)试验结果评定

弯曲后,按有关标准规定检查试样弯曲处的外面及侧面,若无裂纹、裂缝或起层等现象,则认为试样合格。冷弯试验中,如有一根试件不符合标准要求,应同样抽取双倍钢筋,制作双倍试件重做试验;如仍有一根试件不符合标准要求,冷弯试验项目即为不合格。

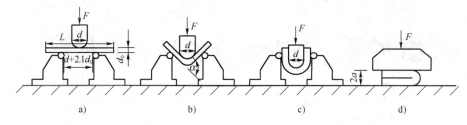

图 8-6 钢筋冷弯

a)试件安装;b)弯曲 90°;c)弯曲 180°;d)弯曲至两面重合

(六)试验记录与示例

某钢筋冷弯试验记录见表 8-7。

钢筋冷弯试验记录表

表 8-7

检验日期＿＿＿＿＿＿＿＿＿＿＿＿＿＿＿＿＿　　　　　设备编号＿＿＿＿＿＿＿＿＿＿＿＿＿＿＿＿＿

序号	表 面 形 状	钢 筋 等 级	公称直径（mm）	冷 弯 试 验		
				弯心直径(mm)	弯曲角度(°)	断裂形态
1	L	HRB335	12	36	180	0
2	L	HRB335	12	36	180	0

注:断裂形态栏选项有:完好、一根有裂纹、两根有裂纹。如两根有裂纹则该栏填 2,一根有裂纹则该栏填 1,两根都完好则该栏填 0。表面形状栏选项有:光圆和带肋。光圆钢筋则填 G,带肋钢筋则填 L。

结论:根据表 8-2 热轧钢筋力学性能,钢筋的冷弯试验符合标准要求。

第九章　沥青混合料用砂石材料

 本章职业能力目标

1.能够检测沥青混合料用砂石的主要技术性质,评定其质量;

2.能够正确地进行矿质混合料的组成设计。

 本章学习要求

1.熟悉沥青混合料用砂石材料的技术性质和技术要求;

2.掌握矿质混合料的组成设计方法。

 本章试验采用的标准及规范

《公路工程岩石试验规程》(JTG E41—2005)

《公路工程集料试验规程》(JTG E42—2005)

《单轴抗压强度试验》(T 0221—2005)

第一节　岩石的主要技术性质

岩石的技术性质,主要应从物理性质、力学性质两个方面来进行评价。

一 岩石的物理性质

岩石的物理性质包括物理常数(如密度、毛体积密度和孔隙率等)、吸水性(如吸水率、饱和吸水率)和耐候性(抗冻性、坚固性)。

(一)物力常数

1.密度(density)

岩石的密度(又称真实密度)是岩石在规定条件(105℃±5℃烘干至恒量)下,单位矿质实体体积(不含孔隙的矿质实体的体积)的质量。岩石的密度用 ρ_t 表示。

2.毛体积密度(bulk density)

岩石的毛体积密度是岩石在规定条件下,单位毛体积(包括矿物实体和孔隙体积)的质量。岩石的毛体积密度用 ρ_d 表示。

3.孔隙率(porosity)

岩石的孔隙率是岩石的孔隙体积占其总体积的百分率。岩石的孔隙率用 n 表示。

(二)吸水性(water absorption)

岩石的吸水性是岩石在规定的条件下吸水的能力。《公路工程岩石试验规程》(JTG

E41—2005)规定,采用吸水率和饱和吸水率两项指标来表征岩石的吸水性。

1.吸水率(ratio of water absorption)

岩石的吸水率是指在室内常温(20℃±2℃)和大气压条件下,岩石试件最大的吸水质量占烘干(105℃±5℃烘干至恒量)岩石试件质量的百分率。岩石的吸水率用 w_a 表示。

2.饱和吸水率(ratio of water resistance)

岩石的饱和吸水率是在强制饱和条件下,岩石试件最大吸水质量占烘干岩石试件质量的百分率。岩石的饱和吸水率用 w_{sa} 表示。

吸水率和饱和吸水率之比称为饱水系数,用 K_w 表示。它是评价岩石抗冻性的一种指标。饱水系数越大,说明岩石在常压下吸水后留余的空间越大,岩石越容易被冻胀破坏,因而岩石的抗冻性就越差。

(三)耐久性(weathaing resistance)

岩石抵抗大自然因素作用的性质称为岩石的耐久性。目前已列入《公路工程岩石试验规程》(JTG E41—2005)中的耐久性试验有抗冻性试验和坚固性试验。

1.抗冻性

岩石的抗冻性用经过规定冻融循环后的质量损失百分率表示。此外,抗冻性亦可采用未经冻融的岩石试件抗压强度与冻融循环后的岩石试件抗压强度比值(称为冻融系数 K_f 表示。

2.坚固性

坚固性是测定岩石耐候性的一种简单、快速的方法。

 岩石的力学性质

在岩石的力学性质中,主要是确定岩石等级的抗压强度和抗磨耗性两项性质。

1.单轴抗压强度(uniaxial compressive strength)

单轴抗压强度是岩石试件抵抗单轴压力时保持自身不被破坏的极限应力。用 R 表示。

2.磨耗性(abrasiveness)

磨耗性是岩石抵抗撞击、剪切和摩擦等综合作用的性能,用磨耗损失(Q)表示。

第二节 岩 石 试 验

本节介绍岩石的单轴抗压强度试验。

(一)目的与适用范围

(1)单轴抗压强度试验是测定规则形状岩石试件单轴抗压强度的方法,主要用于岩石的强度分级和岩性描述。

(2)本法采用饱和状态下的岩石立方体(或圆柱体)试件的抗压强度来评定岩石强度(包括碎石或卵石的原始岩石强度)。

(3)在某些情况下,试件含水状态还可根据需要选择天然状态、烘干状态或冻融循环后状态。试件的含水状态要在试验报告中注明。

(二)试验仪器设备

(1)压力试验机或万能试验机。

(2)钻石机、切石机、磨石机等岩石试件加工设备。

(3)烘箱、干燥器、游标卡尺、角尺及水池等。

(三)试验准备

(1)建筑地基的岩石材料,采用圆柱体作为标准试件,直径为 50mm±2mm,高径比为 2:1。每组试件 6 个。

(2)桥梁工程用的石料试验,采用立方体试件,边长为 70mm±2mm。每组试件 6 个。

(3)路面工程用的石料试验,采用圆柱体或立方体试件,其直径或边长和高均为 50mm±2mm。每组试件 6 个。

有显著层理的岩石,分别沿平行和垂直层理方向各取试件 6 个。试件上、下端面应平行并磨平,试件端面的平面度公差应小于 0.05mm,端面对于试件轴线垂直度偏差不应超过 0.25mm。对于非标准圆柱体试件,试验后抗压强度试验值可按相关公式进行换算。

(四)试验步骤

(1)用游标卡尺量取试件尺寸(精确至 0.1mm)。对立方体试件,在顶面和底面上各量取其边长,以各个面上相互平行的两个边长的算术平均值计算其承压面积;对于圆柱体试件,在顶面和底面分别测量两个相互正交的直径,并以其各自的算术平均值分别计算底面和顶面的面积,取其顶面和底面面积的算术平均值作为计算抗压强度所用的截面积。

(2)试件的含水状态可根据需要选择烘干状态、天然状态、饱和状态、冻融循环后状态。试件烘干和饱和状态、试件冻融循环后状态应符合相关规定。

(3)按岩石强度性质,选择合适的压力机,将试件置于压力机的承压板中央,对正上、下承压板,不得偏心。

(4)以 0.5～1.0MPa/s 的速率对试件进行加荷直到破坏,记录破坏荷载及加载过程中出现的现象。抗压试验的最大荷载记录以"N"为单位,精度 1%。

(五)计算

(1)岩石的抗压强度 R 按式(9-1)计算,精确至 0.1MPa。

$$R = \frac{P}{A} \tag{9-1}$$

式中:R——岩石的抗压强度(MPa);

P——试件破坏时的荷载(N);

A——试件的截面积(mm^2)。

(2)单轴抗压强度试验结果应同时列出每个试件的试验值及同组岩石单轴抗压强度的平均值;有显著层理的岩石,分别报告垂直与平行层理方向的试件强度的平均值。

(3)岩石的软化系数 K_P 按式(9-2)计算,精确至 0.01。

$$K_P = \frac{R_w}{R_d} \tag{9-2}$$

式中:K_P——岩石的软化系数;

R_w——岩石饱和状态下的单轴抗压强度(MPa);

R_d——岩石烘干状态下的单轴抗压强度(MPa)。

(4)软化系数计算由 3 个试件平行测定,取算术平均值。3 个值中最大值与最小值之差不应超过平均值的 20%;否则,应另取第 4 个试件,并在 4 个试件中取最接近的 3 个值的平均值作为试验结果,同时在报告中将 4 个值全部列出。

(六)岩石单轴抗压强度试验记录

某岩石单轴抗压强度试验记录见表 9-1。

表 9-1

岩石单轴抗压强度试验记录表

试样编号	试样有无缺角	试件尺寸(mm)					试件截面积 A(mm^2)		破坏荷载 P (kN)	抗压强度(MPa) $R=\dfrac{P}{A}\times10^3$	
		立方体			圆柱体		立方体	圆柱体		单值	平均值
		长	宽	高	直径	高	长×宽	$\dfrac{\pi d^2}{4}$			
1		50	50	50			2 500		212 500	85	
2		50	50	50			2 500		215 000	86	
3		50	50	50			2 500		195 000	78	81
4		50	50	50			2 500		197 500	79	
5		50	50	50			2 500		190 000	76	
6		50	50	50			2 500		205 000	82	

第三节　粗集料的主要技术性质与标准

 粗集料的主要技术性质

在沥青混合料中,粗集料(coarse aggregate)是指粒径大于 2.36mm 的碎石、破碎砾石、筛选砾石和矿渣等。

(一)粗集料的物理性质

1.粗集料的密度

在计算集料的密度时,不仅要考虑集料颗粒中的孔隙(开口孔隙和闭口孔隙),还要考虑颗粒间的空隙(void)。

(1)表观密度(apparent density)

粗集料的表观密度(简称视密度)是单位体积(含材料的实体矿物成分及闭口孔隙体积)物质颗粒的干质量。粗集料的表观密度用 ρ_a 表示。

(2)毛体积密度(bulk density)

粗集料的毛体积密度是单位毛体积(含材料的实体矿物成分及其闭口孔隙、开口孔隙等颗粒表面轮廓线所包围的毛体积)物质颗粒的干质量。粗集料的毛体积密度用 ρ_b 表示。

(3)表干密度(saturated surface-dry density)

粗集料的表干密度(饱和面干毛体积密度)是单位毛体积(含材料的实体矿物成分及其闭口孔隙、开口孔隙等颗粒表面轮廓线所包围的全部毛体积)物质颗粒的饱和面干质量。粗集料的表干密度用 ρ_s 表示。

(4)堆积密度(accumulated density)

粗集料的堆积密度是单位体积(含物质颗粒固体及其闭口、开口孔隙体积及颗粒间空隙体积)物质颗粒的质量,有干堆积密度及湿堆积密度之分。粗集料的堆积密度用 ρ 表示。

(5)含水率(percentage of water)

粗集料的含水率是粗集料在自然状态下含水量的大小,用 w 表示。

2. 级配(gradation)

粗集料的级配指各组成颗粒的分级和搭配,通过筛分试验确定。

3. 粗集料针片状颗粒含量(percentage of flat and elongated particle in coarse agg regate)

粗集料针片状颗粒指颗粒最大长度(或宽度)方向与最小厚度(或直径)方向的尺寸之比大于 3 倍的颗粒。试样中针片状颗粒质量占试样总质量的百分比为针片状颗粒含量。

4. 坚固性(soundness)

坚固性是评定石料试样经饱和硫酸钠溶液多次浸泡与烘干循环后,不发生显著破坏或强度降低的性质,这是测定石料抗冻性的方法之一。

(二)粗集料的力学性质

道路路面建筑用粗集料的力学性质,主要是压碎值,然后是磨光值、道瑞磨耗值和冲击值。

1. 粗集料压碎值(aggregate crushing value)

粗集料压碎值是粗集料在连续增加的荷载下抵抗压碎的能力,以 Q_a 表示。它是衡量粗集料强度的一个相对指标,用以评价粗集料在公路工程中的适用性。

2. 粗集料磨光值(aggregate polishing value)

粗集料磨光值是利用加速磨光机磨光粗集料,用摆式摩擦系数测定仪测定的粗集料经磨光后的摩擦系数值,以 PSV 表示。它是反映粗集料抵抗轮胎磨光作用能力的指标。

3. 粗集料冲击值(aggregate impact valve)

粗集料冲击值是粗集料抵抗多次连续重复冲击荷载作用的能力,以 LSV 表示。

4. 粗集料磨耗值(aggregate abrasion value)

粗集料磨耗值用于评定抗滑表层的粗集料抵抗车轮磨耗的能力。粗集料磨耗值试验采用两种方法:一种是采用道瑞磨耗试验机(dorry abrasion testing machine)来测定粗集料磨耗值,以 AAV 表示;另一种是采用洛杉矶式磨耗试验(los angeles abrasion test)来测定粗集料的磨耗损失,以 Q 表示。

 粗集料的技术标准

粗集料的技术标准应符合《公路工程集料试验规程》(JTG E42—2005)的规定。沥青层用粗集料包括碎石、破碎砾石、筛选砾石、钢渣、矿渣等,但高速公路和一级公路不得使用筛选砾石和矿渣。

(一)粗集料的质量技术要求

粗集料必须由具有生产许可证的采石场生产或施工单位自行加工。粗集料应该洁净、干燥、表面粗糙,质量技术要求应符合表9-2的规定。当单一规格集料的质量指标达不到表中要求,而按照集料配合比计算的质量指标符合要求时,工程上允许使用。对受热易变质的集料,宜采用经拌和机烘干后的集料进行检验。

沥青混合料用粗集料质量技术要求   表9-2

指　　标		单位	高速公路及一级公路		其他等级公路	试验方法
			表面层	其他层次		
石料压碎值	不大于	%	26	28	30	T 0316
洛杉矶磨耗损失	不大于	%	28	30	35	T 0317
表观相对密度	不小于	t/m³	2.60	2.50	2.45	T 0304
吸水率	不大于	%	2.0	3.0	3.0	T 0304
坚固性	不大于	%	12	12	—	T 0314
针片状颗粒含量(混合料)	不大于	%	15	18	20	T 0312
其中粒径大于9.5mm的	不大于	%	12	15	—	
其中粒径小于9.5mm的	不大于	%	18	20	—	
水洗法<0.075mm颗粒含量	不大于	%	1	1	1	T 0310

注:1.坚固性试验可根据需要进行。
　　2.用于高速公路、一级公路时,多孔玄武岩的视密度可放宽至2.45t/m³,吸水率可放宽至3%,但必须得到建设单位的批准,且不得用于SMA路面。
　　3.对S14即3~5mm规格的粗集料,针片状颗粒含量可不予要求,<0.075mm含量可放宽到3%。

(二)粗集料的粒径要求

粗集料的粒径规格应按表9-3的规定生产和使用。

沥青混合料用粗集料规格   表9-3

规格名称	公称粒径(mm)	通过下列筛孔(mm)的质量百分率(%)												
		106	75	63	53	37.5	31.5	26.5	19.0	13.2	9.5	4.75	2.36	0.6
S1	40~75	100	90~100	—		0~15	—	0~5						
S2	40~60		100	90~100		0~15	—	0~5						
S3	30~60		100	90~100			0~15	—	0~5					
S4	25~50			100	90~100			0~15	—	0~5				
S5	20~40				100	90~100			0~15	—	0~5			
S6	15~30					100	90~100			0~15	—	0~5		
S7	10~30					100	90~100			0~15	0~5			
S8	10~25						100	90~100		0~15	—	0~5		
S9	10~20							100	90~100		0~15	0~5		
S10	10~15								100	90~100	0~15	0~5		

131

规格名称	公称粒径(mm)	通过下列筛孔(mm)的质量百分率(%)												
		106	75	63	53	37.5	31.5	26.5	19.0	13.2	9.5	4.75	2.36	0.6
S11	5~15								100	90~100	40~70	0~15	0~5	
S12	5~10									100	90~100	0~15	0~5	
S13	3~10									100	90~100	40~70	0~20	0~5
S14	3~5										100	90~100	0~15	0~3

(三)粗集料的磨光值要求

高速公路、一级公路沥青路面的表面层(或磨耗层)用粗集料的磨光值应符合表 9-4 的要求。除 SMA、OGFC 路面外,允许在硬质粗集料中掺加部分较小粒径的磨光值达不到要求的粗集料,其最大掺加比例由磨光值试验确定。

粗集料磨光值的技术要求 表 9-4

雨量气候区	潮湿区	湿润区	半干区	干旱区	试验方法
年降雨量(mm)	>1 000	1 000~500	500~250	<250	
粗集料的磨光值 PSV　不小于 高速公路、一级公路表面层	42	40	38	36	T 0321

(四)粗集料与沥青的黏附性要求

粗集料与沥青的黏附性应符合表 9-5 的要求。当使用不符要求的粗集料时,宜掺加消石灰、水泥或用饱和石灰水处理后使用。

粗集料与沥青的黏附性技术要求 表 9-5

雨量气候区	潮湿区	湿润区	半干区	干旱区	试验方法
年降雨量(mm)	>1 000	1 000~500	500~250	<250	
粗集料与沥青的黏附性　不小于 高速公路、一级公路表面层	5	4	4	3	T 0616
高速公路、一级公路的其他层次 及其他等级公路的各个层次	4	4	3	3	T 0663

(五)粗集料对破碎面的要求

破碎砾石应采用粒径大于 50mm、含泥量不大于 1% 的砾石轧制。破碎砾石的破碎面应符合表 9-6 的要求。

粗集料对破碎面的要求 表 9-6

路面部位或混合料类型	具有一定数量破碎面颗粒的含量(%)		试 验 方 法
	1 个破碎面	2 个或 2 个以上破碎面	
沥青路面表面层 高速公路、一级公路 其他等级公路	100 80	90 60	T 0361
沥青路面中下面层、基层 高速公路、一级公路 其他等级公路	90 70	80 50	

路面部位或混合料类型	具有一定数量破碎面颗粒的含量（%）		试 验 方 法
	1个破碎面	2个或2个以上破碎面	
SMA混合料	100	90	T 0361
贯入式路面	80	60	

第四节　粗集料试验

 一　粗集料取样

（一）适用范围

本方法适用于对粗集料的取样，也适用于含粗集料的集料混合料如级配碎石、天然砂砾的取样方法。

（二）取样方法和试样份数

（1）通过皮带运输机的材料如采石场的生产线、沥青拌和楼的冷料输送带、无机结合料稳定集料、级配碎石混合料等，应从皮带运输机骤停的状态下取其中一截的全部材料，或在皮带运输机的端部连续接一定时间的料得到，将间隔3次以上所取的试样组成一组试样，作为代表性试样。

（2）在材料场同批来料堆上取样时，应先铲除堆脚等处无代表性的部分，再在料堆的顶部、中部和底部，各由均匀分布的几个不同部位，取得大致相等的若干份组成一组试样，务使能组成一组试样，务使能代表本批来料情况和品质。

（3）从火车、汽车、货船上取样时，应从各不同部位和深度处，抽取大致相等的试样若干份，组成一组试样。抽取的具体份数，应视能够组成本批来料代表样的需要而定。

（4）从沥青拌和楼的热料仓取样时，应在放料口的全断面上取样。通常宜将一开始按正式的配比投料拌和的几锅（至少5锅以上）废弃，然后分别将每个热料仓中的料放出至装载机上，倒在水泥地上，适当拌和。从3处以上的位置取样，拌和均匀，取要求数量的试样。

（三）取样数量

对每一单项试验，每组试样的取样数量宜不少于表9-7所规定的最少取样量。需做几项试验时，如确能保证试样经一项试验后不致影响另一项试验的结果时，可用同一组试样进行几项不同的试验。

各试验项目所需粗集料的最小取样质量　　表9-7

试 验 项 目	相对于下列公称最大粒径（mm）的最小取样质量（kg）								
	4.75	9.5	13.2	16	19	26.5	31.5	37.5	53
筛分	8	10	12.5	15	20	20	30	40	50
表观密度	6	8	8	8	8	8	12	16	20
吸水率	2	2	2	2	4	4	4	6	6

试 验 项 目	相对于下列公称最大粒径(mm)的最小取样质量(kg)								
	4.75	9.5	13.2	16	19	26.5	31.5	37.5	53
堆积密度	40	40	40	40	40	40	80	80	100
针片状颗粒含量	0.6	1.2	2.5	4	8	8	20	40	—

(四)试样的缩分

1.分料器法

将试样拌匀后,通过分料器分为大致相等的两份,再取其中的一份分为两份,缩分至需要的数量为止。

2.四分法

将所取试样置于平板上,在自然状态下拌和均匀,大致摊平,然后沿相互垂直的两个方向,把试样由中向边摊开,分为大致相等的四份,取其对角的两份重新拌匀,重复上述过程,直到缩分后的材料量略多于进行试验所必需的量。

粗集料及集料混合料的筛分试验

(一)目的与适用范围

(1)测定粗集料(碎石、砾石、矿渣等)的颗粒组成。对沥青混合料及基层用粗集料采用水洗法试验。

(2)本方法也适用于同时含有粗集料、细集料、矿粉的集料混合料筛分试验,如未筛分碎石、级配碎石、天然砂砾、级配砂砾、无机结合料稳定基层材料、沥青拌和楼的冷料混合料和热料仓材料、沥青混合料经溶剂抽提后的矿料等。

(二)试验仪器设备

(1)试验筛:根据需要选用规定的标准筛。
(2)摇筛机。
(3)天平或台秤:感量不大于试样质量的0.1%。
(4)其他:盘子、铲子、毛刷等。

(三)试验准备

按规定将来料用分料器或四分法缩分至表9-8要求的试样所需量,风干后备用。根据需要可按要求的集料最大粒径的筛孔尺寸过筛,除去超粒径部分颗粒后,再进行筛分。

筛分用的试样质量   表9-8

公称最大粒径(mm)	75	63	37.5	31.5	26.5	19	16	9.5	4.75
试样质量(kg) 不少于	10	8	5	4	2.5	2	1	1	0.5

(四)沥青混合料及基层用粗集料水洗法试验步骤

(1)取一份试样,将试样置105℃±5℃烘箱中烘干至恒量,称取干燥集料试样的总质量

(m_3),准确至 0.1%。

注:恒重系指相邻两次称量间隔时间大于 3h(通常不少于 6h)的情况下,前后两次称量之差小于该项试验所要求的称量精密度。(下同)。

(2)将试样置一洁净容器中,加入足够数量的洁净水,将集料全部淹没,但不得使用任何洗涤剂、分散剂或表面活性剂。

(3)用搅棒充分搅动集料,使集料表面洗涤干净,使细粉悬浮在水中,但不得破碎集料或有集料从水中溅出。

(4)根据集料粒径大小选择组成一组套筛,其底部为 0.075mm 标准筛,上部为 2.36mm 或 4.75mm 筛。仔细将容器中混有细粉的悬浮液倒出,经过套筛流入另一容器中,尽量不致将粗集料倒出,以免损坏标准筛筛面。

注:无需将容器中的全部集料都倒出,只倒出悬浮液,且不可直接倒至 0.075mm 筛上,以免集料掉出损坏筛面。

(5)重复(2)~(4)步骤,直至倒出的水洁净为止。

(6)将套筛每个筛子上的集料及容器中的全部集料回收在一个搪瓷盘中,容器上不得有黏附的集料颗粒。

注:粘在 0.075mm 筛面上的细粉很难回收扣入搪瓷盘中,此时需要将筛子倒扣在搪瓷盘上用少量的水并助以毛刷将细粉刷落至搪瓷盘中,并注意不要散失。

(7)在确保细粉不散失的前提下,小心泌去搪瓷盘中的积水,将搪瓷盘连同集料一起置 105℃±5℃烘箱中烘干至恒量,称取干燥集料试样的总质量 (m_4),准确至 0.1%。以 m_3 与 m_4 之差作为 0.075mm 的筛下部分。

(8)将回收的干燥集料按干筛方法筛分出 0.075mm 筛以上各筛的筛余量,此时 0.075mm 筛下部分应为 0;如果尚能筛出,则应将其并入水洗得到的 0.075mm 的筛下部分,且表示水洗得不干净。

(五)水洗法筛分结果计算

1. 粗集料中小于 0.075mm 的含量

按式(9-3)、式(9-4)计算粗集料中 0.075mm 筛下部分质量 $m_{0.075}$ 和含量 $P_{0.075}$,记入试验记录表中,精确至 0.1%。当两次试验结果 $P_{0.075}$ 的差值超过 1% 时,应重新进行试验。

$$m_{0.075} = m_3 - m_4 \qquad (9\text{-}3)$$

$$P_{0.075} = \frac{m_{0.075}}{m_3} = \frac{m_3 - m_4}{m_3} \times 100 \qquad (9\text{-}4)$$

式中:$P_{0.075}$——粗集料中小于 0.075mm 的含量(通过率)(%);

$\quad m_{0.075}$——粗集料中水洗得到的小于 0.075mm 部分的质量(g);

$\quad m_3$——用于水洗的干燥粗集料总质量(g);

$\quad m_4$——水洗后的干燥粗集料总质量(g)。

2. 筛分造成的损耗

计算各筛分计筛余量及筛底存量的总和与筛分前试样的干燥总质量 m_4 之差,作为筛分时的损耗,并计算损耗率记入试验记录表中。若损耗率大于 0.3%,应重新进行试验。

$$m_5 = m_3 - \left(\sum m_i + m_{0.075} \right) \qquad (9\text{-}5)$$

式中:m_5——由于筛分造成的损耗(g);

m_3——用于水洗筛分的干燥集料总质量(g);

m_i——各号筛上的分计筛余(g);

i——依次为 0.075mm、0.15mm……至集料最大粒径的排序;

$m_{0.075}$——水洗后得到的 0.075mm 以下部分质量(g),即 $m_3 - m_4$。

3.分计筛余百分率(percentage retained)

水洗筛分后各号筛上的分计筛余百分率按式(9-6)计算,记入试验记录表,精确至 0.1%。

$$p'_i = \frac{m_i}{m_3 - m_5} \times 100 \qquad (9\text{-}6)$$

式中:p'_i——各号筛上的分计筛余百分率(%);

m_5——由于筛分造成的损耗(g);

m_3——用于水洗筛分的干燥集料总质量(g);

m_i——各号筛上的分计筛余(g);

i——依次为 0.075mm、0.15mm……至集料最大粒径的排序。

4.累计筛余百分率(cumulative percentage retained)

各号筛的累计筛余百分率为该号筛以上各号筛的分计筛余百分率之和,记入试验记录表,精确至 0.1%。

5.质量通过百分率(percentage passing)

各号筛的质量通过百分率 P_i 等于 100 减去该筛号筛累计筛余百分率,记入试验记录表,精确至 0.1%。

6.试验结果

试验结果以两次试验的平均值表示,记入试验记录表。

(六)报告

(1)筛分结果以各筛孔的质量通过百分率表示,记入试验记录表。

(2)对用于沥青混合料、基层材料配合比设计用的集料,宜绘制集料筛分曲线,其横坐标为筛孔尺寸的 0.45 次方(表 9-9),纵坐标为普通坐标,如图 9-1 所示。

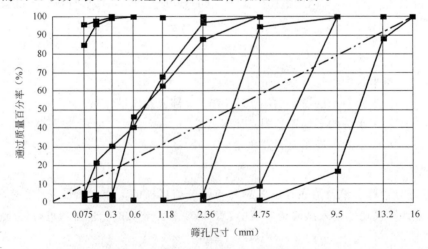

图 9-1 集料筛分曲线与矿料级配设计曲线

（3）同一种集料至少取两个试样平行试验两次，取平均值作为每号筛上筛余量的试验结果，报告集料级配组成通过百分率及级配曲线。

级配曲线的横坐标（按 $x=d_i^{0.45}$ 计算）

表 9-9

筛孔 d_i(mm)	0.075	0.15	0.3	0.6	1.18	2.36	4.75
横坐标 x	0.312	0.426	0.582	0.795	1.077	1.472	2.016
筛孔 d_i(mm)	9.5	13.2	16	19	26.5	31.5	37.5
横坐标 x	2.745	3.193	3.482	3.762	4.370	4.723	5.109

（七）粗集料及集料混合料的筛分试验记录与示例

某粗集料水洗法筛分试验记录见表 9-10。

粗集料水洗法筛分试验记录表

表 9-10

m_3(g)	第1组				第2组				平均
	3 000				3 000				
m_4(g)	2 879				2 868				
$m_{0.075}$(g)	121				132				
$P_{0.075}$(%)	4.0				4.4				4.2
筛孔尺寸 (mm)	筛上质量 m_i(g)	分计筛余 (%)	累计筛余 (%)	通过百分率 (%)	筛上质量 m_i(g)	分计筛余 (%)	累计筛余 (%)	通过百分率 (%)	通过百分率 (%)
	①	②	③	④	①	②	③	④	⑤
19	5.0	0.2	0.2	99.8	0.0	0.0	0.0	100.0	99.9
16	696.3	23.2	23.4	76.6	680.3	22.7	22.7	77.3	76.9
13.2	882.3	29.4	52.8	47.2	839.2	28.0	28.0	49.3	48.2
9.5	713.2	23.8	76.6	23.4	778.5	26.0	26.0	23.3	23.4
4.75	343.3	11.5	88.1	11.9	348.7	11.6	11.6	11.7	11.8
2.36	70.1	2.3	90.4	9.6	68.3	2.3	2.3	9.4	9.5
1.18	87.5	2.9	93.3	6.7	79.1	2.6	2.6	6.8	6.7
0.6	67.8	2.3	95.6	4.4	59.3	2.0	2.0	4.8	4.6
0.3	4.6	0.2	95.7	4.3	4.3	0.1	0.1	4.7	4.5
0.15	5.6	0.2	95.9	4.1	3.8	0.1	0.1	4.5	4.3
0.075	2.3	0.1	96.0	4.0	4	0.1	0.1	4.4	4.2
筛底 $m_底$	0				0				
干筛后总质量 $\sum m_i$(g)	2 878.1	96.0			2 865.5	95.6			
损耗 m_5(g)	0.9				2.5				
损耗率（%）	0.03				0.09				
扣除损耗总量 (g)	2 999.1				2 997.5				

注：如筛底 $m_底$ 的值不是 0，应将其并入 $m_{0.075}$ 中重新计算 $P_{0.075}$。

(一)目的与适用范围

本方法适用于测定碎石、砾石等各种集料的表观相对密度、表干相对密度、毛体积相对密度、表观密度、表干密度、毛体积密度,以及粗集料的吸水率。

(二)试验仪器设备

(1)天平或浸水天平:可悬挂吊篮测定集料的水中质量,称量应满足试样数量称量要求,感量不大于最大称量的 0.05%。

(2)吊篮:耐锈蚀材料制成,直径和高度为 150mm 左右,四周及底部用 1~2mm 的筛网编制成,具有密集的孔眼。

(3)溢流水槽:在称量水中质量时能保持水面高度一定。

(4)烘箱:控温在 105℃±5℃。

(5)毛巾:纯棉制,洁净,也可用纯棉的汗衫布代替。

(6)温度计。

(7)标准筛。

(8)盛水容器(如搪瓷盘)。

(9)其他:刷子等。

(三)试验准备

(1)将试样用标准筛过筛除去其中的细集料,对较粗的粗集料可用 4.75mm 筛过筛;对 2.36~4.75mm 集料,或者混在 4.75mm 以下石屑中的粗集料,则用 2.36mm 标准筛过筛。用四分法或分料器法缩分至要求的质量,分两份备用。对沥青路面用粗集料,应对不同规格的集料分别测定,不得混杂,所取的每一份集料试样应基本上保持原有的级配。在测定 2.36~4.75mm 的粗集料时,试验过程中应特别小心,不得丢失集料。

(2)经缩分后供测定密度和吸水率的粗集料质量应符合表 9-11 的规定。

测定密度所需要的试样最小质量 表 9-11

公称最大粒径(mm)	4.75	9.5	16	19	26.5	31.5	37.5	63	75
每一份试样的最小质量(kg)	0.8	1	1	1	1.5	1.5	2	3	3

(3)将每一份集料试样浸泡在水中,并适当搅动,仔细洗去附在集料表面的尘土和石粉,经多次漂洗干净至水清澈为止。清洗过程中不得散失集料颗粒。

(四)试验步骤

(1)取试样一份装入干净的搪瓷盘中,注入洁净的水,水面至少应高出试样 2cm,轻轻搅动石料,使附着在石料上的气泡逸出。在室温下保持浸水 24h。

(2)将吊篮挂在天平的吊钩上,浸入溢流水槽中,向溢流水槽中注水,水面高度至水槽的溢流孔为止,将天平调零。吊篮的筛网应保证集料不会通过筛孔流失,对 2.36~4.75mm 粗集料应更换小孔筛网,或在网篮中加放入一个浅盘。

（3）调节水温在 15～25℃ 范围内。将试样移入吊篮中，溢流水槽中的水面高度由水槽的溢流孔控制，维持不变。称取集料的水中质量 m_w。

（4）提起吊篮，稍稍滴水后，将较粗的粗集料倒在拧干的湿毛巾上，将较细的粗集料（2.36～4.75mm）连同浅盘一起取出，稍稍倾斜搪瓷盘，仔细倒出余水。用毛巾吸走从较粗的粗集料中漏出的自由水。此步骤需特别注意不得有颗粒丢失，或有小颗粒附在吊篮上。再用拧干的湿毛巾轻轻擦干集料颗粒的表面水，至表面看不到发亮的水迹，即为饱和面干状态。当粗集料尺寸较大时，宜逐颗擦干。注意对较粗的粗集料，拧湿毛巾时不要太用劲，防止拧得太干；对较细的含水较多的粗集料，毛巾可拧得稍干些。擦颗粒的表面水时，既要将表面水擦掉，又千万不能将颗粒内部的水吸出，整个过程中不得有集料丢失，且已擦干的集料不的继续在空气中放置，以防止集料干燥。

（5）立即在保持表干状态下，称取集料的表干质量 m_f。

（6）将集料置于浅盘中，放入 105℃±5℃ 的烘箱中烘干至恒量，取出浅盘，放在带盖的容器中冷却至室温，称取集料的烘干质量 m_a。

（7）对同一规格的集料应平行试验两次，取平均值作为试验结果。

（五）计算

（1）表观相对密度 γ_a、表干相对密度 γ_s、毛体积相对密度 γ_b 按式（9-7）～式（9-9）计算，准确至小数点后 3 位。

$$\gamma_a = \frac{m_a}{m_a - m_w} \tag{9-7}$$

$$\gamma_s = \frac{m_f}{m_f - m_w} \tag{9-8}$$

$$\gamma_b = \frac{m_a}{m_f - m_w} \tag{9-9}$$

式中：γ_a——集料的表观相对密度，无量纲；

γ_s——集料的表干相对密度，无量纲；

γ_b——集料的毛体积相对密度，无量纲；

m_a——集料的烘干质量（g）；

m_f——集料的表干质量（g）；

m_w——集料的水中质量（g）。

（2）集料的吸水率以烘干试样为基准，按式（9-10）计算，精确至 0.01%。

$$w_x = \frac{m_f - m_a}{m_a} \times 100 \tag{9-10}$$

式中：w_x——粗集料的吸水率（%）。

（3）粗集料的表观密度（视密度）ρ_a、表干密度 ρ_s、毛体积密度 ρ_b，按式（9-11）～式（9-13）计算，准确至小数点后 3 位。不同水温条件下测量的粗集料表观密度需进行水温修正，不同试验温度下水的密度 ρ_t 及水的温度修正系数 α_t 按表 9-12 选用。

$$\rho_a = \gamma_a \times \rho_t \quad 或 \quad \rho_a = (\gamma_a - \alpha_t) \times \rho_w \tag{9-11}$$

$$\rho_s = \gamma_s \times \rho_t \quad 或 \quad \rho_s = (\gamma_s - \alpha_t) \times \rho_w \tag{9-12}$$

$$\rho_b = \gamma_b \times \rho_t \quad 或 \quad \rho_b = (\gamma_b - \alpha_t) \times \rho_w \tag{9-13}$$

式中：ρ_a——粗集料的表观密度(g/cm^3)；

ρ_s——粗集料的表干密度(g/cm^3)；

ρ_b——粗集料的毛体积密度(g/cm^3)；

ρ_t——试验温度 t 时水的密度(g/cm^3)，按表 9-12 取用；

α_t——试验温度 t 时水温修正系数；

ρ_w——水在 4℃时的密度，$1.000g/cm^3$。

不同水温时水的密度 ρ_t 及水温修正系数 α_t 表 9-12

水温(℃)	水的密度 ρ_t(g/cm^3)	水温修正系数 α_t
15	0.999 13	0.002
16	0.998 97	0.003
17	0.998 80	0.003
18	0.998 62	0.004
19	0.998 43	0.004
20	0.998 22	0.005
21	0.998 02	0.005
22	0.997 79	0.006
23	0.997 56	0.006
24	0.997 33	0.007
25	0.997 02	0.007

（六）精密度或允许差

重复试验的精密度，对表观相对密度、表干相对密度、毛体积相对密度，两次结果相差不得超过 0.02，对吸水率不得超过 0.2％。

（七）粗集料密度及吸水率试验记录与示例

某粗集料密度及吸水率试验记录见表 9-13。

粗集料密度及吸水率试验记录表 表 9-13

试验次数	集料烘干质量 m_a (g)	集料在水中的质量 m_w (g)	集料的表干质量 m_f (g)	修正系数 α_t
1	1000	637.5	1019	0.003
2	1002	637.2	1021	0.003
集料的表观相对密度	2.76 / 2.75	2.75	集料的表观密度（g/cm^3） 2.76 / 2.74	2.75
集料的表干相对密度	2.67 / 2.66	2.67	集料的表干密度（g/cm^3） 2.67 / 2.66	2.66
集料的毛体积相对密度	2.62 / 2.61	2.62	集料的毛体积密度（g/cm^3） 2.62 / 2.61	2.61
集料吸水率(％)	1.90 / 1.90		1.90	

注：集料粒径为 10～20mm 的碎石，试验温度为 16℃，水温修正系数为 0.003。

(一)目的与适用范围

测定粗集料的堆积密度,包括自然堆积状态、振实状态和捣实状态下的堆积密度,以及堆积状态下的空隙率。

(二)试验仪器设备

(1)天平或台秤:感量不大于称量的 0.1%。

(2)容量筒:适用于粗集料堆积密度测定的容量筒应符合表 9-14 的要求。

容量筒的规格要求 表 9-14

粗集料公称最大粒径 (mm)	容量筒容积 (L)	容量筒规格(mm)			筒壁厚度 (mm)
		内径	净高	底厚	
≤4.75	3	155±2	160±2	5.0	2.5
9.5~26.5	10	205±2	305±2	5.0	2.5
31.5~37.5	15	255±5	295±5	5.0	3.0
≥53	20	355±5	305±5	5.0	3.0

(3)平头铁锹。

(4)烘箱:能控温在 105℃±5℃。

(5)振动台:频率为 3 000 次/min±200 次/min,负荷下的振幅为 0.35mm,空载时的振幅为 0.5mm。

(6)捣棒:直径 16mm、长 600mm、一端为圆头的钢棒。

(三)试验准备

按规定的方法取样、缩分,质量应满足试验要求,在 105℃±5℃ 的烘箱中烘干,也可以摊在清洁的地面上风干,拌匀后分成两份备用。

(四)试验步骤

1.自然堆积密度

取试样 1 份,置于平整干净的水泥地(或铁板)上,用平头铁锹铲起试样,使石子自由落入容量筒内。此时,从铁锹的齐口至容量筒上口的距离应保持为 50mm 左右,装满容量筒并除去凸出筒口表面的颗粒,并以合适的颗粒填入凹陷空隙,使表面稍凸起部分和凹陷部分的体积大致相等,称取试样和容量筒总质量 m_2。

2.振实密度

按堆积密度试验步骤,将装满试样的容量筒放在振动台上,振动 3min,或者将试样分三层装入容量筒。装完一层后,在筒底垫放一根直径为 25mm 的圆钢筋,将筒按住,左右交替颠实,待三层试样装填完毕后,加料填到试样超出容量筒口,用钢筋沿筒口边缘滚转,刮下高出筒口的颗粒,用合适的颗粒填平凹处,使表面稍凸起部分和凹陷部分的体积大致相等,称取试样

和容量筒总质量 m_2。

3. 捣实密度

根据沥青混合料的类型和公称最大粒径,确定起骨架作用的关键性筛孔(通常为 4.75mm 或 2.36mm 等)。将矿料混合料中此筛孔以上的颗粒筛出,作为试样装入符合要求规格的容器中达 1/3 的高度,由边至中用捣棒均匀地捣实 25 次。再向容器中装入 1/3 高度的试样,用捣棒均匀地捣实 25 次,捣实深度约至下层的表面。然后重复上一步骤,加最后一层,捣实 25 次,使集料与容器口齐平。用合适的集料填充表面的大空隙,用直尺大体刮平,目测估计表面凸起的部分与凹陷的部分的容积大致相等,称取容量筒与试样的总质量 m_2。

4. 容量筒容积的标定

用水装满容量筒,测量水温,擦干筒外壁的水分,称取容量筒与水的总质量 m_w,并按水的密度对容量筒的容积作校正。

(五)计算

(1)容量筒的容积按式(9-14)计算。

$$V = \frac{m_w - m_1}{\rho_t} \tag{9-14}$$

式中:V——容量筒的容积(L);

m_1——容量筒的质量(kg);

m_w——容量筒与水的总质量(kg);

ρ_t——试验温度 t℃时水的密度(g/cm³),按表 9-12 选用。

(2)堆积密度(包括自然堆积状态、振实状态和捣实状态下的堆积密度)按式(9-15)计算,计算至小数点后 2 位。

$$\rho = \frac{m_2 - m_1}{V} \tag{9-15}$$

式中:ρ——与各种状态相对应的堆积密度(t/m³);

m_1——容量筒的质量(kg);

m_2——容量筒与试样的总质量(kg);

V——容量筒的容积(L)。

(3)沥青混合料用粗集料捣实状态下的骨架间隙率按式(9-16)计算。

$$VCA_{DRC} = \left(1 - \frac{\rho}{\rho_b}\right) \times 100 \tag{9-16}$$

式中:VCA_{DRC}——粗集料捣实状态下骨架间隙率(%);

ρ_b——粗集料的毛体积密度(t/m³);

ρ——按振实法测定的粗集料的自然堆积密度(t/m³)。

以两次平行试验结果的平均值作为测定值。

(六)粗集料堆积密度及空隙率试验示例

某粗集料堆积密度及空隙率试验记录见表 9-15。

项目	试验次数	容量筒容积 V (L)	容量筒质量 m_1 (kg)	试样与筒合总质量 m_2 (kg)	试样质量 m_0 (kg)	堆 积 密 度 ρ (kg/m³)	
堆积密度	1	10	3.615	18.815	15.2	1 520	1 525
	2	10	3.615	18.915	15.3	1 530	
振实密度	1	10	3.615	20.915	16.9	1 690	1 685
	2	10	3.615	20.415	16.8	1 680	
捣实密度	1	10	3.615	20.015	17.4	1 740	1 735
	2	10	3.615	20.915	17.3	1 730	
空隙率(%)					36.9		

注:试验用碎石粒径为 10～20mm,表观密度为 2 750kg/m³。

五 粗集料针片状颗粒含量试验——游标卡尺法

(一)目的与适用范围

(1)本方法适用于测定粗集料的针状及片状颗粒含量,以百分率计。

(2)本方法测定的针片状颗粒,是指用游标卡尺测定的粗集料颗粒的最大长度(或宽度)方向与最小厚度(或直径)方向的尺寸之比大于 3 倍的颗粒。有特殊要求采用其他比例时,应在试验报告中注明。

(3)本方法测定的粗集料中针片状颗粒的含量,可用于评价集料的形状和抗压碎的能力,以评定石料生产厂的生产水平及该材料在工程中的适用性。

(二)试验仪器设备

(1)标准筛:方孔筛 4.75mm。

(2)游标卡尺:精密度为 0.1mm。

(3)天平:感量不大于 1g。

(三)试验步骤

(1)按规定的方法,采集粗集料试样。

(2)按分料器法或四分法原理选取 1kg 左右的试样。对每一种规格的粗集料,应按照不同的公称粒径,分别取样检验。

(3)用 4.75mm 标准筛将试样过筛,取筛上部分供试验用,称取试样的总质量 m_0,准确至 1g。试样数量应不少于 800g,并不少于 100 颗。

(4)将试样平摊于桌面上,首先用目测挑出接近立方体的颗粒,剩下可能属于针状(细长)和片状(扁平)的颗粒。

(5)按图 9-2 所示的方法将欲测量的颗粒放在桌面上成一稳定的状态。图中颗粒平面方向的最大长度为 L,侧面厚度的最大尺寸为 t,颗粒最大宽度为 w

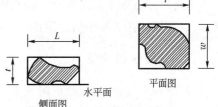

图 9-2　针片状颗粒稳定状态

第九章

沥青混合料用砂石材料

$(t<w<L)$。用卡尺逐颗测量石料的 L 及 t，将 $\dfrac{L}{t}\geqslant 3$ 的颗粒(即最大长度方向与最大厚度方向的尺寸之比大于 3 的颗粒)分别挑出作为针片状颗粒。称取针片状颗粒的质量 m_1，准确至 1g。

> 注:稳定状态是指平放的状态,不是直立状态。侧面厚度的最大尺寸 t 为图中状态的颗粒顶部至平台的厚度,是在最薄的一个面上测量的,但并非颗粒中最薄部位的厚度。

(四)计算

按式(9-17)计算针片状颗粒含量。

$$Q_e = \frac{m_1}{m_0} \times 100 \tag{9-17}$$

式中: Q_e——针片状颗粒含量(%);

m_0——试验用的集料总质量(g);

m_1——针片状颗粒的质量(g)。

(五)结果评定

(1)试验要平行测定两次,计算两次结果的平均值。如两次结果之差小于平均值的 20%,取平均值为试验值;如大于或等于 20%,应追加测定一次,取三次结果的平均值为测定值。

(2)试验报告应报告集料的种类、产地、岩石名称、用途。

(六)粗集料针片状颗粒含量试验记录与示例

某粗集料针片状颗粒含量试验记录见表 9-16。

沥青路面用粗集料针片状颗粒含量试验记录表　表 9-16

试 验 次 数	试样总质量 m_0 (g)	针片状颗粒总质量 m_1(g) $m_1 = \sum m_2$	针片状颗粒含量(%) 单值	平均值
1	1 000	80.0	8.0	8.3
2	1 000	85.7	8.6	

六　粗集料压碎值试验

(一)目的与适用范围

集料压碎值用于衡量石料在逐渐增加的荷载下抵抗压碎的能力,是衡量石料力学性质的指标,以评定其在工程中的适用性。

(二)试验仪器设备

(1)石料压碎值试验仪:由内径 150mm、两端开口的钢制圆形试筒、压柱和底板组成,其形状和尺寸见图 9-3 和表 9-17。试筒内壁、压柱的底面及底板的上表面等与石料接触的表面都应进行热处理,使表面硬化,达到维氏硬度 HV65 并保持光滑状态。

(2)金属棒:直径 10mm,长 45～60mm,一端加工成半球形。

(3)天平:量程 2～3kg,感量不大于 1g。

(4)标准筛:筛孔尺寸 13.2mm、9.5mm、2.36mm 方孔筛各一个。

(5)压力机:500kN,应能在 10min 内达到 400kN。

(6)金属筒:圆柱形,内径 112.0mm,高 179.4mm,容积 1 767cm³。

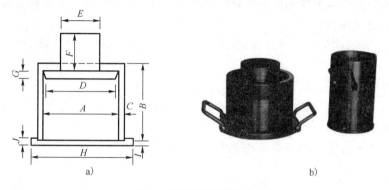

图 9-3 压碎指标值测定仪

a)示意图;b)实物图

试筒、压柱和底板尺寸 表 9-17

部 位	符 号	名 称	尺 寸 (mm)
试筒	A	内径	150±0.3
	B	高度	125～128
	C	壁厚	≥12
压柱	D	压头直径	149±0.2
	E	压杆直径	100～149
	F	压柱总长	100～110
	G	压头厚度	≥25
底板	H	直径	200～220
	I	厚度(中间部分)	6.4±0.2
	J	边缘厚度	10±0.2

(三)试验准备

(1)采用风干石料用 13.2mm 和 16mm 标准筛过筛,取 9.5～13.2mm 的试样 3 组各 3 000g。如过于潮湿需加热烘干,烘箱温度不应超过 100℃,烘干时间不超过 4h。试验前,石料应冷却至室温。

(2)每次试验的石料数量应满足按下述方法夯击后石料在试筒内的深度为 100mm。

将试样分 3 次(每次数量大体相同)均匀装入试模中,每次均将试样表面整平,用金属棒的半球面端在石料表面上均匀捣实 25 次。最后用金属棒作为直刮刀将表面仔细整平。称取量筒中试样质量 m_0。以相同质量的试样进行压碎值的平行试验。

(四)试验步骤

(1)将试筒安放在底板上。

(2)将要求质量的试样分3次(每次数量大体相同)均匀装入试模中,每次均将试样表面整平,并用金属棒按上述步骤夯击25次,最上层表面应仔细整平。

(3)将装有试样的试筒连同压柱放到压力机上,同时加压头放入试筒内石料面上,注意使压头摆平,勿楔挤试模侧壁。

(4)开动压力机,均匀地施加荷载,在10min左右的时间内达到总荷载400kN,稳压5s,然后卸载。

(5)将试模从压力机上取下,取出试样。

(6)用2.36mm标准筛筛分经压碎的全部试样,可分几次筛分,筛至1min内无明显的筛出物为止。

(7)称取留在2.36mm筛孔的全部集料质量m_1,准确至1g。

(五)计算

石料压碎值按式(9-18)计算,准确至0.1%。

$$Q_a' = \frac{m_0 - m_1}{m_0} \times 100 \tag{9-18}$$

式中:Q'——石料压碎值(%);

m_0——试验前试样质量(g);

m_1——试验后留在2.36mm筛孔的细料质量(g)。

(六)结果评定

以3个试样三次试验结果的算术平均值作为压碎值的测定值。

(七)粗集料压碎值试验记录与示例

某粗集料压碎值试验记录见表9-18。

沥青路面用粗集料压碎值试验记录表 　　　　　　　　表9-18

试 验 次 数	试样总质量 m_0 (g)	试验后通过2.36mm 筛孔的细料质量 m_1 (g)	压碎指标值 (%)	
	(1)	(2)	(2)/(1)×100	平均值
1	3 000	3 715	9.5	
2	3 000	3 720	9.3	9.4
3	3 000	3 718	9.4	

注:依据JTJ 058 T0316—2000,试验结果满足规范要求,合格。

七　粗集料磨耗试验——洛杉矶法

(一)目的与适用范围

(1)测定标准条件下粗集料抵抗摩擦、撞击的能力,以磨耗损失(%)表示。

（2）本方法适用于各种等级规格集料的磨耗试验。

（二）试验仪器设备

（1）洛杉矶磨耗试验机：圆筒内径 710mm±5mm，内侧长 510mm±5mm，两端封闭，投料口的钢盖通过紧固螺栓和橡胶垫与钢筒紧闭密封。钢筒的回转速率为 30～33r/min。粗集料洛杉矶试验条件见表 9-19。

（2）钢球：直径约 46.8mm，质量为 390～445g，大小稍有不同，以便按要求组成符合要求的总质量。

（3）台秤：感量 5g。

（4）标准筛：符合要求的标准筛系列，以及筛孔为 1.7mm 的方孔筛一个。

（5）烘箱：能使温度控制在 105℃±5℃ 范围内。

（6）容器：搪瓷盘等。

（三）试验步骤

（1）将不同规格的集料用水冲洗干净，置烘箱中烘干至恒量。

（2）对所使用的集料，根据实际情况按表 9-19 选择最接近的粒级类别，确定相应的试验条件。按规定的粒级组成备料集料、筛分。其中水泥混凝土用集料宜采用 A 级粒度；沥青路面及各种基层、底基层的粗集料，表中的 16mm 筛孔也可用 13.2mm 筛孔代替。对非规格材料，应根据材料的实际粒度，从表 9-19 中选择最接近的粒级类别及试验条件。

（3）分级称量（准确至 5g），称取总质量 m_1，装入磨耗机之圆筒中。

（4）选择钢球，使钢球的数量及总质量符合表 9-19 中规定。将钢球加入钢筒中，盖好筒盖，紧固密封。

（5）将计数器调整到零位，设定要求的回转次数。对水泥混凝土集料，回转次数为 500 转；对沥青混合料集料，回转次数应符合表 9-19 的要求。开动磨耗机，以 30～33r/min 的转速转运至要求的回转次数为止。

（6）取出钢球，将经过磨耗后的试样从投料口倒入接受容器（搪瓷盘）中。

（7）将试样用 1.7mm 的方孔筛过筛，筛去试样中被撞击磨碎的细屑。

（8）用水冲干净留在筛上的碎石，置 105℃±5℃ 烘箱中烘干至恒量（通常不少于 4h），准确称量 m_2。

（四）计算

按式（9-19）计算粗集料洛杉矶磨耗损失，精确至 0.1%。

$$Q = \frac{m_1 - m_2}{m_1} \times 100 \tag{9-19}$$

式中：Q——洛杉矶磨耗损失（%）；

m_1——装入圆筒中试样质量（g）；

m_2——试验后在 1.7mm 筛上的洗净烘干的试样质量（g）。

（五）结果评定

（1）试验报告应记录所使用的粒级类别和试验条件。

表 9-19

粗集料洛杉矶试验条件

粒度类别	粒级组成 (mm)	试样质量 (g)	试样总质量 (g)	钢球个数 (个)	钢球总质量 (g)	转动次数 (转)	规格	公称粒径 (mm)
A	26.5~37.5	1 250±25	5 000±10	12	5 000±25	500	S6	15~30
	19.0~26.5	1 250±25					S7	10~30
	16.0~19.0	1 250±10					S8	10~25
	9.5~16.0	1 250±10						
B	19.0~26.5	2 500±10	5 000±10	11	4 850±25	500	S9	10~20
	16.0~19.0	2 500±10					S10	10~15
							S11	5~15
							S12	5~10
C	9.5~16.0	2 500±10	5 000±10	8	3 330±20	500		
	4.75~9.5	2 500±10						
		1 250±25						
		1 250±25						
D	2.36~4.75	5 000±10	5 000±10	6	2 500±15	500	S13	3~10
		1 250±25					S14	3~5
E	63~75	2 500±50	10 000±100	12	5 000±25	1 000	S1	40~75
	53~63	2 500±50					S2	40~60
	37.5~53	5 000±50					S3	
F	37.5~53	5 000±50	10 000±75	12	5 000±25	1 000	S4	30~60
	26.5~37.5	5 000±25						25~50
G	26.5~37.5	5 000±25	10 000±50	12	5 000±25	1 000	S5	20~40
	19.0~26.5	5 000±25						

注:1. 表中 16mm 也可用 13.2mm 代替。

2. A 级适用于未筛碎石混合料及水泥混凝土用集料。

3. C 级中 S12 可全部采用 4.75~9.5mm 颗粒 5 000g;S9 及 S10 可全部采用 9.5~16mm 颗粒 5 000g。

4. E 级中 S2 中缺 63~75mm 颗粒,可用 53~63mm 颗粒代替。

（2）粗集料的磨耗损失取两次平行试验结果的算术平均值为测定值，两次试验的差值应不大于 2%，否则须重做试验。

(六)粗集料磨耗试验示例

某粗集料磨耗试验记录见表 9-20。

表 9-20

粗集料磨耗试验(洛杉矶法)记录表

试验次数	试验前质量 m_1 (g)	试验后过筛烘干筛余质量 m_2 (g)	磨耗率 $Q=\dfrac{m_1-m_2}{m_1}\times100$	
	(1)	(2)	单值(%)	平均值
1	5 000	4 365	12.7	12.6
2	5 000	4 380	12.4	

注：碎石公称粒径为 5～10mm、10～20mm，取样标准选择粗集料洛杉矶试验条件 C 类别。

第五节　细集料的主要技术性质与标准

一　细集料的主要技术性质

在沥青混合料中，细集料(fine aggregate)是指粒径小于 2.36mm 的天然砂、人工砂(包括机制砂)及石屑。

(一)物理性质

细集料的物理常数主要有表观密度、堆积密度和空隙率等。

1. 表观密度(apparent density)

细集料的表观密度(简称视密度)是单位体积(含材料的实体矿物成分及闭口孔隙体积)物质颗粒的干质量，用 ρ_a 表示。

2. 毛体积密度(bulk density)

细集料的毛体积密度是单位毛体积(含材料的实体矿物成分及其闭口孔隙、开口孔隙等颗粒表面轮廓线所包围的毛体积)物质颗粒的干质量，用 ρ_b 表示。

3. 表干密度(saturated surface-dry density)

细集料的表干密度(饱和面干毛体积密度)是单位毛体积(含材料的实体矿物成分及其闭口孔隙、开口孔隙等颗粒表面轮廓线所包围的全部毛体积)物质颗粒的饱和面干质量，用 ρ_s 表示。

4. 堆积密度(accumulated density)

细集料的堆积密度是单位体积(含物质颗粒固体及其闭口、开口孔隙体积及颗粒间空隙体积)物质颗粒的质量，有干堆积密度及湿堆积密度之分。细集料的堆积密度用 ρ 表示。

5. 空隙率(void ratio)

细集料的空隙率是指细集料之间的空隙占总体积的百分比，用 n 表示。

(二)级配(gradation)

细集料的级配可通过细集料的筛分试验确定。

(三)粗度(coarseness)

粗度是评价细集料粗细程度的一种指标,用细度模数(fineness modulus)表示。细度模数 M_x 愈大,表示细集料愈粗。砂的粗度按细度模数一般可分为三级: $M_x=3.7\sim3.1$ 为粗砂; $M_x=3.0\sim2.3$ 为中砂; $M_x=2.2\sim1.6$ 为细砂。

二 细集料的主要技术标准

根据《公路工程集料试验规程》(JTG E42—2005)的规定,沥青路面的细集料包括天然砂、机制砂、石屑。细集料必须由具有生产许可证的采石场、采砂场生产。

(一)细集料的质量技术要求

细集料应洁净、干燥、无风化、无杂质,并有适当的颗粒级配,其质量符合表9-21的规定。细集料的洁净程度,天然砂以小于 0.075mm 含量的百分数表示,石屑和机制砂以砂当量(适用于 0~4.75mm)或亚甲蓝值(适用于 0~2.36mm 或 0~0.15mm)表示。

沥青混合料用细集料质量要求 　　　　　　　　　　　表 9-21

项　　目	单位	高速公路、一级公路	其他等级公路	试 验 方 法
表观相对密度	—	2.50	2.45	T 0328
坚固性(>0.3mm 部分)≥	%	12	—	T 0340
含泥量(小于 0.075mm 的含量)≤	%	3	5	T 0333
砂当量≥	%	60	50	T 0334
亚甲蓝值≤	g/kg	25	—	T 0346
棱角性(流动时间)≥	s	30	—	T 0345

(二)天然砂规格

天然砂可采用河砂或海砂,通常宜采用粗、中砂,其规格应符合表9-22的规定。砂的含泥量超过规定时应水洗后使用,海砂中的贝壳类材料必须筛除。

沥青混合料用天然砂规格 　　　　　　　　　　　表 9-22

筛孔尺寸(mm)	通过各筛孔的质量百分率(%)		
	粗　砂	中　砂	细　砂
9.5	100	100	100
4.75	90~100	90~100	90~100
2.36	65~95	75~90	85~100
1.18	35~65	50~90	75~100
0.6	15~30	30~60	60~84
0.3	5~20	8~30	15~45
0.15	0~10	0~10	0~10
0.075	0~5	0~5	0~5

(三)机制砂或石屑规格

石屑是采石场破碎石料时通过 4.75mm 或 2.36mm 的筛下部分,其规格应符合表 9-23 的要求。

沥青混合料用机制砂或石屑规格　　　　　　　　　　　　　　　　表 9-23

公称粒径（mm）	水洗法通过各筛孔的质量百分率(%)							
	9.5	4.75	2.36	1.18	0.6	0.3	0.15	0.075
0～5	100	90～100	60～90	40～75	20～55	7～40	2～20	0～10
0～3	—	100	80～100	50～80	25～60	8～45	0～25	0～15

机制砂宜采用专用的制砂机制造,并选用优质石料生产。

第六节　细集料试验

一　细集料筛分试验(T 0327—2005)

(一)目的与适用范围

测定细集料(天然砂、人工砂、石屑)的颗粒级配及粗细程度。对于沥青混合料及基层用细集料必须采用水洗法筛分。

(二)试验仪器设备

(1)标准筛。

(2)天平:量程 1 000g,感量不大于 0.5g。

(3)摇筛机。

(4)烘箱:能控温在 105℃±5℃。

(5)其他:浅盘和硬、软毛刷等。

(三)试验准备

根据样品中最大粒径的大小,选用适宜的标准筛,通常为 4.75mm 筛(沥青路面及基层用天然砂、石屑、机制砂等),筛除其中的超粒径材料。然后将样品在潮湿状态下充分拌匀,用分料器法或四分法缩分至每份不少于 550g 的试样两份,在 105℃±5℃ 的烘箱中烘干至恒量,冷却至室温后备用。

(四)试验步骤

(1)准确称取烘干试样约 500g(m_1),准确至 0.5g。

(2)将试样置一洁净容器中,加入足够数量的洁净水,将集料全部淹没。

(3)用搅棒充分搅动集料,使集料表面洗涤干净,使细粉悬浮在水中,但不得有集料从水中溅出。

（4）用 1.18mm 筛及 0.075mm 筛组成套筛。仔细将容器中混有细粉的悬浮液徐徐倒出，经过套筛流入另一容器中，但不得将集料倒出。

（5）重复（2）～（4）步骤，直至倒出的水洁净且小于 0.075mm 的颗粒全部倒出。

（6）将容器中的集料倒入搪瓷盘中，用少量水冲洗，使容器上黏附的集料颗粒全部进入搪瓷盘中。将筛子反扣过来，用少量的水将筛上的集料冲入搪瓷盘中。操作过程中不得有集料散失。

（7）将搪瓷盘连同集料一起置 105℃±5℃烘箱中烘干至恒量，称取干燥集料试样的总质量 m_2，准确至 0.1%。m_1 与 m_2 之差即为通过 0.075mm 筛部分。

（8）将全部要求筛孔组成套筛（但不需 0.075mm 筛），将已经洗去小于 0.075mm 部分的干燥集料置于套筛上（通常为 4.75mm 筛），将套筛装入摇筛机，摇筛约 10min，然后取出套筛，再按筛孔大小顺序，从最大的筛号开始，在清洁的浅盘上逐个进行手筛，直至每分钟的筛出量不超过筛上剩余量的 0.1% 时为止，将筛出通过的颗粒并入下一号筛，和下一号筛中的试样一起过筛。这样顺序进行，直至各筛全部筛完为止。

（9）称量各筛筛余试样的质量，精确至 0.5g。所有各筛的分计筛余量和底盘中剩余量的总质量与筛分前后试样总量 m_2 的差值不得超过 1%。

（五）计算与结果评定

（1）计算分计筛余百分率：

各号筛的分计筛余百分率为各号筛上的筛余量除以试样总量（m_1）的百分率，准确至 0.1%。对沥青路面细集料而言，0.15mm 筛下部分即为 0.075mm 的分计筛余，m_1 与 m_2 之差即为小于 0.075mm 的筛底部分。

（2）计算累计筛余百分率：

各号筛的累计筛余百分率为该号筛及大于该号筛的各号筛的分计筛余百分率之和，准确至 0.1%。

（3）计算质量通过百分率：

各号筛的质量通过百分率等于 100 减去该号筛的累计筛余百分率，准确至 0.1%。

（4）根据各筛的累计筛余百分率或通过百分率，绘制级配曲线。

（5）天然砂的细度模数按式（9-20）计算，精确至 0.01。

$$M_x = \frac{A_{2.36} + A_{1.18} + A_{0.6} + A_{0.3} + A_{0.15} - 5A_{4.75}}{100 - A_{4.75}} \qquad (9\text{-}20)$$

式中：　　　　　M_x——细度模数；

$A_{4.75}$、$A_{2.36}$、…、$A_{0.15}$——4.75mm、2.36mm、…、0.15mm 各筛上的累计筛余百分率（%）。

（6）应进行两次平行试验，以试验结果的算术平均值作为测定值；如两次试验所得的细度模数之差大于 0.2，应重新进行试验。

（六）试验记录与示例

对某细集料进行取样并进行筛分试验。用分料器法或四分法取样不少于 550g 的试样两份，烘干准确试样约 500g。根据《公路工程集料试验规程》（JTG E42—2005）的规定并按照 T 0327—2005 的试验步骤，对沥青混合料及基层用粗集料采用水洗法筛分。试验结果见表 9-24，宜绘制筛分曲线。

细集料水洗法筛分记录

表 9-24

筛孔尺寸 (mm)	第1组 筛上重 m_i(g) ①	分计筛余(%) ②	累计筛余(%) ③	通过百分率(%) ④	第2组 筛上重 m_i(g) ①	分计筛余(%) ②	累计筛余(%) ③	通过百分率(%) ④	平均 通过百分率(%) ⑤
m_3 (g)	500				500				
m_4 (g)	460.4				457.0				
$m_{0.075}$ (g)	39.6				43.0				
$P_{0.075}$ (%)	7.9				8.6				4.2
2.36	70.0	14.0	14.0	86	75.0	15.0	15.0	85	85.5
1.18	140.0	28.1	42.1	57.9	148.5	29.7	44.7	55.3	56.6
0.6	127.5	25.6	67.7	32.3	124.0	24.8	69.6	30.4	31.4
0.3	55.5	11.1	78.8	21.2	52.0	10.4	80.0	20.0	20.6
0.15	32.0	6.4	85.2	14.8	27.5	5.5	85.5	14.5	14.7
0.075	22.5	4.5	89.7	10.3	20.0	4.0	89.5	10.5	10.4
筛底 $m_{底}$	12.0	2.4	92.1	7.9	9.5	1.9	91.4	-	
干筛后总量 $\sum m_i$ (g)	459.5	92.1			456.5	91.4			
损耗 m_5 (g)	0.9				0.5				
损耗率 (%)	0.20				0.11				
扣除损耗总量 (g)	499.1				499.5				

(一)目的与适用范围

用容量瓶法测定细集料(天然砂、石屑、机制砂)在23℃时对水的表观相对密度和表观密度。本方法适用于含有少量大于2.36mm部分的细集料。

(二)试验仪器设备

(1)天平:量程1kg,感量不大于1g。

(2)容量瓶:500mL。

(3)烘箱:能控温在105℃±5℃。

(4)烧杯:500mL。

(5)洁净水。

(6)其他:干燥器、浅盘、铝制料勺、温度计等。

(三)试验准备

将缩分至650g左右的试样在温度为105℃±5℃的烘箱中烘干至恒量,并在干燥器内冷却至室温,分成两份备用。

(四)试验步骤

(1)称取烘干的试样约300g(m_0),装入盛有半瓶洁净水的容量瓶中。

(2)摇转容量瓶,使试样在已保温至23℃±1.7℃的水中充分搅动以排除气泡,塞紧瓶塞,在恒温条件下静置24h左右,然后用滴管添水,使水面与瓶颈刻度线平齐,再塞紧瓶塞,擦干瓶外水分,称其总质量m_2。

(3)倒出瓶中的水和试样,将瓶的内外表面洗净,再向瓶内注入同样温度的洁净水(温差不超过2℃)至瓶颈刻度线,塞紧瓶塞,擦干瓶外水分,称其总质量m_1。

(五)计算与结果评定

(1)细集料的表观相对密度按式(9-21)计算,准确至小数点后3位。

$$\gamma_a = \frac{m_0}{m_0 + m_1 - m_2} \tag{9-21}$$

式中:γ_a——细集料的表观相对密度,无量纲;

m_0——试样的烘干质量(g);

m_1——水及容量瓶总质量(g);

m_2——试样、水及容量瓶总质量(g)。

(2)表观密度ρ_a按式(9-22)计算,准确至小数点后3位。

$$\rho_a = \gamma_a \times \rho_t \quad \text{或} \quad \rho_a = (\gamma_a - \alpha_t) \times \rho_w \tag{9-22}$$

式中：ρ_a——细集料的表观密度（g/cm³）；

ρ_w——水在 4℃时的密度（g/cm³）；

α_t——试验时水温对水密度影响的修正系数，按表9-12取用；

ρ_t——试验温度 t℃时水的密度（g/cm³），按表9-12取用。

以两次平行试验结果的算术平均值作为测定值；如两次结果之差值大于 0.01g/cm³ 时，应重新取样进行试验。

(六)试验记录与示例

用分料器法或四分法取样不少于 650g 的试样两份，烘干后每份试样约 300g。根据《公路工程集料试验规程》(JTG E42—2005)的规定并按照 T 0328—2005 的试验步骤依次进行试验，所测数据结果和计算见表9-25。

细集料表观密度试验记录表(容量瓶法)　　　　　表 9-25

试验次数	干燥集料质量（g）	试样、水与容量瓶总质量（g）	水与容量瓶总质量（g）	细集料表观相对密度 $\gamma_a = \dfrac{m_0}{m_0+m_1-m_2}$	水的密度（g/cm³）	细集料表观密度（g/cm³）	
	m_0	m_2	m_1		ρ_t	ρ_a	平均值
1	300	510.5	315.5	2.857	0.998 2	2.852	2.818
2	300	514.3	321.9	2.788	0.998 2	2.783	

三 细集料堆积密度及紧装密度试验(JTG E42—2005 T 0331—1994)

(一)目的与适用范围

测定砂自然状态下堆积密度、紧装密度及空隙率。

(二)试验仪器设备

(1)台秤：量程 5kg，感量 5g。

(2)容量筒：金属制，圆筒形，内径 108mm，净高 109mm，筒壁厚 2mm，筒底厚 5mm，容积约为 1L。

(3)标准漏斗：如图9-4所示。

(4)烘箱：能控温在 105℃±5℃。

(5)其他：小勺、直尺、浅盘等。

(三)试验准备

(1)试样制备：用浅盘装来样约 5kg，在温度为 105℃±5℃的烘箱中烘干至恒量，取出并冷却至室温，分成大致相等的两份备用。

(2)容量筒容积的校正方法：以温度为 20℃±5℃的洁净水装满容量筒，用玻璃板沿筒口滑移，使其紧贴水面，玻璃板与水面之间不得有空隙，擦干筒外壁水分，然后称量，用式(9-23)计算筒的容积 V。

$$V = m_2' - m_1' \qquad (9\text{-}23)$$

式中:V——容量筒的容积(mL);

m_1'——容量筒和玻璃板总质量(g);

m_2'——容量筒、玻璃板和水总质量(g)。

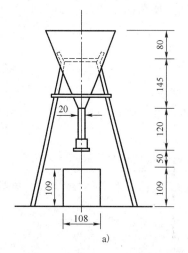

a)   b)

图 9-4   标准漏斗(尺寸单位:mm)

a)示意图;b)实物图

(四)试验步骤

(1)堆积密度:将试样装入漏斗中,打开底部的活动门,将砂注入容量筒中,也可直接用小勺向容量筒中装试样,但漏斗出料口或料勺距容量筒筒口均应为 50mm 左右。试样装满并超出容量筒筒口后,用直尺将多余的试样沿筒口中心线向两个相反方向刮平,称取质量 m_1。

(2)紧装密度:取试样 1 份,分两层装入容量筒。装完一层后,在筒底垫放一根直径为 10mm 的钢筋,将筒按住,左右交替颠击地面各 25 下,然后再装入第二层。

第二层装满后用同样方法颠实(但筒底所垫钢筋的方向应与第一层放置方向垂直)。两层装完并颠实后,添加试样超出容量筒筒口,然后用直尺将多余的试样沿筒口中心线向两个相反方向刮平,称其质量 m_2。

(五)计算与结果评定

(1)堆积密度及紧装密度分别按式(9-24)和式(9-25)计算,准确至小数点后 3 位。

$$\rho = \frac{m_1 - m_0}{V} \qquad (9\text{-}24)$$

$$\rho' = \frac{m_2 - m_0}{V} \qquad (9\text{-}25)$$

式中:ρ——砂的堆积密度(g/cm³);

ρ'——砂的紧装密度(g/cm³);

m_0——容量筒的质量(g);

m_1——容量筒和堆积砂总质量(g);

m_2——容量筒和紧装砂总质量(g);

V——容量筒容积(mL)。

(2)砂的空隙率按式(9-26)计算,精确至0.1%。

$$n = \left(1 - \frac{\rho}{\rho_a}\right) \times 100 \qquad (9-26)$$

式中:n——砂的空隙率(%);

ρ——砂的堆积或紧装密度(g/cm³);

ρ_a——砂的表观密度(g/cm³)。

以两次试验结果的算术平均值作为测定值。

(六)试验记录与示例

用分料器法或四分法取样约5 000g的试样,烘干至恒量,大致分成相等的两份备用。根据《公路工程集料试验规程》(JTG E42—2005)的规定并按照 T 0331—2005 的试验步骤依次进行试验,所测数据结果和计算见表9-26。

细集料堆积密度及紧装密度试验记录表 表9-26

试 验 次 数		容量筒体积 (mL) V	容量筒质量 (g) m_0	试样+容量筒质量 (g) m_1 或 m_2	试样质量(g) $m = m_1 - m_0$ 或 $m = m_2 - m_0$	堆积密度或紧装密度 (g/cm³)	
						ρ 或 ρ'	平均值
堆积密度	1	1.182	660	2 693	2 033	1.72	1.73
	2	1.182	660	2 705	2 045	1.73	
紧装密度	1	1.182	660	2 941	2 281	1.93	1.94
	2	1.182	660	2 965	2 305	1.95	

第七节 矿 粉

一 矿粉的主要技术性质

矿粉作为沥青混合料的填料,能显著扩大沥青与矿料进行物理—化学作用的表面积,通过交互作用,增加结构沥青的数量,提高沥青混合料的黏结力。

(一)矿粉的级配

矿粉的级配是指矿粉大小颗粒的搭配情况,用筛分试验(水洗法)进行检测。

(二)矿粉的密度

矿粉的密度是指单位实体积的质量。密度不仅可以反映矿粉的质量,而且也是沥青混合料配合比设计的重要参数。矿粉的密度用李氏密度瓶法检测,用 ρ_f 表示。

(三)矿粉的亲水系数

矿粉的亲水系数是指矿粉试样在水(极性介质)中膨胀的体积与同一试样在煤油(非极性介质)中膨胀的体积之比。亲水系数大于1的矿粉,表示矿粉对水的亲和力大于沥青的亲和力,称为憎油矿粉。在工程中必须选用亲水系数小于1的矿粉。

(四)矿粉的塑性指数

矿粉的塑性指数是指矿粉液限含水率与塑限含水率之差,以百分率表示。它是评价矿粉中黏性土成分含量的指标。

(五)矿粉的加热安定性

矿粉的加热安定性是矿粉在热拌过程中受热而不产生变质的性能。它是评价矿粉(除石灰石粉、磨细生石灰粉、水泥外)易受热变质成分含量的指标。

二 矿粉的主要技术标准

沥青混合料的矿粉必须采用石灰岩或岩浆岩中的强基性岩石等憎水性石料经磨细得到的矿粉,原石料中的泥土杂质应除净。矿粉应干燥、洁净,能自由地从矿粉仓流出,其质量应符合表9-27的技术要求。

沥青混合料用矿粉质量要求   表9-27

项　　　目	单　　位	高速公路、一级公路	其他等级公路	试 验 方 法
表观相对密度　≥	—	2.50	2.45	T 0352
含水率　≤	%	1	1	T 0103(烘干法)
粒度范围 <0.6mm	%	100	100	
<0.15mm	%	90~100	90~100	T 0351
<0.075mm	%	75~100	70~100	
外观	—	无团粒结块		—
亲水系数	—	<1		T 0353
塑性指数	—	<4		T 0354
加热安定性		实测记录		T 0355

第八节　矿　粉　试　验

本节介绍矿粉亲水系数试验。

(一)目的与适用范围

矿粉的亲水系数即矿粉试样在水(极性介质)中膨胀的体积与同一试样在煤油(非极性介质)中膨胀的体积之比,用于评价矿粉与沥青结合料的黏附性能。本方法也适用于测定供拌制沥青混合料用的其他填料如水泥、石灰、粉煤灰的亲水系数。

(二)试验仪器设备

(1)量筒:50mL,两个,刻度至 0.5mL。

(2)研钵及有橡皮头的研杵。

(3)天平:感量不大于 0.01g。

(4)煤油:在温度 270℃分馏得到的煤油,并经杂黏土过滤而得到者(过滤用杂黏土,应先经加热至 250℃,保持 3h,待其冷却后使用)。

(5)烘箱。

(三)试验步骤

(1)称取烘干至恒量的矿粉 5g(准确至 0.01g),将其放在研钵中,加入 15~30mL 的蒸馏水,用橡皮研杵仔细磨 5min;然后用洗瓶把研钵中的悬浮液洗入量筒中,使量筒中的液面恰为 50mL。用玻璃棒搅和悬浮液。

(2)同上法将另一份同样质量的矿粉,在煤油中仔细研磨后将悬浮液冲洗移入另一量筒中,液面亦为 50mL。

(3)将以上两量筒静置,使量筒内液体中的颗粒沉淀。

(4)每天两次记录沉淀物的体积,直至体积不变为止。

(四)计算

(1)亲水系数按式(9-27)计算。

$$\eta = \frac{V_B}{V_H} \tag{9-27}$$

式中:η——亲水系数,无量纲;

V_B——水中沉淀物体积(mL);

V_H——煤油中沉淀物体积(mL)。

(2)进行平行测定两次,以两次测定值的平均值作为试验结果。

(五)试验记录与示例

某矿粉亲水系数试验记录见表 9-28。

沥青混合料用矿粉亲水系数试验记录表　　　　　表 9-28

试样编号	矿粉质量 (g)	矿粉水中体积 (mL)	矿粉煤油中体积 (mL)	亲水系数	平均值
1	5.00	2.0	2.5	0.8	0.8
	5.00	2.0	2.5	0.8	

结论:因为矿粉的亲水系数 0.8<1,所以所检指标满足要求。

第十章 沥青材料及其混合料

⊚ **本章职业能力目标**

1. 能够准确测定沥青主要技术性质,并判定其是否符合技术要求;
2. 能够按正确的方法制作沥青混合料试件,并测定其马歇尔稳定度、流值、密度等指标,据此计算出空隙率、间隙率、饱和度等指标,最终确定出最佳沥青用量。

⊚ **本章学习要求**

1. 掌握道路石油沥青及沥青混合料的主要技术性质和标准;
2. 掌握计算空隙率、间隙率、饱和度等指标的方法;
3. 掌握最佳沥青用量的确定方法。

⊚ **本章试验采用的标准及规范**

《公路工程沥青及沥青混合料试验规程》(JTJ E20—2011)
《公路沥青路面施工技术规范》(JTG E40—2004)

第一节 沥青的主要技术性质与标准

一 石油沥青的主要技术性质与标准

(一)石油沥青的技术性质

用于现代沥青路面的沥青材料,应具备下列主要技术性质。

1. 物理特征常数

现代沥青路面的研究,对沥青材料的下列物理常数极为重视。

(1)密度(density)

密度是在规定温度条件下,单位体积沥青的质量,单位为 g/cm^3。

(2)热胀系数(thermal coefficient of expension)

沥青在温度上升1℃时的长度或体积的变化,分别称为线胀系数或体胀系数,统称为热胀系数。

(3)介电常数(permittivity)

英国道路研究所研究认为,沥青的介电常数与沥青路面抗滑性有很好的相关性。

2. 黏滞性

黏滞性又称黏性(viscosity),是指沥青在外力作用下抵抗变形的能力。沥青的黏性通常用黏度表示,工程上常用相对黏度来表示。测定沥青相对黏度的主要方法是标准黏度计法和针入度法。

（1）标准黏度（standard viscosimeter）

标准黏度是指液体状态的沥青材料，在标准黏度计中，于规定的温度（20℃、25℃、30℃或60℃）条件下，通过规定的流孔直径（3mm、4mm、5mm及10mm）流出50mL所需的时间，以s表示。试验条件以$C_{T,d}$表示，其中C为黏度，T为试验温度，d为流孔直径。

（2）针入度（penetration）

针入度是在规定温度和时间内，附加一定质量的标准针垂直贯入沥青试样的深度，以0.1mm表示。试验条件以$P_{T,m,t}$表示，其中P为针入度，T为试验温度，m为荷载，t为贯入时间。

（3）软化点（softening point）

软化点是指沥青试样在规定尺寸的金属环上，上置规定尺寸和质量的钢球，放于水或甘油中，以规定的速度加热，至钢球下沉规定距离时的温度，以℃表示。

3. 延度和脆点

（1）延度（ductility）

沥青的延度是指规定形态的沥青试样，在规定温度下以一定速率受拉伸至断开时的长度，以cm表示。

（2）脆点（breaking point）

沥青的脆点是指沥青材料由黏塑状态转变为固体状态达到条件脆裂的温度，以℃表示。沥青脆性的测定极为复杂，通常采用A.弗拉斯（Fraass）脆点作为条件脆点指标。

4. 黏附性（adhesiveness）

沥青与集料的黏附性直接影响沥青路面的使用质量和耐久性，所以黏附性是评价沥青技术性能的一个重要指标。对沥青与石料的黏附性试验方法，《公路工程沥青及沥青混合料试验规程》(JTJ E20—2011)中规定采用水煮法和水浸法。

5. 耐久性（durability）

耐久性是指路面在长期使用过程中，保持良好的流变性能、黏聚力和黏附性的能力。

6. 安全性（safety）

闪点（flash point）和燃点（fire point）是保证沥青加热质量和施工安全的一项重要指标。

闪点是指沥青试样在规定的盛样器内按规定的升温速度受热时所蒸发的气体与试焰接触，初次发生一瞬即灭的火焰时的试样温度，以℃表示。盛器样对黏稠沥青是克利夫兰开口杯（简称COC），对液体沥青是泰格开口杯（简称TOC）。燃点是指沥青加热产生的混合气与火接触能持续燃烧5s以上时的沥青温度。

（二）石油沥青的技术标准

道路石油沥青各个等级的适用范围见表10-1。道路石油沥青的质量应符合表10-2规定的技术标准。

道路石油沥青的适用范围　　　　　　　　　　　　　　　　　　表10-1

沥　青　等　级	适　用　范　围
A级沥青	各个等级的公路,适用于任何场合和层次
B级沥青	1.高速公路、一级公路沥青下面层及以下的层次,二级及二级以下公路的各个层次; 2.用作改性沥青、乳化沥青、改性乳化沥青、稀释沥青的基质沥青
C级沥青	三级及三级以下公路的各个层次

表 10-2

道路石油沥青技术标准

指　标	单　位	等　级	160号④	130号④	110号	90号	70号③	50号	30号④	试验方法①
针入度(25℃,5s,100g)	0.1mm	-	140~200	120~140	100~120	80~100	60~80	40~60	20~40	T 0604
适用的气候分区④			注④	注④	2-1 2-2 3-2	1-1 1-2 1-3　2-2 2-3	1-2 1-3 1-4　2-2 2-3 2-4	1-4	注④	T 0604
针入度指数 PI②		A	-1.5~+1.0							
		B	-1.8~+1.0							
软化点(R&B) ≥	℃	A	38	40	43	45	44 45 46	49	55	T 0606
		B	36	39	42	43	42 43 44	46	53	
		C	35	37	41	42	42 43 43	45	50	
60℃动力黏度② ≥	Pa·s	A	—	60	120	140 160	160 180	200	260	T 0620
10℃延度② ≥	cm	A	50	50	40	45 30 20	30 20 15　25 20 15	15	10	T 0605
		B	30	30	30	30 20 15	20 15 10　20 15 10	10	8	
15℃延度 ≥	cm	A,B	100							
		C	80	80	60	50	40	30	20	
蜡含量(蒸馏法) ≤	%	A	2.2							T 0615
		B	3.0							
		C	4.5							

指　　标	单　位	等级	沥　青　标　号							试验方法①
			160号④	130号④	110号	90号	70号③	50号	30号④	
闪点　≥	℃		230			245		260		T 0611
溶解度　≥	%		99.5							T 0607
密度(15℃)	g/cm³		实测记录							T 0603
TFOT(或RTFOT)后⑤										
质量变化　≤	%		±0.8							T 0610 或 T 0609
残留针入度比　≥	%	A	48	54	55	57	61	63	65	T 0604
		B	45	50	52	54	58	60	62	
		C	40	45	48	50	54	58	60	
残留延度(10℃)≥	cm	A	12	12	10	8	6	4	—	T 0605
		B	10	10	8	6	4	2	—	
残留延度(15℃)≥	cm	C	40	35	30	20	15	10	—	T 0605

注:1. 试验方法按照现行《公路工程沥青及沥青混合料试验规程》(JTJ E20—2011)规定的方法执行。用于仲裁试验求取 PI 时的 5 个温度的针入度关系的相关系数不得小于 0.997。

2. 经建设单位同意,表中 PI 值、60℃动力黏度、10℃延度可作为选择性指标,也可不作为施工质量检验指标。

3. 70 号沥青可根据需要求提供高提应商要求提供针入度范围为 60~70 或 70~80 的沥青,50 号沥青可提供针入度范围为 40~50 或 50~60 的沥青。

4. 30 号沥青仅适用于沥青稳定基层。130 号和 160 号沥青除寒冷地区可直接应用作乳化沥青、稀释沥青、改性沥青的基质沥青外,通常用作乳化沥青、稀释沥青、改性沥青的基质沥青。

5. 老化试验以 TFOT 为准,也可以 RTFOT 代替。

第十章　沥青材料及其混合料

163

表 10-3

聚合物改性沥青技术标准

指 标	单位		SBS类（I类）				SBR类（II类）			EVA,PE类（III类）				试验方法
			I-A	I-B	I-C	I-D	II-A	II-B	II-C	III-A	III-B	III-C	III-D	
针入度（25℃,100g,5s）	0.1mm		>100	80~100	60~80	30~60	>100	80~100	60~80	>80	60~80	40~60	30~40	T 0604
针入度指数 PI	—	≥	-1.2	-0.8	-0.4	0	-1.0	-0.8	-0.6	-1.0	-0.8	-0.6	-0.4	T 0604
延度（5℃,5cm/min）	cm	≥	50	40	30	20	60	50	40		—			T 0605
软化点 $T_{R\&B}$	℃	≥	45	50	55	60	45	48	50	48	52	56	66	T 0606
运动黏度①（135℃）	Pa·s	≤					3							T 0625 T 0619
闪点	℃	≥		230				230			230			T 0611
溶解度	%	≥		99				99			—			T 0607
弹性恢复（25℃）	%	≥	55	60	65	75		—			—			T 0662
黏韧性	N·m	≥		—				5			—			T 0624
韧性	N·m	≥		—				2.5			—			T 0624
储存稳定性②离析（48h软化点差）	℃	≤		2.5						无改性剂明显析出，凝聚				T 0661
TFOT（或RTFOT）后残留物														
质量变化	%	≤					±1.0							T 0610 或 T 0609
针入度比（25℃）	%	≥	50	55	60	65	50	55	60	50	55	58	60	T 0604
延度（5℃）	cm	≥	30	25	20	15	30	20	10	—				T 0605

注：1. 表中135℃运动黏度可采用《公路工程沥青及沥青混合料试验规程》(JTJ 052—2000)中的"沥青布洛克菲尔德旋转黏度试验方法（布洛克菲尔德黏度计法）"进行测定。若在不改变改性沥青物理力学性质并符合安全条件的质量前提下易于泵送和拌和，或经证明适当提高泵送和拌和温度时能保证改性沥青的质量，容易施工，可不要求测定。

2. 储存稳定性指标适用于工厂生产的成品改性沥青。现场制作的改性沥青可不作要求，但必须在制作后保持不间断的搅拌或泵送循环，保证泵送或搅拌均匀，保证使用前没有明显的离析。

(一)改性沥青的技术性质

改性沥青是指掺加橡胶、树脂、高分子聚合物、天然沥青、磨细的橡胶粉或者其他材料等外掺剂(改性剂)制成的沥青混合料。外掺剂可使沥青或沥青混合料的性能得到改善。采用改性沥青的目的是为了提高路面的使用性能,意味着用改性沥青配制的混合料应当适应气候(高温和低温状态)要求,路面不易受损,能够满足高等级公路耐久性要求。

(二)改性沥青的技术标准

(1)改性沥青可单独或复合采用高分子聚合物、天然沥青及其他改性材料制作。

(2)各类聚合物改性沥青的质量应符合表10-3的技术要求,其中PI值可作为选择性指标。当使用表列以外的聚合物及复合改性沥青时,可通过试验研究制订相应的技术要求。

(3)制造改性沥青的基质沥青应与改性剂有良好的配伍性,其质量宜符合表10-2中A级或B级道路石油沥青的技术要求。供应商在提供改性沥青的质量报告时应提供基质沥青的质量检验报告或沥青样品。

第二节　沥　青　试　验

 沥青的取样(T 0601—2011)

(一)目的与适用范围

(1)本方法适用于在生产厂、储存或交货验收地点为检查沥青产品质量而采集各种沥青材料的样品。

(2)进行沥青性质常规检验的取样数量为:黏稠或固体沥青不少于1.5kg;液体沥青不少于1L;沥青乳液不少于4L。

(二)试验仪器设备

(1)盛样器:根据沥青的品种选择。液体或黏稠沥青采用广口、密封带盖的金属容器(如锅、桶等);乳化沥青也可使用广口、带盖的聚氯乙烯塑料桶;固体沥青可用塑料袋,但需有外包装,以便携运。

(2)沥青取样器:金属制,带塞,塞上有金属长柄提手。

(三)方法与试验步骤

1. 准备工作

检查取样器和盛样器是否干净、干燥、盖子是否配合严密。使用过的取样器或金属桶等盛样容器必须洗净、干燥后才可再使用。对供质量仲裁用的沥青试样,应采用未使用过的新容器存放,且由供需双方人员共同取样,取样后双方在密封上签字盖章。

2.试验步骤

(1)从储油罐中取样

①无搅拌设备的储罐

a.液体沥青或经加热已经变成流体的黏稠沥青取样时,应先关闭进油阀和出油阀,然后取样。

b.用取样器按液面上、中、下位置(液面高各 1/3 等分处,但距罐底不得低于总液面高度的 1/6)各取 1~4L 样品。每层取样后,取样器应尽可能倒净。当储罐过深时,亦可在流出口按不同流出深度分 3 次取样。对静态存取的沥青,不得仅从罐顶用小桶取样,也不能仅从罐底阀门流出少量沥青取样。

c.将取出的 3 个样品充分混合后取 4kg 样品作为试样,样品也可分别检验。

②有搅拌设备的储罐

将液体沥青或经加热已经变成流体的黏稠沥青充分搅拌后,用取样器从沥青层的中部取规定数量试样。

(2)从槽车、罐车、沥青洒布车中取样

①设有取样阀时,可旋开取样阀,待流出至少 4kg 或 4L 后再取样。

②仅有放料阀时,待放出全部沥青的 1/2 时再取样。

③从顶盖处取样,可用取样器从中部取样。

(3)在装料或卸料过程中取样

在装料或卸料过程中取样时,要按时间间隔均匀地取至少 3 个规定数量样品,然后将这些样品充分混合后取规定数量样品作为试样。样品也可分别进行检验。

(4)从沥青储存池中取样

沥青储存池中的沥青应待加热熔化后,经管道或沥青泵流至沥青加热锅之后取样。分间隔每锅至少取 3 个试样,然后将这些样品充分混匀后再取 4.0kg 作为试样。样品也可分别进行检验。

(5)从沥青运输罐船上取样

沥青运输船到港后,应分别从每个沥青舱取样,每个舱从不同的部位取 3 个 4kg 的样品,混合在一起,将这些样品充分混合后再从中取出 4kg,作为一个舱的沥青样品供检验用。在卸油过程中取样时,应根据卸油量,大体均匀地分间隔 3 次从卸油口或管道途中的取样口取样,然后混合作为一个样品供检验用。

(6)从沥青桶中取样

①当确认是同一批生产的产品时,可随机取样。如不能确认是同一批生产的产品时,应根据桶数按照表 10-4 规定或按总桶数的立方根数随机选出沥青桶数。

选取沥青样品桶数 表 10-4

沥 青 桶 总 数	选 取 桶 数	沥 青 桶 总 数	选 取 桶 数
2~8	2	217~343	7
9~27	3	344~512	8
28~64	4	513~729	9
65~125	5	730~1 000	10
126~216	6	1 001~1 331	11

②将沥青桶加热使桶中沥青全部熔化成流体后,按罐车取样方法取样。每个样品的数量,以充分混合后能满足供检验用样品的规定数量不少于 4.0kg 要求为限。

③若沥青桶不便加热熔化沥青时,亦可在桶高的中部将桶凿开取样,但样品应在距桶壁 5cm 以上的内部凿取,并采取措施防止样品散落地面沾有尘土。

(7)固体沥青取样

从桶、袋、箱装或散装整块中取样,应在表面以下及容器侧面以内至少 5cm 处采取。如沥青能够打碎,可用一个干净的工具将沥青打碎后取中间部分试样;若沥青是软塑的,则用一个干净的热工具切割取样。

(8)在验收地点取样

当沥青到达验收地点卸货时,应尽快取样。所取样品为两份:一份样品用于验收试验;另一份样品留存备查。

3.试样的保护与存放

(1)除液体沥青、乳化沥青外,所有需加热的沥青试样必须存放在阴凉干净处,注意防止试样污染。装有试样的盛样器应加盖、密封,外部擦拭干净,并在其上标明试样来源、品种、取样日期、地点及取样人。

(2)冬季乳化沥青试样要注意采取妥善防冻措施。

(3)除试样的一部分用于检验外,其余试样应妥善保存备用。

(4)试样需加热采取时,应一次取够一批试验所需的数量装入另一盛样器,其余试样密封保存,应尽量减少重复加热取样。用于质量检验的样品,重复加热的次数不得超过两次。

二 沥青试样准备方法(T 0602—2011)

(一)目的与适用范围

(1)本方法规定按规程 T 0601 取样的沥青试样在试验前的试样准备方法。

(2)本方法适用于黏稠道路石油沥青、煤沥青等需要加热后才能进行试验的沥青试样,按此法准备的沥青立即在试验室进行各项试验使用。

(3)本方法也适用于在试验室按照乳化沥青中沥青、乳化剂、水及外加剂的比例制备乳液的试样进行各项性能测试使用。每个样品的数量根据需要决定,常规测定不少于 600g。

(二)试验仪器设备

(1)烘箱:200℃,装有温度调节器。

(2)加热炉具:电炉或其他燃气炉(丙烷石油气、天然气)。

(3)石棉垫:不小于炉具上面积。

(4)滤筛:筛孔孔径 0.6mm。

(5)沥青盛样皿:金属锅或瓷坩埚。

(6)烧杯:1 000mL。

(7)温度计:0~100℃及 200℃,分度为 0.1℃。

(8)天平:量程 2 000g,感量不大于 1g;量程 100g,感量不大于 0.1g。

(9)其他:玻璃棒、溶剂、洗油、棉纱等。

(三)方法与步骤

1.热沥青试样制备

(1)将装有试样的盛样器带盖放入恒温箱中,当石油沥青试样中含有水分时,烘箱温度80℃左右,加热至沥青全部熔化后供脱水用。当石油沥青中无水分时,烘箱温度宜为软化点温度以上90℃,通常为135℃左右。对取来的沥青试样不得直接采用电炉或煤气炉明火加热。

(2)当石油沥青试样中含有水分时,将盛样皿放在可控温的砂浴、油浴、电热套上加热脱水,不得已采用电炉、煤气炉加热脱水时必须加放石棉垫。时间不超过30min,并用玻璃棒轻轻搅拌,防止局部过热,在沥青温度不超过100℃的条件下,仔细脱水至无泡沫为止,最后的加热温度不超过软化点以上100℃(石油沥青)或50℃(煤沥青)。

(3)将盛样器中的沥青通过0.6mm的滤筛过滤,不等冷却立即一次灌入各项试验的模具中。根据需要也可将试样分装入擦拭干净并干燥的一个或数个沥青盛样器皿中,数量应满足一批试验项目所需的沥青样品。

(4)在沥青灌模过程中如加热温度下降,可放入烘箱中适当加热。试样冷却后反复加热的次数不得超过两次,以防沥青老化影响试验结果。为避免混进气泡,在沥青灌模时不得反复搅动沥青。

(5)灌模剩余的沥青应立即清洗干净,不得重复使用。

2.乳化沥青试样制备

(1)按规程 T 0601 取有乳化沥青的盛样器适当晃动,使试样上下均匀;试样数量较少时,宜将盛样器上下倒置数次,使上下均匀。

(2)将试样倒出要求数量,装入盛样器皿或烧杯中,供试验使用。

(3)当乳化沥青在试验室自行配制时,可按下列步骤进行:

①按上述方法准备热沥青试样。

②根据所需制备的沥青乳液质量及沥青、乳化剂、水的比例计算各种材料的数量。

a.沥青用量按式(10-1)计算。

$$m_b = m_E \times P_b \tag{10-1}$$

式中:m_b——所需的沥青质量(g);

m_E——乳液总质量(g);

P_b——乳液中沥青含量(%)。

b.乳化剂用量按式(10-2)计算。

$$m_e = \frac{m_E \times P_E}{P_e} \tag{10-2}$$

式中:m_e——乳化剂用量(g);

P_E——乳液中乳化剂的含量(%);

P_e——乳化剂浓度(乳化剂中有效成分含量)(%)。

c.水的用量按式(10-3)计算。

$$m_w = m_E - m_E \times P_b \tag{10-3}$$

式中:m_w——配制乳液所需水的质量(g)。

③称取所需的乳化剂量放入1 000mL烧杯中。

④向盛有乳化剂的烧杯中加入所需的水(扣除乳化剂中所含水的质量)。

⑤将烧杯放到电炉上加热并不断搅拌,直到乳化剂完全溶解。如需调节 pH 值时可加入

适量的外加剂,将溶液加热到 40～60℃。

⑥在容器中称取准备好的沥青并加热到 120～150℃。

⑦开动乳化机,用热水先把乳化机预热几分钟,然后把热水排净。

⑧将预热的乳化剂倒入乳化机中,随即将预热的沥青徐徐倒入,待全部沥青乳液在机中循环 1min 后放出,进行各项试验或密封保存。

 沥青针入度试验(T 0604—2011)

(一)目的与适用范围

本方法适用于测定道路石油沥青、聚合物改性沥青的针入度以及液体石油沥青蒸馏或乳化沥青蒸发后残留物的针入度。其标准试验条件为温度 25℃,荷重 100g,贯入时间 5s,以 0.1mm 计。

针入度指数 PI 用以描述沥青的温度敏感性,宜在 15℃、25℃、30℃ 等 3 个或 3 个以上温度条件下测定针入度后按规定的方法计算得到,若 30℃ 时的针入度过大,可采用 5℃ 代替。当量软化点 T_{800} 是相当于沥青针入度为 800 时的温度,用以评价沥青的高温稳定性。当量脆点 $T_{1.2}$ 是相当于沥青针入度为 1.2 时的温度,用以评价沥青的低温抗裂性能。

(二)试验仪器设备

(1)针入度仪:为提高测试精度,针入度试验宜采用能够自动计时的针入度仪进行测定,要求针和针连杆必须在无明显摩擦下垂直运动,针的贯入深度必须准确至 0.1mm。针和针连杆组合件总质量为 50g±0.05g,另附 50g±0.05 砝码一只,试验时总质量为 100g±0.05g。仪器应有放置平底玻璃保温皿的平台,并有调节水平的装置,针连杆与平台相垂直。应有针连杆制动按钮,使针连杆可自由下落。针连杆应易于装拆,以便检查其质量。仪器还设有可自由转动与调节距离的悬臂,其端部有一面小镜或聚光灯泡,借以观察针尖与试样表面接触情况。且应对自动装置的准确性经常校验。当采用其他试验条件时,应在试验结果中注明。

(2)标准针:由硬化回火的不锈钢制成,洛氏强度 HRC54～60,表面粗糙度 Ra0.2～0.3μm,针及针杆总质量 2.5g±0.05g。针杆上打印有号码标志,针应设有固定用装置盒(筒),以免碰撞针尖。每根针必须附有计量部门的检验单,并定期进行检验,其尺寸形状如图 10-1 所示。

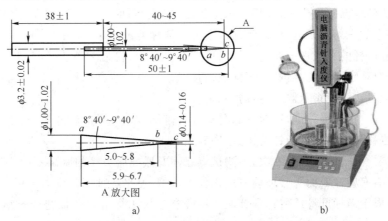

图 10-1　针入度标准针(尺寸单位:mm)

a)示意图;b)实物图

(3)盛样皿:金属制,圆柱形平板。小盛样皿的内径55mm,深35mm(适用于针入度小于200);大盛样皿内径70mm,深45mm(适用于针入度200~350);对针入度大于350的试样需使用特殊盛样皿,其深度不小于60mm,试样体积不小于125mL。

(4)恒温水槽:容量不小于10L,控温的准确度为0.1℃。水槽中应设有一带孔的搁架,位于水面下不得小于100mm,距水槽底不得小于50mm处。

(5)平底玻璃皿:容量不小于1L,深度不小于80mm。内设有一不锈钢三脚支架,能使盛样皿稳定。

(6)温度计或温度传感器:精度为0.1℃。

(7)计时器:精度为0.1s。

(8)位移计或位移传感器:精度为0.1mm。

(9)盛样皿盖:平玻璃板,直径不小于盛样皿开口尺寸。

(10)溶剂:三氯乙烯等。

(11)其他:电炉或砂浴、石棉网、金属锅或瓷把坩埚等。

(三)方法与步骤

1. 准备工作

(1)按T 0602的方法准备试样。

(2)按试验要求将恒温水槽调节到要求的试验温度25℃,或15℃、30℃(5℃)等,保持稳定。

(3)将试样注入盛样皿中,试样高度应超过预计针入度值10mm,并盖上盛样皿,以防落入尘土。盛有试样的盛样皿在15~30℃室温中冷却不少于1.5h(小盛样皿)、2h(大盛样皿)或3h(特殊盛样皿)后,应移入保持规定试验温度±0.1℃的恒温水槽中,并应保温不少于1.5h(小盛样皿)、2h(大盛样皿)或2.5h(特殊盛样皿)。

(4)调整针入度仪使之水平,检查针连杆和导轨,以确认无水和其他外来物,无明显摩擦。用三氯乙烯或其他溶剂清洗标准针,并拭干。将标准针插入针连杆,用螺丝固紧。按试验条件,加上附加砝码。

2. 试验步骤

(1)取出达到恒温的盛样皿,并移入水温控制在试验温度±0.1℃(可用恒温水槽中的水)的平底玻璃皿中的三角支架上,试样表面以上的水层深度不小于10mm。

(2)将盛有试样的平底玻璃皿置于针入度仪的平台上,慢慢放下针连杆,用适当位置的反光镜或灯光反射观察,使针尖恰好与试样表面接触。拉下刻度盘的拉杆,使其与针连杆端轻轻接触,调节刻度盘或深度指示器的指针指示为零。

(3)开始试验,按下释放键,这时计时与标准针落下贯入试样同时开始,至5s时自动停止。

(4)读取位移计或刻度盘指针的读数,准确至0.1mm。

(5)同一试样平行试验至少3次,各测试点之间及盛样皿边缘的距离不应小于10mm。每次试验后应将盛有盛样皿的平底玻璃皿放入恒温水槽,使平底玻璃皿中水温保持试验温度,每次试验应换一根干净标准针或将标准针取下用蘸有三氯乙烯溶剂的棉花或布揩净,再用干棉花或布擦干。

(6)测定针入度大于200(0.1mm)的沥青试样时,至少用3支标准针,每次试验后将针留在试样中,直至 3 次平行试验完成后,才能将标准针取出。

(7)测定针入度指数 PI 时,按同样的方法在 15℃、25℃、30℃(或 5℃)3 个或 3 个以上(必要时增加 10℃、20℃等)温度条件下分别测定沥青的针入度,但用于仲裁试验的温度条件为 5 个。

(四)计算

根据测试结果,可按以下方法计算针入度指数、当量软化点及当量脆点。

1.诺模图法

将 3 个或 3 个以上不同温度条件下测试的针入度值绘于图 10-2 中,按最小二乘法则绘制回归直线,将直线向两端延长,分别与针入度为 800(0.1mm)及 1.2(0.1mm)的水平线相交,交点的温度即为当量软化点 T_{800} 和当量脆点 $T_{1.2}$。以图中 O 点为原点,绘制回归直线的平行线,与 PI 线相交,读取交点处的 PI 值即为该沥青的针入度指数。此法不能检验针入度对数与温度直线回归的相关系数,仅供快速草算时使用。

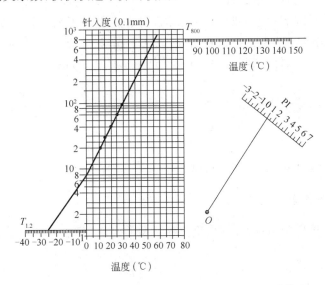

图 10-2 确定道路沥青 PI、T_{800}、$T_{1.2}$ 的针入度温度关系诺模图

2.公式计算法

(1)对不同温度条件下测试的针入度值取对数,令 $y=\lg P$,$x=T$,按式(10-4)的针入度对数与温度的直线关系,进行 $y=a+bx$ 一元一次方程的直线回归,求取针入度温度指数 $A_{\lg Pen}$。

$$\lg P = K + A_{\lg Pen} \times T \tag{10-4}$$

式中:T——不同试验温度,相应温度下的针入度为 P;

   K——回归方程的常数项 a;

$A_{\lg Pen}$——回归方程系数 b。

按式(10-4)回归时必须进行相关性检验,直线回归相关系数 R 不得小于 0.997(置信度 95%);否则,试验无效。

(2)按式(10-5)确定沥青的针入度指数 PI,并记为 $\mathrm{PI}_{\lg Pen}$。

$$\mathrm{PI}_{\lg Pen} = \frac{20 - 500 A_{\lg Pen}}{1 + 50 A_{\lg Pen}} \tag{10-5}$$

(3)按式(10-6)确定沥青的当量软化点 T_{800}。

$$T_{800} = \frac{\lg 800 - K}{A_{\lg Pen}} = \frac{2.903\ 1 - K}{A_{\lg Pen}} \tag{10-6}$$

(4)按式(10-7)确定沥青的当量脆点 $T_{1.2}$。

$$T_{1.2} = \frac{\lg 1.2 - K}{A_{\lg Pen}} = \frac{0.079\ 2 - K}{A_{\lg Pen}} \tag{10-7}$$

(5)按式(10-8)确定沥青的塑性温度范围 ΔT。

$$\Delta T = T_{800} - T_{1.2} = \frac{2.823\ 9}{A_{\lg Pen}} \tag{10-8}$$

(五)报告

(1)应报告标准温度(25℃)时的针入度 T_{25} 以及其他试验温度 T 所对应的针入度 P,及由此求取针入度指数 PI、当量软化点 T_{800}、当量脆点 $T_{1.2}$ 的方法和结果。当采用公式计算法时,应报告按式(10-4)回归的直线相关系数 R。

(2)同一试样3次平行试验结果的最大值和最小值之差在下列允许偏差范围内时,计算3次试验的平均值,取整数作为针入度试验结果,以 0.1mm 为单位。

针入度(0.1mm)	允许差值(0.1mm)
0~49	2
50~149	4
150~249	12
250~500	20

当试验值不符此要求时,应重新进行试验。

(六)精密度或允许差

(1)当试验结果小于 50(0.1mm)时,重复性试验的允许差为 2(0.1mm),复现性试验的允许差为 4(0.1mm)。

(2)当试验结果等于或大于 50(0.1mm)时,重复性试验的允许差为平均值的 4%,复现性试验的允许差为平均值的 8%。

(七)试验记录与示例

某 70 号道路石油沥青,密度为 1.039g/cm³,测定该沥青的针入度、软化点及延度。
某沥青针入度试验记录见表 10-5。

沥青针入度试验记录表　　　　　　　　　　　　　　　表 10-5

试验次数	试验温度 (℃)	试验时间 (s)	试验荷重 (g)	针入度盘读数(0.1mm)		
				标准针穿入前	标准针穿入后	平均值
1	25.0	5.0	100.0	0	63.0	
2	25.0	5.0	100.0	0	62.0	63
3	25.0	5.0	100.0	0	65.0	

结论:经试验测定,各项技术指标均符合《公路沥青路面施工技术规范》(JTG F40—2004)中所规定的要求。

四 沥青延度试验(T 0605—2011)

(一)目的与适用范围

(1)本方法适用于测定道路石油沥青、聚合物改性沥青、液体石油沥青蒸馏残留物和乳化沥青蒸发残留物等材料的延度。

(2)沥青延度的试验温度与拉伸速率可根据要求采用,通常采用的试验温度为 25℃、15℃、10℃或 5℃,拉伸速率为 5cm/min±0.25cm/min。当低温采用 1cm/min±0.05cm/min拉伸速率时,应在报告中注明。

(二)仪具与材料

(1)延度仪:延度仪的测量长度不宜大于 150cm,仪器应有自动控温、控速系统。应满足试件浸没于水中,能保持规定的试验温度及按照规定拉伸速度拉伸试件,且试验时无明显振动。该仪器的形状及组成如图 10-3 所示。

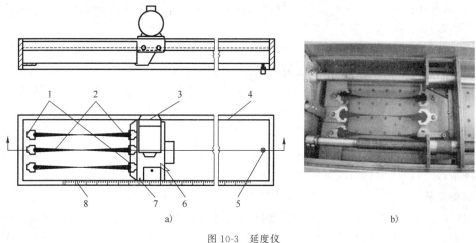

a)

b)

图 10-3　延度仪

a)示意图;b)实物图

1-试模;2-试样;3-电机;4-水槽;5-泄水孔;6-开关柄;7-指针;8-标尺

(2)试模:黄铜制,由两个端模和两个侧模组成,其形状及尺寸如图 10-4 所示。试模内侧表面粗糙度 Ra0.2μm,当装配完好后可浇筑成表 10-6 规定尺寸的试样。

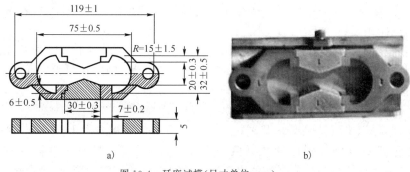

a)

b)

图 10-4　延度试模(尺寸单位:mm)

a)示意图;b)实物图

(3)试模底板:玻璃板或磨光的铜板、不锈钢板(表面粗糙度 Ra0.2μm)。

(4)恒温水槽:容量不少于 10L,控制温度的准确度为 0.1℃。水槽中应设有带孔搁架,搁架距水槽底不得小于 50mm。试件浸入水中深度不小于 100mm。

(5)温度计:0~50℃,分度为 0.1℃。

(6)砂浴或其他加热炉具。

(7)甘油滑石粉隔离剂(甘油与滑石粉的质量比 2∶1)。

(8)其他:平刮刀、石棉网、酒精、食盐等。

延度试样尺寸(mm)　　　　　　　　　　　　　　　　表 10-6

总长	74.5~75.5	最小横断面宽	9.9~10.1
中间缩颈部长度	29.7~30.3	厚度(全部)	9.9~10.1
端部开始缩颈处宽度	19.7~20.3		

(三)方法与步骤

1.准备工作

(1)将隔离剂拌和均匀,涂于清洁干燥的试模底板和两个侧模的内侧表面,并将试模在试模底板上装妥。

(2)按规程 T 0602 规定的方法准备试样,然后将试样仔细自试模的一端至另一端往返数次缓缓注入试模,最后略高出试模。灌模时应注意勿使气泡混入。

(3)试件在室温下冷却不少于 1.5h,然后用热刮刀刮除高出试模的沥青,使沥青面与试模面齐平。沥青的刮法应自试模的中间刮向两端,且表面应刮得平滑。将试模连同底板再浸入规定试验温度的水槽中 1.5h。

(4)检查延度仪延伸速率是否符合规定要求,然后移动滑板使其指针正对标尺的零点。将延度仪注水,并保温达试验温度±0.1℃。

2.试验步骤

(1)将保温后的试件连同底板移入延度仪的水槽中,然后将盛有试样的试模自玻璃板或不锈钢板上取下,将试模两端的孔分别套在滑板及槽端固定板的金属柱上,并取下侧模。水面距试件表面应不小于 25mm。

(2)开动延度仪,并注意观察试样的延伸情况。此时应注意,在试验过程中,水温应始终保持在试验温度规定范围内,且仪器不得有振动,水面不得有晃动。当水槽采用循环水时,应暂时中断循环,停止水流。

在试验中,如发现沥青细丝浮于水面或沉入槽底时,则应在水中加入酒精或食盐,调整水的密度至与试样相近后,重新进行试验。

(3)试件拉断时,读取指针所指标尺上的读数,以 cm 表示。在正常情况下,试件延伸时应成锥尖状,拉断时实际端面接近于零。如不能得到这种结果,则应在报告中注明。

(四)报告

同一试样,每次平行试验不少于 3 个。如 3 个测定结果均大于 100cm,试验结果记作">100cm";特殊需要也可分别记录实测值。如 3 个测定结果中,有一个以上的测定值小于 100cm 时,若最大值或最小值与平均值之差满足重复性试验精密度要求,则取 3 个测定结果的平均值的整数作为延度试验结果,若平均值大于 100cm,记作">100cm";若最大值与最小值与平均值之差不符合重复性试验精密度要求时,试验应重新进行。

(五)精密度或允许差

当试验结果小于 100cm 时,重复性试验的允许差为平均值的 20%,复现性试验的允许差为平均值的 30%。

(六)试验记录与示例

某沥青延度试验记录见表 10-7。

试 验 次 数	试验温度 (℃)	试验速率 (cm/min)	延 度 (cm)			
			试件 1	试件 2	试件 3	平均值
1	15.0	5.00	100	106	107	>100
2	15.0	5.00	98	110	105	>100
3	15.0	5.00	96	104	101	>100

结论:经试验测定,各项技术指标均符合《公路沥青路面施工技术规范》(JTG F40-2004)中所规定的要求。

五 沥青软化点试验(T 0606—2011)

(一)目的与适用范围

本方法适用于测定道路石油沥青、聚合物改性沥青的软化点,也适用于测定液体石油沥青、煤沥青蒸馏残留物或乳化沥青蒸发残留物的软化点。

(二)仪具与材料

(1)软化点试验仪:如图 10-5 所示,由下列部件组成。

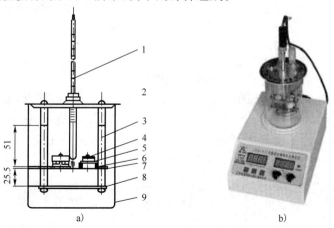

图 10-5 软化点试验仪(尺寸单位:mm)

a)示意图;b)实物图

1-温度计;2-上盖板;3-立杆;4-钢球;5-钢球定位环;6-金属环;7-中层板;8-下底板;9-烧杯

①钢球:直径 9.53mm,质量 3.5g±0.05g。

②试样环:黄铜或不锈钢等制成,形状尺寸如图 10-6 所示。

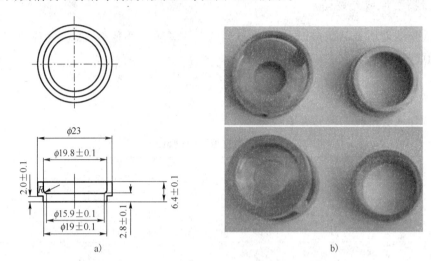

图 10-6　试样环(尺寸单位:mm)

a)示意图;b)实物图

③钢球定位环:黄铜或不锈钢制成,形状尺寸如图 10-7 所示。

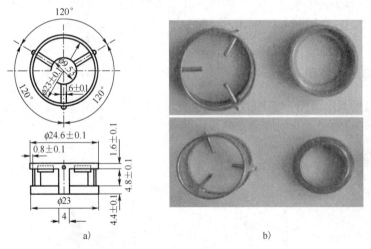

图 10-7　钢球定位环(尺寸单位:mm)

a)示意图;b)实物图

④金属支架:由两个主杆和三层平行的金属板组成。上层为一圆盘,直径略大于烧杯直径,中间有一圆孔,用以插放温度计。中层板形状尺寸如图 10-8 所示,板上有两个孔,各放置金属环,中间有一小孔可支持温度计的测温端部。一侧立杆距环上面 51mm 处刻有水高标记。环下面距下层底板为 25.4mm,而下底板距烧杯底不小于12.7mm,也不得大于 19mm。三层金属板和两个主板由两螺母固定在一起。

⑤耐热玻璃烧杯:容量 800～1 000mL,直径不小于 86mm,高不小于 120mm。

⑥温度计:0～80℃,分度为 0.5℃。

(2)装有温度调节器的电炉或其他加热炉具(液化石油气、天然气等)。应采用带有振荡搅拌器的加热电磁炉,振荡子置于烧杯底部。

(3)当采用自动软化点仪时,温度采用温度传感器测定,并能自动显示或记录,且应对自动装置的准确性经常校验。

(4)试样底板:金属板(表面粗糙度应达 Ra0.8μm)或玻璃板。

(5)恒温水槽:控温的准确度为±0.5℃。

(6)平直刮刀。

(7)甘油滑石粉隔离剂(甘油与滑石粉的比例为质量比 2:1)。

(8)蒸馏水或纯净水。

(9)其他:石棉网。

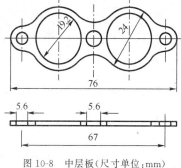

图 10-8　中层板(尺寸单位:mm)

(三)方法与步骤

1. 准备工作

(1)将试样环置于涂有甘油滑石粉隔离剂的试样底板上。按规程 T 0602 的规定方法将准备好的沥青试样徐徐注入试样环内至略高出环面为止。

如估计试样软化点高于 120℃,则试样环和试验底板(不用玻璃板)均应预热至 80~100℃。

(2)试样在室温下冷却 30min 后,用环夹夹着试样环,并用热刮刀刮除环面上的试样,务使试样与环面齐平。

2. 试验步骤

(1)试样软化点在 80℃以下者:

①将装有试样的试样环连同试样底板置于装有 5℃±0.5℃水的恒温水槽中至少 15min;同时将金属支架、钢球、钢球定位环等亦置于相同水槽中。

②烧杯内注入新煮沸并冷却至 5℃的蒸馏水,水面略低于立杆上的深度标记。

③从恒温水槽中取出盛有试样的试样环放置在支架中层板的圆孔中,套上定位环;然后将整个环架放入烧杯中,调整水面至深度标记,并保持水温为 5℃±0.5℃。环架上任何部分不得附有气泡。将 0~100℃的温度计由上层板中心孔垂直插入,使端部测温头底部与试样环下面齐平。

④将盛有水和环架的烧杯移至放有石棉网的加热炉具上,然后将钢球放在定位环中间的试样中央,立即开动振荡搅拌器,使水微微振荡,并开始加热,使杯中水温在 3min 内调节至维持每分钟上升 5℃±0.5℃。在加热过程中,应记录每分钟上升的温度值;如温度上升速度超出此范围时,则试验应重做。

⑤试样受热软化逐渐下坠,至与下层底板表面接触,立即读取温度,准确至 0.5℃。

(2)试样软化点在 80℃以上者:

①将盛有试样的试样环连同试样底板置于装有 32℃±1℃甘油的恒温水槽中至少 15min;同时将金属支架、钢球、钢球定位环等亦置于甘油中。

②在烧杯内注入预先加热至 32℃的甘油,其液面略低于立杆上的深度标记。

③从恒温水槽中取出装有试样的试样环,按上述(1)的方法进行测定,准确至 1℃。

(四)报告

同一试样平行试验两次,当两次测定值的差值符合重复性试验精密度要求时,取其平均值作为软化点试验结果,准确至0.5℃。

(五)精密度或允许差

当试样软化点等于或大于80℃时,重复性试验的允许差为2℃,复现性试验的允许差为8℃。

当试样软化点小于80℃时,重复性试验的允许差为1℃,复现性试验的允许差为4℃。

(六)沥青试验记录与示例

某沥青软化点试验记录见表10-8。

沥青软化点试验记录表　　　　　　　　　　　　　　　　　表10-8

试验次数	室内温度(℃)	烧杯内液体种类	开始加热液体温度(℃)	烧杯中液体温度上升记录															软化点(℃)	平均值(℃)
				1	2	3	4	5	6	7	8	9	10	11	12	13	14	15		
1	25.0	水	5.0	8	10	12	14	16	18	20	22	23	26	28	31	33	35	37	49.0	49.0
2	25.0	水	5.0	8	10	12	14	16	18	20	22	24	26	28	31	33	36	38	49.5	

结论:经试验测定,各项技术指标均符合《公路沥青路面施工技术规范》(JTG F40—2004)中所规定的要求。

第三节　沥青混合料的主要技术性质与标准

沥青混合料[bituminous mixtures(英),asphalt(美)]是由矿料与沥青结合料拌和而成的混合料的总称。

一　沥青混合料的技术性质

1.高温稳定性

沥青混合料的高温稳定性习惯上是指沥青混合料在高温条件下,经行车荷载反复作用后,不产生车辙、推移、波浪、拥包、泛油等病害的性能。对于沥青混合料高温稳定性的评价,我国现行规范采用的方法是马歇尔稳定度试验法和车辙试验法。

2.低温抗裂性

沥青混合料的低温抗裂性是沥青混合料在低温下抵抗断裂破坏的能力。沥青混合料的低温抗裂性能可通过低温收缩试验、直接拉伸试验、弯曲蠕变试验及低温弯曲试验等评价。根据《公路沥青路面施工技术规范》(JTG F40—2004)的规定,沥青混合料配合比设计的低温抗裂性能检验采用的是低温弯曲试验。

3.耐久性

沥青混合料在路面中长期受到自然因素和重复车辆荷载的作用,为保证路面具有较长的使用年限,沥青混合料必须具有良好的耐久性。沥青混合料的耐久性有多方面的含义,其中较为重要的是水稳定性、耐老化性和耐疲劳性。

（1）水稳定性

水稳定性是指沥青混合料抵抗由于水侵蚀而逐渐产生沥青膜剥离、松散、坑槽等破坏的能力。《公路工程沥青及沥青混合料试验规程》(JTJ E20—2010)采用浸水马歇尔试验和冻融劈裂试验来检验沥青混合料的水稳定性。

（2）耐老化性

耐老化性是指沥青混合料抵抗由于人为和自然因素作用而逐渐丧失变形能力、柔韧性等各种品质的能力。

（3）耐疲劳性

耐疲劳性是指沥青混合料在反复荷载的作用下抵抗疲劳破坏的能力。

4．抗滑性

沥青路面的抗滑性对于保证道路交通安全至关重要。

5．施工和易性

沥青混合料应具备良好的施工和易性，使混合料易于拌和、摊铺和碾压。

二 热拌沥青混合料的技术标准

（1）我国现行标准《公路沥青路面施工技术规范》(JTG F40—2004)对热拌沥青混合料的马歇尔试验技术标准的规定见表10-9～表10-12，并要求其具有良好的施工性能。

密级配沥青混凝土混合料马歇尔试验技术标准　　　　　　表10-9

试验指标		单位	高速公路、一级公路				其他等级公路	行人道路
			夏炎热区(1-1、1-2、1-3、1-4区)		夏热区及夏凉区(2-1、2-2、2-3、2-4、3-2区)			
			中轻交通	重载交通	中轻交通	重载交通		
击实次数（双面）		次	75				50	50
试件尺寸		mm	$\phi101.6\times63.5$					
空隙率 VV	深约90mm以内	%	3～5	4～6	2～4	3～5	3～6	2～4
	深约90mm以下	%	3～6		2～4	3～6	3～6	—
稳定度 MS ≥		kN	8				5	3
流值 FL		mm	2～4	1.5～4	2～4.5	2～4	2～4.5	2～5
矿料间隙率 VMA （%） ≥	设计空隙率 （%）	相应于以下公称最大粒径(mm)的最小VMA及VFA技术要求(%)						
		26.5	19	16	13.2	9.5	4.75
	2	10	11	11.5	12	13	15
	3	11	12	12.5	13	14	16
	4	12	13	13.5	14	15	17
	5	13	14	14.5	15	16	18
	6	14	15	15.5	16	17	19
沥青饱和度 VFA(%)			55～70	65～75			70～85	

注：1.对空隙率大于5%的夏炎热区重载交通路段，施工时应至少提高压实度1%。

　　2.当设计的空隙率不是整数时，由内插确定要求的VMA最小值。

　　3.对改性沥青混合料，马歇尔试验的流值可适当放宽。

　　4.本表适用于公称最大粒径≤26.5mm的密级配沥青混凝土混合料。

试 验 指 标	单位	密级配基层 （ATB）		半开级配面层 （AM）	排水式开级配磨耗层 （OGFC）	排水式开级配基层 （ATPB）
公称最大粒径	mm	26.5mm	≥31.5mm	≤26.5mm	≤26.5mm	所有尺寸
马歇尔试件尺寸	mm	$\phi101.6\times63.5$	$\phi152.4\times95.3$	$\phi101.6\times63.5$	$\phi101.6\times63.5$	$\phi152.4\times95.3$
击实次数（双面）	次	75	112	50	50	75
空隙率 VV	%	3～6		6～10	≥18	≥18
稳定度 ≥	kN	7.5	15	3.5	3.5	—
流值	mm	1.5～4	实测	—	—	—
沥青饱和度 VFA	%	55～70		40～70	—	—
密级配基层 ATB 的矿料间隙率 VMA（%） ≥		设计空隙率（%）	ATB-40	ATB-30	ATB-25	
		4	11	11.5	12	
		5	12	12.5	13	
		6	13	13.5	14	

注：在干旱地区，可将密级配沥青稳定碎石基层的空隙率适当放宽到 8%。

（2）对用于高速公路和一级公路的公称最大粒径等于或小于 19mm 的密级配沥青混合料（AC）及 SMA、OGFC 混合料，需在配合比设计的基础上进行各种使用性能检验，不符合要求的沥青混合料，必须更换材料或重新进行配合比设计。二级公路参照此要求执行。

（3）必须在规定的试验条件下进行车辙试验，并符合表 10-13 的要求。

SMA 混合料马歇尔试验配合比设计技术要求　　　　　　　表 10-11

试 验 项 目	单位	技 术 要 求		试验 方法
		不使用改性沥青	使用改性沥青	
马歇尔试件尺寸	mm	$\phi101.6\times63.5$		T 0702
马歇尔试件击实次数①	—	两面击实 50 次		T 0702
空隙率 VV②	%	3～4		T 0708
矿料间隙率 VMA② ≥	%	17.0		T 0708
粗集料骨架间隙率 VCA③mix ≤	—	VCA_{DRC}		T 0708
沥青饱和度 VFA	%	75～85		T 0708
稳定度④ ≥	kN	5.5	6.0	T 0709
流值	mm	2～5	—	T 0709
谢伦堡沥青析漏试验的结合料损失 ≤	%	0.2	0.1	T 0732
肯塔堡飞散试验的混合料损失或浸水飞散试验 ≤	%	20	15	T 0733

注：1. 对集料坚硬不易击碎、通行重载交通的路段，也可将击实次数增加为双面 75 次。

　　2. 对高温稳定性要求较高的重交通路段或炎热地区，设计空隙率允许放宽到 4.5%，VMA 允许放宽到 16.5%（SMA-16）或 16%（SMA-19），VFA 允许放宽到 70%。

　　3. 粗集料骨架间隙率 VCA 的关键性筛孔，对 SMA-19、SMA-16 是指 4.75mm，对 SMA-13、SMA-10 是指 2.36mm。

　　4. 稳定度难以达到要求时，容许放宽到 5.0kN（非改性）或 5.5kN（改性），但动稳定度检验必须合格。

OGFC 混合料技术要求 表 10-12

试 验 项 目	单 位	技 术 要 求	试 验 方 法
马歇尔试件尺寸	mm	φ101.6×63.5	T 0702
马歇尔试件击实次数	—	两面击实 50 次	T 0702
空隙率	%	18～25	T 0708
马歇尔稳定度 ≥	kN	3.5	T 0709
析漏损失	%	<0.3	T 0732
肯塔堡飞散损失	%	<20	T 0733

沥青混合料车辙试验动稳定度技术要求 表 10-13

气候条件与技术指标		相应于下列气候分区所要求的动稳定度(次/mm)										试验方法
七月平均最高气温(℃)及气候分区		>30				20～30				<20		试验方法
		1. 夏炎热区				2. 夏热区				3. 夏凉区		
		1-1	1-2	1-3	1-4	2-1	2-2	2-3	2-4	3-2		
普通沥青混合料 ≥		800		1000		600		800		600		T 0719
改性沥青混合料 ≥		2 400		2 800		2 000		2 400		1 800		
SMA 混合料	非改性 ≥	1 500										
	改性 ≥	3 000										
OGFC 混合料		1 500(一般交通路段)、3 000(重交通量路段)										

注:1. 如果其他月份的平均最高气温高于七月时,可使用该月平均最高气温。

2. 在特殊情况下,如钢桥面铺装、重载车特别多或纵坡较大的长距离上坡路段、厂矿专用道路,可酌情提高动稳定度的要求。

3. 对因气候寒冷确需使用针入度很大的沥青[大于 100(0.1mm)],动稳定度难以达到要求,或因采用石灰岩等不很坚硬的石料,改性沥青混合料的动稳定度难以达到要求等特殊情况,可酌情降低要求。

4. 为满足炎热地区及重载车要求,在配合比设计时采取减少最佳沥青用量的技术措施时,可适当提高试验温度或增加试验荷载进行试验,同时增加试件的碾压成型密度和施工压实度要求。

5. 车辙试验不得采用二次加热的混合料,试验必须检验其密度是否符合试验规程的要求。

6. 如需要对公称最大粒径等于或大于 26.5mm 的混合料进行车辙试验,可适当增加试件的厚度,但不宜作为评定合格与否的依据。

(4)必须在规定的试验条件下进行浸水马歇尔试验和冻融劈裂试验以检验沥青混合料的水稳定性,并同时符合表 10-14 中的两个要求。

沥青混合料水稳定性检验技术要求 表 10-14

气候条件与技术指标		相应于下列气候分区的技术要求(%)				试验方法
年降雨量(mm)及气候分区		>1000	500～1000	250～500	<250	试验方法
		1. 潮湿区	2. 湿润区	3. 半干区	4. 干旱区	
浸水马歇尔试验残留稳定度(%) ≥						
普通沥青混合料		80		75		T 0709
改性沥青混合料		85		80		
SMA 混合料	普通沥青	75				
	改性沥青	80				
冻融劈裂试验的残留强度比(%) ≥						
普通沥青混合料		75		70		T 0729
改性沥青混合料		80		75		
SMA 混合料	普通沥青	75				
	改性沥青	80				

(5)宜对密级配沥青混合料在温度－10℃、加载速率50mm/min的条件下进行弯曲试验，测定破坏强度、破坏应变、破坏劲度模量，并根据应力应变曲线的形状，综合评价沥青混合料的低温抗裂性能。其中沥青混合料的破坏应变宜不小于表10-15的要求。

沥青混合料低温弯曲试验破坏应变($\mu\varepsilon$)技术要求

表10-15

气候条件与技术指标	相应于下列气候分区所要求的破坏应变($\mu\varepsilon$)								试验方法
年极端最低气温(℃)及气候分区	<-37.0		$-37.0\sim-21.5$			$-21.5\sim-9.0$		>-9.0	
	1. 冬严寒区		2. 冬寒区			3. 冬冷区		4. 冬温区	
	1-1	2-1	1-2	2-2	3-2	1-3	2-3	1-4 2-4	
普通沥青混合料 ≥	2 600		2 300			2 000			T 0728
改性沥青混合料 ≥	3 000		2 800			2 500			

(6)宜利用轮碾机成型的车辙试验试件，脱模架起进行渗水试验，并符合表10-16的要求。

沥青混合料试件渗水系数技术要求

表10-16

级 配 类 型		渗水系数要求(mL/min)	试 验 方 法
密级配沥青混凝土	≤	120	
SMA 混合料	≤	80	T 0730
OGFC 混合料	≤	实测	

(7)对使用钢渣作为集料的沥青混合料，应进行活性和膨胀性试验，钢渣沥青混凝土的膨胀量不得超过1.5%。

(8)对改性沥青混合料的性能检验，应针对改性目的进行。以提高高温抗车辙性能为主要目的时，低温性能可按普通沥青混合料的要求执行；以提高低温抗裂性能为主要目的时，高温稳定性可按普通沥青混合料的要求执行。

第四节　沥青混合料试验

 沥青混合料取样法

(一)目的与适用范围

本方法适用于在拌和厂及道路施工现场采集热拌沥青混合料或常温沥青混合料试样，供施工过程中的质量检测或在试验室测定沥青混合料的各项物理力学指标。所取的试样应有充分的代表性。

(二)试验仪器设备

(1)铁锹。

(2)手铲。

(3)搪瓷盘或其他金属盛样器、塑料编织袋。

(4)温度计：分度为1℃。宜采用金属插杆的热点偶沥青温度计，金属插杆的长度应不小于 150mm。量程 0～300℃。

(5)其他:标签、溶剂(汽油)、棉纱等。

(三)取样方法

1.取样数量

取样数量应符合下列要求:

(1)试样数量根据试验目的决定,宜不少于试验用量的 2 倍。按现行规范规定进行沥青混合料试验的每一组样品数量见表 10-17。

常用沥青混合料试验项目的样品数量 表 10-17

试 验 项 目	目 的	最少试样量(kg)	取样量(kg)
马歇尔试验、抽提筛分	施工质量检验	12	20
车辙试验	高温稳定性检验	40	60
浸水马歇尔试验	水稳定性检验	12	20
冻融劈裂试验	水稳定性检验	12	20
弯曲试验	低温性能检验	15	25

平行试验应加倍取样。在现场取样直接装入试模或盛样盒成型时,也可等量取样。

(2)取样材料用于仲裁试验时,取样数量除应满足本取样方法规定外,还应保留一份有代表性试样,直到仲裁结束。

2.取样方法

沥青混合料取样应是随机的,并具有充分的代表性。以检查拌和质量(如油石比、矿料级配)为目的时,应从拌和机一次放料的下方或提升斗中取样,不得多次取样混合料后使用。以评价混合料质量为目的时,必须分几次取样,拌和均匀后作为代表性试样。

(1)在沥青混合料拌和厂取样。

在拌和厂取样时,宜用专用的容器(一次可装 5～8kg)装在拌和机卸料斗下方,每放一次料取一次样,顺次装入试样容器中,每次倒在清扫干净的平板上,连续几次取样,混合均匀,按四分法取样至足够数量。

(2)在沥青混合料运料车上取样。

在运料汽车上取沥青混合料样品时,宜在汽车装料一半后开出去于汽车车厢内,分别用铁锹从不同方向的 3 个不同高度处取样,然后混在一起用手铲适当拌和均匀,取出规定数量。这种车到达施工现场后取样时,应在卸掉一半后将车开出去从不同方向的 3 个不同高度处取样。宜从 3 辆不同的车上取样混合使用。

(3)在道路施工现场取样。

在道路施工现场取样时,应在摊铺后未碾压前于摊铺宽度的两侧 1/3～1/2 位置处取样,用铁锹将摊铺层的全厚铲出,但不得将摊铺层下的其他层料铲入。每摊铺一车料取一次样,连续 3 车取样后,混合均匀按四分法取样至足够数量。对现场制件的细粒式沥青混合料,也可在摊铺机经螺旋拨料杆拌匀的一端一边前进一边取样。

(4)对热拌沥青混合料每次取样时,都必须用温度计测量温度,准确至 1℃。

(5)乳化沥青常温混合料试样的取样方法与热拌沥青混合料相同,但宜在乳化沥青破乳水分蒸发后装袋,对装袋常温沥青混合料亦可直接从储存的混合料中随机取样。取样袋数不少于 3 袋,使用时将 3 袋混合料倒出作适当拌和,按四分法取出规定数量试样。

(6)液体沥青常温沥青混合料的取样方法同上。当用汽油稀释时,必须在溶剂挥发后方可封袋保存。当用煤油或柴油稀释时,可在取样后即装袋保存,保存时应特别注意防火安全。

(7)从碾压成型的路面上取样时,应随机选取 3 个以上不同地点,钻孔、切割或刨取该层混合料。需要新制作试件时,应加热拌匀按四分法取样至足够数量。

3.试样的保存与处理

(1)热拌热铺的沥青混合料试样需送至中心试验室或质量检测机构作质量评定(如车辙试验)时,由于二次加热会影响试验结果,必须在取样后趁高温立即装入保温桶内,送到试验室后立即成型试件,试件成型温度不得低于规定要求。

(2)热混合料需要存放时,可在温度下降至 60℃ 后装入塑料编织袋内,扎紧袋口,并宜低温保存,应防止潮湿、淋雨等,且时间不要太长。

(3)在进行沥青混合料质量检验或进行物理力学性质试验时,由于采集的试样温度下降或结成硬块不符合试验要求时,宜用微波炉或烘箱加热至符合压实的温度,通常加热时间不宜超过 4h,且只容许加热一次,不得重复加热。不得用电炉或燃气炉明火局部加热。

4.样品的标记

(1)取样后当场试验时,可将必要的项目一并记录在试验报告上。此时,试验报告必须包括取样时间、地点、混合料温度、取样数量、取样人等栏目。

(2)取样后传送试验室试验或存放后用于其他项目试验时,应附有样品标签,样品标签应记载下列内容:

①工程名称、拌和厂名称。

②沥青混合料种类及摊铺层位、沥青品种、标号、矿料种类、取样时混合料温度及取样位置或用以摊铺的路段桩号等。

(3)试样数量及试样单位。

(4)取样人、取样日期。

(5)取样目的或用途。

二 沥青混合料试件制作方法——击实法(T 0702—2011)

(一)目的与适用范围

(1)本方法适用于采用标准击实法或大型击实法制作沥青混合料试件,以供试验室进行沥青混合料物理力学性质试验使用。

(2)标准击实法适用于马歇尔试验、间接抗拉试验(劈裂法)等所使用的 φ101.6mm×63.5mm 圆柱体试件的成型。大型击实法适用于大型马歇尔试验和 φ152.4mm×95.3mm 的大型圆柱体试件的成型。

(3)沥青混合料试件制作时的条件及试件数量应符合如下规定:

①当集料公称最大粒径小于或等于 26.5mm 时,采用标准击实法。一组试件的数量不少于 4 个。

②当集料公称最大粒径大于 26.5mm 宜采用大型击实法。一组试件的数量不少于 6 个。

(二)仪具与材料

(1)自动击实仪:击实仪应具有自动记数、控制仪表、按钮装置、复位及暂停等功能。

①标准击实仪:由击实锤、ϕ98.5mm 平圆形压头及带手柄的导向棒组成。用机械将压实锤提升,至 457.2mm±1.5mm 高度沿导向棒自由落下连续击实,标准击实锤质量 4 536g±9g。

②大型击实仪:由击实锤、ϕ149.5mm±0.1mm 平圆形压实头及带手柄的导向棒组成。用机械将压实锤提升,至 457.2mm±2.5mm 高度沿导向棒自由落下击实,大型击实锤质量 10 210g±10g。

(2)试验室用沥青混合料拌和机:能保证拌和温度并充分拌和均匀,可控制拌和时间,容量不小于 10L,见图 10-9。搅拌叶自转速度 70~80r/min,公转速度 40~50r/min。

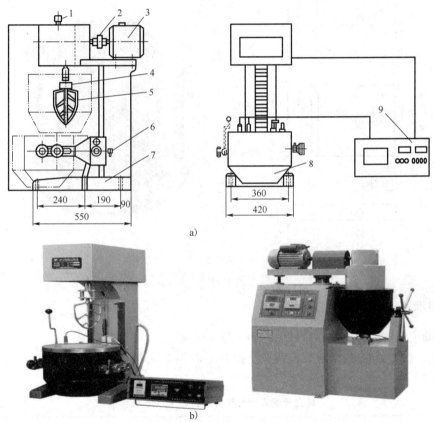

图 10-9　试验室用沥青混合料拌和机(尺寸单位:mm)

a)示意图;b)实物图

1-变速箱;2-联轴器;3-电机;4-弹簧;5-拌和叶片;6-升降手柄;7-底座;8-加热拌和锅;9-温度试件控制仪

(3)试模:由碳素钢或工具钢制成,几何尺寸如下:

①标准击实仪试模的内径为 101.6mm±0.2mm,圆柱形金属筒高 87mm,底座直径约 120.6mm,套筒内径 101.6mm、高 70mm。

②大型击实仪的试模与套筒尺寸见图 10-10。套筒外径 165.1mm,内径 155.6mm±0.3mm,总高 83mm。试模内径 152.4mm±0.2mm,总高 115mm;底座板厚 12.7mm,直径 172mm。

(4)脱模器:电动或手动,应能无破损地推出圆柱体试件,备有标准试件及大型试件尺寸的推出环。

(5)烘箱:大、中型各一台,装有温度调节器。

(6)天平或电子秤:用于称量沥青的,感量不大于0.1g;用于称量矿料的,感量不大于0.5。

(7)布洛克菲尔德黏度计。

(8)插刀或大螺丝刀。

(9)温度计:分度为1℃。宜采用有金属插杆的插入式数显温度计,金属插杆的长度不小于150mm。量程0~300℃。

(10)其他:电炉或煤气炉、沥青熔化炉、拌和铲、标准筛、滤纸(或普通纸)、胶布、卡尺、秒表、粉笔、棉纱等。

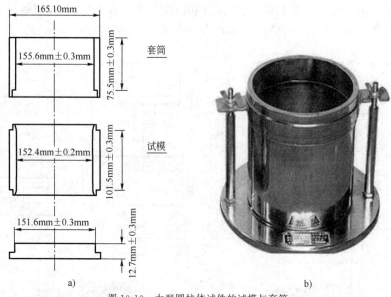

图 10-10　大型圆柱体试件的试模与套筒

a)示意图;b)实物图

(三)准备工作

(1)确定制作沥青混合料试件的拌和与压实温度。

①测定沥青的黏度,绘制黏温曲线。按表10-18的要求确定适宜于沥青混合料拌和及压实的等黏温度。

适宜于沥青混合料拌和及压实的等黏温度　表 10-18

沥青结合料种类	黏度与测定方法	适宜于拌和的沥青结合料黏度	适宜于压实的沥青结合料黏度
石油沥青	表观黏度,T 0625	(0.17±0.02)Pa·s	(0.28±0.03)Pa·s

注:液体石油沥青混合料的压实成型温度按石油沥青要求执行。

②当缺乏沥青黏度测定条件时,试件的拌和与压实温度可按表10-19选用,并根据沥青品种和标号作适当调整。针入度小、稠度大的沥青取高限,针入度大、稠度小的沥青取低限,一般取中值。

沥青混合料拌和及压实温度参考表　表 10-19

沥青结合料种类	拌和温度(℃)	压实温度(℃)
石油沥青	140~160	120~150
改性沥青	160~175	140~170

③对改性沥青,应根据改性剂的品种和用量,适当提高混合料的拌和和压实温度;对大部分聚合物改性沥青,需要在基质沥青的基础上提高 10～20℃ 左右;掺加纤维时,尚需再提高 10℃ 左右。

④常温沥青混合料的拌和及压实在常温下进行。

(2)按规程 T 0701 在拌和厂或施工现场采集沥青混合料试样。将试样置于烘箱中或加热的砂浴上保温,在混合料中插入温度计测量温度,待沥青混合料温度符合要求后成型。需要适当拌和时可倒入已加热的小型沥青混合料拌和机中适当搅拌,时间不超过 1min。但不得用铁锅在电炉或明火上加热炒拌。

(3)在试验室人工配制沥青混合料时,材料准备按下列步骤进行:

①将各种规格的矿料置 105℃±5℃ 的烘箱中烘干至恒量(一般不少于 4～6h)。

②将烘干分级的粗细集料,按每个试件设计级配要求称其质量,在一金属盘中混合均匀,矿粉单独放入小盆里;然后置烘箱中预热至沥青拌和温度以上约 15℃(采用石油沥青时通常为 163℃;采用改性沥青时通常需 180℃)备用。一般按一组试件(每组 4～6 个)备料,但进行配合比设计时宜对每个试件分别备料。常温沥青混合料的矿料不应加热。

③按规程 T 0601 采集的沥青试样,用烘箱加热至规定的沥青混合料拌和温度,但不得超过 175℃。当不得已采用燃气炉或电炉直接加热进行脱水时,必须使用石棉垫隔开。

(4)用蘸有少许黄油的棉纱擦净试模、套筒及击实座等置 100℃ 左右烘箱中加热 1h 备用。常温沥青混合料用试模不加热。

(四)拌制沥青混合料

1.黏稠石油沥青混合料

(1)用蘸有少许黄油的棉纱擦净试模、套筒及击实座等置 100℃ 左右烘箱中加热 1h 备用。常温沥青混合料用试模不加热。

(2)将沥青混合料拌和机预热至拌和温度以上 10℃ 左右备用。

(3)将加热的粗细集料置于拌和机中,用小铲子适当混合,然后加入需要数量的沥青(如沥青已称量在一专用容器内时,可在倒掉沥青后用一部分矿粉将粘在容器壁上的沥青擦拭一起倒入拌和锅中),开动拌和机一边搅拌一边将拌和叶片插入混合料拌和 1～1.5min,然后暂停拌和,加入加热的矿粉,继续拌和至均匀为止,并使沥青混合料保持在要求的拌和温度内。标准的总拌和时间为 3min。

2.液体石油沥青混合料

将每组(或每个)试件的矿料置于已加热至 55～100℃ 的沥青混合料拌和机中,注入要求数量的液体沥青,并将混合料边加热边拌和,使液体沥青中的溶剂挥发至 50% 以下。拌和时间应事先试拌决定。

3.乳化沥青混合料

将每个试件的粗细集料,置于沥青混合料拌和机(不加热,也可用人工炒拌)中,注入计算的用水量(阴离子乳化沥青不加水)后,拌和均匀并使矿料表面完全湿润,再注入设计的沥青乳液用量,在 1min 内使混合料拌匀,然后加入矿粉后迅速拌和,使混合料拌和成褐色为止。

(五)成型方法

(1)马歇尔标准击实法的成型步骤如下：

①将拌好的沥青混合料,用小铲适当拌和均匀,称取一个试件所需的用量(标准马歇尔试件约1 200g,大型马歇尔试件4 050g)。当已知沥青混合料的密度时,可根据试件的标准尺寸计算并乘以1.03得到要求的混合料数量。当一次拌和几个试件时,宜将其倒入经预热的金属盘中,用小铲适当拌和均匀分成几份,分别取用。在试件制作过程中,为防止混合料温度下降,应连盘放在烘箱中保温。

②从烘箱中取出预热的试模及套筒,用拌和有少许黄油的棉纱擦拭套筒、底座及击实锤底面,将试模装在底座上,放一张圆形的吸油性小的纸,用小铲将混合料铲入试模中,用插刀或大螺丝刀沿周边插捣15次,中间10次。插捣后,将沥青混合料表面整平。对大型击实法的试件,混合料分两次加入,每次插捣次数同上。

③插入温度计,至混合料中心附近,检查混合料温度。

④待混合料温度符合要求的压实温度后,将试模连同底座一起放在击实台上固定。在装好的混合料上面垫一张吸油性小的圆纸,再将装有击实锤及导向棒的压实头插入试模中。开启电动机,使击实锤从457mm的高度自由落下击实规定的次数(75或50次)。对大型试件,击实次数为75次(相应于标准击实50次)或112次(相应于标准击实75次)。

⑤试件击实一面后,取下套筒,将试模掉头,装上套筒,然后以同样的方法和次数击实另一面。

乳化沥青混合料试件在两面击实后,将一组试件在室温下横向放置24h;另一组试件置温度为105℃±5℃的烘箱中养生24h。将养生试件取出后再立即两面捶击各25次。

⑥试件击实结束后,立即用镊子去掉上下面的纸,用卡尺量取试件离试模上口的高度并由此计算试件高度。如高度不符合要求时,试件应作废,并按下式调整试件的混合料质量,以保证高度符合63.5mm±1.3mm(标准试件)或95.3mm±2.5mm(大型试件)的要求。

$$调整后混合料质量 = \frac{要求试件高度 \times 原用混合料质量}{所得试件的高度}$$

(2)卸去套筒和底座,将装有试件的试模横向放置冷却至室温后(不少于12h),置脱模机上脱出试件。用作现场马歇尔指标检验的试件,在施工质量检验中如急需检验,允许采用电风扇吹冷1h或浸水冷却3min以上的方法脱模,但浸水脱模法不能用于测量密度、空隙率等各项物理指标。

(3)将试件仔细置于干燥洁净的平面上,供试验用。

(六)试验记录与示例

某沥青混合料试件制作(击实法)记录见表10-20。

| 试 件 编 号 | 试件日期 | 拌和温度 T
(℃) | 击实温度 T
(℃) | 试件尺寸(mm) | | 试 件 用 途 |
				高度 h	直径 d	
1	2008.1.20	145	142	62.5	101.6	
2	2008.1.20	146	143	62.3	101.6	
3	2008.1.20	145	140	63.6	101.6	马歇尔稳定度 试验
4	2008.1.20	148	145	63.4	101.6	
5	2008.1.20	145	143	63.0	101.6	
6	2008.1.20	143	140	62.5	101.6	

三 沥青混合料试件制作方法——轮碾法(T 0703—2011)

(一)目的与适用范围

(1)本方法规定了在试验室用轮碾法制作沥青混合料试件的方法,以供进行沥青混合料物理力学性质试验使用。

(2)轮碾法适用于(长)300mm×(宽)300mm×(厚)(50～100)mm 板块状试件的成型,此试件可用切割机切制成棱柱体试件,或在试验室用芯样钻机钻取试样。成型试件的密度应符合马歇尔标准击实试样密度 100%±1% 的要求。

(3)沥青混合料试件制作时的试件厚度可根据集料粒径大小及工程需要进行选择。对于集料公称最大粒径小于或等于 19mm 的沥青混合料,宜采用(长)300mm×(宽)300mm×(厚)50mm 的板块试模成型;对于集料公称最大粒径大于或等于 26mm 的沥青混合料,宜采用(长)300mm×(宽)300mm×(厚)(80～100)mm 的板块试模成型。

(二)试验仪器设备

(1)轮碾成型机:轮碾成型机具有与钢筒式压路机相似的圆弧形碾压机,轮宽 300mm,压实线荷载为 300N/cm,碾压行程等于试件长度,经碾压后的板块可达到马歇尔试验标准击实密度的 100%±1%。

(2)试验室用沥青混合料拌和机:能保证拌和温度并充分拌和均匀,可控制拌和时间。宜采用容量大于 30L 的大型沥青混合料拌和机,也可采用容量大于 10L 的小型拌和机。

(3)试模:由高碳钢或工具钢制成,试模试件应保证成型后符合要求试件尺寸的规定。试验室制作车辙试验板块内部平面尺寸为 300mm×300mm×厚(50～100)mm。

(4)切割机:试验室用金刚石锯片锯石机(单锯片或双锯片切割机)或现场用路面切割机,有淋水冷却装置,其切割厚度不小于试件厚度。

(5)钻孔取芯机:用电力或汽油机、柴油机驱动,有淋水冷却装置。金刚石钻头的直径根据试件的直径选择(100mm 或 150mm)。钻孔深度不小于试件厚度,钻头转速不小于 1 000r/min。

(6)烘箱:大、中型各一台,装有温度调节器。

(7)台秤、天平或电子秤:量程 5kg 以上的,感量不大于 1g;量程 5kg 以下时,用于称量矿料的感量不大于 0.5g,用于称量沥青的感量不大于 0.1g。

(8)沥青运动黏度测定设备:布洛克菲尔德黏度计、真空减压毛细管。

(9)小型击实锤:钢制端部断面 80mm×80mm,厚 10mm,带手柄,总质量 0.5kg 左右。

(10)温度计:分度为 1℃。宜采用有金属插杆的插入式数显温度计,金属插杆的长度不小于 150mm,量程 0～300℃。

(11)其他:电炉或煤气炉、沥青熔化锅、拌和铲、标准筛、滤纸、胶布、卡尺、秒表、粉笔、垫木、棉纱等。

(三)准备工作

(1)制作沥青混合料试件的拌和与压实温度。常温沥青混合料的拌和及压实在常温下进行。

(2)在拌和厂或施工现场采集沥青混合料试样。如混合料温度符合要求,可直接用于成型。在试验室人工配制沥青混合料时,准备矿料及沥青。常温沥青混合料的矿料不加热。

(3)将金属试模及小型击实锤等置 100℃ 左右烘箱中加热 1h 备用。常温沥青混合料用试模不加热。

(4)拌制混合料。当采用大容量沥青混合料拌和机时,宜一次拌和;当采用小型混合料拌和机时,可分两次拌和。混合料质量及各种材料数量由试件的体积按马歇尔标准击实密度乘以 1.03 的系数求算。常温沥青混合料的矿料不加热。

(四)轮碾成型方法

(1)试验室用轮碾成型机制备试件

试件尺寸可为长 300mm×(宽)300mm×(厚)(50～100)mm。试件的厚度可根据集料粒径大小选择,同时根据需要也可以采用其他尺寸,但混合料一层碾压的厚度不得超过 100mm。

①将预热的试模从烘箱中取出,装上试模框架。在试模中铺一张裁好的普通纸(可用报纸),使底面及侧面均被纸隔离。将拌和好的全部沥青混合料(注意不得散失,分两次拌和的应倒在一起),用小铲稍加拌和后均匀地沿试模由边至中按顺序转圈装入试模,中部要略高于四周。

②取下试模框架,用预热的小型击实锤由边至中转圈夯实一遍,整平成凸圆弧形。

③插入温度计,待混合料稍冷至压实温度(为使冷却均匀,试模底下可用垫木支起)时,在表面铺一张裁好尺寸的普通纸。

④成型前将碾压轮预热至 100℃ 左右;然后,将盛有沥青混合料的试模置于轮碾机的平台上,轻轻放下碾压轮,调整总荷载为 9kN(线荷载 300N/cm)。

⑤启动轮碾机,先在一个方向碾压 2 个往返(4 次);卸荷;再抬起碾压轮,将试件调转方向;再加相同荷载碾压至马歇尔标准密实度 100%±1% 为止。试件正式压实前,应经试压,测定密度后,确定试件的碾压次。对普通沥青混合料,一般 12 个往返(24 次)左右可达要求(试件厚度为 50mm)。

⑥压实成型后,揭去表面的纸,用粉笔在试件表面标明碾压方向。

⑦盛有压实试件的试模,置室温下冷却,至少 12h 后方可脱模。

(2)在工地制备试件。

①采取代表性的沥青混合料样品,数量需多于 3 个试件的需要量。

②按试验室方法称取一个试样混合料数量装入符合要求尺寸的试模中,用小锤均匀击实。试模应不妨碍碾压成型。

③碾压成型:在工地上,可用小型振动压路机或其他适宜的压路机碾压。在规定的压实温度下,每一遍碾压 3～4s,约 25 次往返,使沥青混合料压实密度达到马歇尔标准密度 100%±

1%。也可采用手动碾压实成型。注意碾压过程中不得将试模撑开,影响试件尺寸。

(3)如将工地取样的沥青混合料送往试验室成型时,混合料必须放在保温箱内,不使温度下降,且在抵达试验室后立即成型;如温度低于要求,可适当加热至压实温度后,用轮碾成型机成型。如系完全冷却后经二次加热重塑成型的试件,必须在试验报告中注明。

(五)用切割机切制棱柱体试件

试验室用切割机切制棱柱体试件的步骤如下:

(1)按试验要求的试件尺寸,在轮碾成型的板块试件表面规划切割试件的数目,但边缘20mm部分不得使用。

(2)切割顺序如图 10-11 所示。首先在与轮碾法成型垂直的方向,沿 A-A 切割第 1 刀作为基准面,再在垂直的 B—B 方向切割第 2 刀,精确量取试件长度后切割 C-C,使 A-A 及 C-C 切下的部分大致相等。使用金刚石锯片切割时,一定要开放冷却水。

(3)仔细量取试件切割位置,按图 10-12 顺碾压方向(B-B)切割试件,使试件宽度符合要求。锯下的试件应按顺序放在平玻璃板上排列整齐,然后再切制试件的底面及表面。将切制好的试件立即编号,供弯曲试验用的试件应用胶布贴上标记,保持轮碾机成型时的上下位置,直至弯曲试验时上下方向始终保持不变。试件的尺寸应符合各项试验的规格要求。

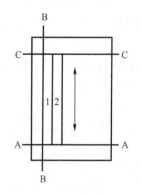

图 10-11 切割棱柱体试件的顺序

(4)将完全切割好的试件放在玻璃板上,试件之间留有 10mm 以上的间隙,试件下垫一层滤纸,并经常挪动位置,使其完全风干。如急需使用,可用电风扇或冷风机吹干,每隔 1~2h 挪动试件一次,使试件加速风干,风干时间宜不小于 24h。在风干过程中,试件的上下方向及排序不能搞错。

(六)用钻芯法钻取圆柱体试件

(1)在试验室用芯样钻机从板块试件钻取圆柱体试件的步骤如下:

①将轮碾成型机成型的板块状试件脱模,成型的试件厚度应不小于圆柱体试件的厚度。

②在试件上方作出取样位置标记,板块状试件边缘部分的 20mm 内不得使用。根据需要,可选用直径 100mm 或 150mm 的金刚石钻头。

③将板块状试件置于钻机平台上固定,钻头对准取样位置;

开放冷却水,开动钻机,均匀地钻透试块。为保护钻头,在试块下可垫上木板等。

④提起钻机,取出试样。

⑤将试件吹干备用。

(2)根据需要,可再用切割机切去钻芯试件的一端或两端,达到要求的高度,但需要保证端面与试件轴线垂直且保持上下平行。

四 压实沥青混合料密度试验——表干法(T 0705—2011)

(一)目的与适用范围

(1)表干法适用于测定吸水率不大于 2% 的各种沥青混合料试件,包括密级配沥青混凝土、沥青玛蹄脂碎石混合料(SMA)和沥青稳定碎石等沥青混合料试件的毛体积相对密度或毛体积密度。

(2)本方法测定的毛体积相对密度和毛体积密度适用于计算沥青混合料试件的空隙率、矿料间隙率等各项体积指标。

(二)试验仪器设备

(1)浸水天平或电子秤:当最大称量在 3kg 以下时,感量不大于 0.1g;最大称量 3kg 以上时,感量不大于 0.5g。应有测量水中质量的挂钩。

(2)网篮。

(3)溢流水箱:使用洁净水,有水位溢流装置,保持试件和网篮浸入水中后的水位一定。调整水温至 25℃±0.5℃。

(4)试件悬吊装置:天平下方悬吊网篮及试件的装置,吊线应采用不吸水的细尼龙线绳,并有足够的长度。对轮碾成型机成型的板块状试件可用铁丝悬挂。

(5)秒表。

(6)毛巾。

(7)电风扇或烘箱。

(三)方法与步骤

(1)准备试件。本试验可以采用室内成型的试件,也可以采用工程现场钻芯、切割等方法获得的试件。试验前试件宜在阴凉处保存(温度不宜高于 35℃),且放置在水平的平面上,注意不要使试件产生变形。

(2)选择适宜的浸水天平或电子天平,最大称量应满足试件质量的要求。

(3)除去试件表面的浮粒,称取干燥试件的空中质量(m_a),根据选择的天平的感量读数,准确至 0.1g 或 0.5g。

(4)将遗留水箱水温保持在 25℃±0.5℃。挂上网篮,浸入溢流水箱中,调节水位,将天平调平或复零,把试件置于网篮中(注意不要晃动水)浸水中约 3~5min,称取水中质量(m_w)。若天平读数持续变化,不能很快达到稳定,说明试件吸水较严重,不适用于此法测定,应改用蜡封法测定。

(5)从水中取出试件,用洁净柔软的拧干湿毛巾轻轻擦去试件的表面水(不得吸走空隙内的水),称取试件的表干质量(m_f)。从试件拿出睡眠到擦拭结束不宜超过 5s,称量过程中流出的水不得再擦拭。

(6)对从工程现场钻机的非干燥试件,可先称取水中质量(m_w)和表干质量(m_f),然后用电风扇将试件吹干至恒重(一般不少于 12h,当不需要进行其他试验时,也可用 60℃±5℃烘箱烘干至恒重),再称取空中质量(m_a)。

(四)计算

(1)计算试件的吸水率,取 1 位小数。

试件的吸水率即试件吸水体积占沥青混合料毛体积的百分率,按式(10-9)计算。

$$S_a = \frac{m_f - m_a}{m_f - m_w} \qquad (10\text{-}9)$$

式中：S_a——试件的吸水率(%)；

$\quad m_a$——干燥试件的空中质量(g)；

$\quad m_w$——试件的表干质量(g)。

(2)计算试件的毛体积相对密度和毛体积密度，取 3 位小数。

当试件的吸水率符合 $S_a<2\%$ 要求时，试件的毛体积相对密度和毛体积密度按式(10-10)及式(10-11)计算；当吸水率 $S_a>2\%$ 要求时，应改用蜡封法测定。

$$\gamma_f = \frac{m_a}{m_f - m_w} \tag{10-10}$$

$$\rho_f = \frac{m_a}{m_f - m_w} \times \rho_w \tag{10-11}$$

式中：γ_f——用表干法测定的试件毛体积相对密度，无量纲；

$\quad \rho_f$——用表干法测定的试件毛体积密度(g/cm³)；

$\quad \rho_w$——25℃时水的密度，取 0.997 1g/cm³。

(3)按式(10-12)计算试件的空隙率，取 1 位小数。

$$VV = \left(1 - \frac{\gamma_f}{\gamma_t}\right) \times 100 \tag{10-12}$$

式中：VV——试件的空隙率(%)；

$\quad \gamma_t$——沥青混合料理论最大相对密度，无量纲；

$\quad \gamma_f$——试件的毛体积相对密度，无量纲，通常采用表干法测定，当试件吸水率 $S_a>2\%$ 时，由蜡封法或体积法测定；当按规定容许采用水中重法测定时，也可用表观相对密度 γ_a 代替。

(4)按式(10-13)计算矿料的合成毛体积相对密度，取 3 位小数。

$$\gamma_{sb} = \frac{100}{\dfrac{P_1}{\gamma_1} + \dfrac{P_2}{\gamma_2} + \cdots + \dfrac{P_n}{\gamma_n}} \tag{10-13}$$

式中：γ_{sb}——矿料的合成毛体积相对密度，无量纲；

$\quad P_1 \cdots P_n$——各种矿料占矿料总质量的百分率(%)，其和为 100；

$\quad \gamma_1 \cdots \gamma_n$——各种矿料的相对密度，无量纲；采用《公路工程集料试验规程》(JTG E42—2005)的方法进行测定，粗集料按 T0304 方法测定；机制砂及石屑按 T0330 的方法测定，也可以筛出的 2.36～4.75mm 部分按 T0304 方法测定的毛体积相对密度代替；矿粉(含消石灰、水泥)采用表观相对密度。

(5)按式(10-14)计算矿料的合成表观相对密度，取 3 位小数。

$$\gamma_{sa} = \frac{100}{\dfrac{P_1}{\gamma_1'} + \dfrac{P_2}{\gamma_2'} + \cdots + \dfrac{P_n}{\gamma_n'}} \tag{10-14}$$

式中：$\quad \gamma_{sa}$——矿料的合成表观相对密度，无量纲；

γ_1'、$\gamma_2' \cdots \gamma_n'$——各种矿料的表观相对密度，无量纲。

(6)确定矿料的有效相对密度，取 3 位小数。

①对非改性沥青混合料,采用真空法实测理论最大相对密度,取平均值。按式(10-15)计算合成矿料的有效相对密度 γ_{se}。

$$\gamma_{se} = \frac{100 - P_b}{\dfrac{100}{\gamma_t} - \dfrac{P_b}{\gamma_b}} \qquad (10\text{-}15)$$

式中：γ_{se}——合成矿料的有效相对密度,无量纲；

P_b——沥青用量,即沥青质量占沥青混合料总质量的百分比(%)；

γ_t——实测的沥青混合料理论最大相对密度,无量纲；

γ_b——25℃时沥青的相对密度,无量纲。

②对改性沥青及 SMA 等难以分散的混合料,有效相对密度宜直接由矿料的合成毛体积相对密度与合成表观相对密度按式(10-16)计算确定,其中沥青吸收系数 C 值根据材料的吸水率由式(10-17)求得,合成矿料的吸水率按式(10-18)计算。

$$\gamma_{se} = C \times \gamma_{sa} + (1 - C) \times \gamma_{sb} \qquad (10\text{-}16)$$

$$C = 0.033\omega_X^2 - 0.293\,6\omega_X + 0.933\,9 \qquad (10\text{-}17)$$

$$\omega_X = \left(\frac{1}{\gamma_{sb}} - \frac{1}{\gamma_{sa}}\right) \times 100 \qquad (10\text{-}18)$$

式中：C——沥青吸收系数,无量纲；

ω_X——合成矿料的吸水率(%)。

(7)确定沥青混合料的理论最大相对密度,取 3 位小数。

①对非改性的普通沥青混合料,采用真空法实测沥青混合料的理论最大相对密度。

②对改性沥青或 SMA 混合料宜按式(10-19)或式(10-20)计算沥青混合料对应油石比的理论最大相对密度。

$$\gamma_t = \frac{100 + P_a}{\dfrac{100}{\gamma_{se}} + \dfrac{P_a}{\gamma_b}} \qquad (10\text{-}19)$$

$$\gamma_t = \frac{100 + P_a + P_X}{\dfrac{100}{\gamma_{se}} + \dfrac{P_a}{\gamma_b} + \dfrac{P_X}{\gamma_X}} \qquad (10\text{-}20)$$

式中：γ_t——计算沥青混合料对应油石比的最大理论相对密度,无量纲；

P_a——油石比,即沥青质量占矿料总质量的百分比(%)；

$$P_a = \left[\frac{P_b}{(100 - P_b)}\right] \times 100$$

P_X——纤维用量,即纤维质量占矿料总质量的百分比(%)；

γ_X——25℃时沥青的相对密度,无量纲。

γ_{se}——合成矿料的有效相对密度,无量纲；

γ_b——25℃时沥青的相对密度,无量纲。

③对旧路面钻取芯样的试件缺乏材料密度、配合比及油石比的沥青混合料,可以采用真空法实测沥青混合料的理论最大相对密度 γ_t。

(8)按式(10-21)~式(10-23)计算试件的空隙率、矿料间隙率 VMA 和有效沥青的饱和度

VFA，取 1 位小数。

$$VV = \left(1 - \frac{\gamma_f}{\gamma_t}\right) \qquad (10\text{-}21)$$

$$VMA = \left(1 - \frac{\gamma_f}{\gamma_{sb}} \times P_s\right) \times 100 \qquad (10\text{-}22)$$

$$VFA = \frac{VMA - VV}{VMA} \times 100 \qquad (10\text{-}23)$$

式中：VV——沥青混合料试件的空隙率(%)；

VMA——沥青混合料试件的矿料间隙率(%)；

VFA——沥青混合料试件的有效沥青饱和度(%)；

γ_f——试件的毛体积相对密度，无量纲；

P_s——各种矿料占沥青混合料总质量的百分率之和%；

$$P_s = 100 - P_b$$

γ_{sb}——矿料的合成毛体积相对密度，无量纲。

(9)按式(10-24)~式(10-26)计算沥青混合料被矿料吸收的比例及有效沥青含量、有效沥青体积百分率，取 1 位小数。

$$P_{ba} = \frac{\gamma_{se} - \gamma_{sb}}{\gamma_{se} \times \gamma_{sb}} \times \gamma_b \times 100 \qquad (10\text{-}24)$$

$$P_{be} = P_b - \frac{P_{ba}}{100} \times P_s \qquad (10\text{-}25)$$

$$V_{be} = \frac{\gamma_f \times P_{be}}{\gamma_b} \qquad (10\text{-}26)$$

式中：P_{ba}——沥青混合料中被矿料吸收的沥青占矿料总质量的百分率(%)；

P_{be}——沥青混合料中的有效沥青含量(%)；

V_{be}——沥青混合料试件的有效沥青体积百分率(%)。

(10)按式(10-27)计算沥青混合料的粉胶比，取 1 位小数。

$$FB = \frac{P_{0.075}}{P_{be}} \qquad (10\text{-}27)$$

式中：FB——粉胶比，沥青混合料的矿料中 0.075mm 通过率与有效沥青含量的比值，无量纲；

$P_{0.075}$——矿料级配中 0.075mm 的通过百分率(水洗法)(%)；

P_{be}——有效沥青含量(%)。

(11)按式(10-28)计算集料的比表面积，按式(10-29)计算沥青混合料沥青膜有效厚度。各种集料粒径的表面积系数按表 10-21 取用。

$$SA = \sum (P_i \times FA_i) \qquad (10\text{-}28)$$

$$DA = \frac{P_{be}}{\gamma_b \times SA} \times 10 \qquad (10\text{-}29)$$

式中：SA——集料的比表面积(m^2/kg)；

P_i——集料各粒径的质量通过百分率(%)；

FA_i——各筛孔对应集料的表面积系数，根据表 10-21 确定；

DA——沥青膜有效厚度(μm)；

P_{be}——沥青 25℃时的密度(g/cm^3)。

筛孔尺寸 (mm)	19	16	13.2	9.5	4.75	2.36	1.18	0.6	0.3	0.15	0.075
表面积系数 FA_i	0.004 1	—	—	—	0.004 1	0.008 2	0.016 4	0.028 7	0.061 4	0.122 9	0.327 7
通过百分率 P_i (%)	100	92	85	76	60	42	32	23	16	12	6
比表面 $FA_i \times P_i$ (m²/kg)	0.41	—	—	—	0.25	0.34	0.52	0.66	0.98	1.47	1.97

注:矿料级配中大于 4.75mm 集料的表面积系数 FA 均取 0.004 1。计算集料比表面积时,大于 4.75mm 的比表面积只计算一次,即只计算最大粒径对应的部分。如表 10-21,该例的 $SA = 6.60$ m²/kg,若沥青混合料的有效沥青含量为 4.65%,沥青混合料的沥青含量为 4.8%,沥青的密度 1.03g/cm³,$P_s = 95.2$,则沥青膜厚度 $DA = 4.65/(95.2 \times 1.03 \times 6.60) \times 1\,000 = 7.19\mu m$。

(12)粗集料骨架间隙率可按式(10-30)计算,取 1 位小数。

$$VCA_{mix} = 100 - \frac{\gamma_f}{\gamma_{ca}} \times P_{ca} \qquad (10\text{-}30)$$

式中:VCA_{mix}——粗集料骨架间隙率(%);

$\quad P_{ca}$——矿料中所有粗集料质量占沥青混合料总质量的百分率(%),按式(10-31)计算得到;

$$P_{ca} = \frac{P_s \times PA_{4.75}}{100} \qquad (10\text{-}31)$$

$\quad PA_{4.75}$——矿料级配中 4.75mm 筛余量,即 100 减去 4.75mm 通过率;

注:$PA_{4.75}$ 对于一般沥青混合料为矿料级配中 4.75mm 筛余量,对于公称最大粒径不大于 9.5mm 的 SMA 混合料为 2.36mm 筛余量,对特大粒径根据需要可以选择其他筛孔。

$\quad \gamma_{ca}$——矿料中所有粗集料的合成毛体积相对密度,按式(10-32)计算,无量纲;

$$\gamma_{ca} = \frac{P_{1c} + P_{2c} + \cdots P_{nc}}{\dfrac{P_{1c}}{\gamma_{1c}} + \dfrac{P_{2c}}{\gamma_{2c}} + \cdots \dfrac{P_{nc}}{\gamma_{ac}}} \qquad (10\text{-}32)$$

$P_{1c} \cdots P_{nc}$——矿料中各种粗集料占矿料总质量的百分比(%);

$\gamma_{1c} \cdots \gamma_{nc}$——矿料中各种粗集料的毛体积相对密度。

(五)报告

应在试验报告中注明沥青混合料的类型及采用的测定密度的方法。

(六)允许误差

试件毛体积密度试验重复性的允许误差为 0.020g/cm³。试件毛体积相对密度试验重复性的允许误差为 0.020。

(七)试验记录与示例

某沥青混合料密度试验记录见表 10-22。

编号	试件在空气中的质量（g）	试件在水中的质量（g）	理论密度（g/cm³）	实测密度（g/cm³）	空隙率（%）	矿料间隙率（%）	沥青饱和度（%）
1	1 183.5	690.9		2.40	4.2	16.5	75
2	1 180.1	691.7	2.51	2.42	3.6	16.0	78
3	1 180.8	692.4		2.42	3.6	16.0	78
4	1 181.8	692.8		2.42	3.6	16.0	78

五　沥青混合料马歇尔稳定度试验（T 0709—2011）

(一)目的与适用范围

(1)本方法适用于马歇尔稳定度试验和浸水马歇尔稳定度试验,以进行沥青混合料的配合比设计或沥青路面施工质量检验。浸水马歇尔稳定度试验(根据需要,也可进行真空饱水马歇尔试验)供检验沥青混合料受水损害时抵抗剥落的能力时使用,通过测试其水稳定性检验配合比设计的可行性。

(2)本方法适用于按规程 T 0702 成型的标准马歇尔试件圆柱体和大型马歇尔试件圆柱体。

(二)试验仪器设备

(1)沥青混合料马歇尔试验仪:分为自动式和手动式。自动马希尔试验仪应具备控制装置、记录荷载—位移曲线、自动测定荷载与试件垂直变形,能自动显示或打印试验结果等功能。受冻式由人工操作,试验数据通过操作者目测后读取数据。对用于高速公路和一级公路的沥青混合料宜采用自动马歇尔试验仪。

①当集料公称最大粒径大于 26.5mm 时,宜采用 ϕ101.6mm×63.5mm 标准马歇尔试件,试验仪最大荷载不得小于 25kN,读数准确至 0.1kN。加载速率应能保持 50mm/min±5mm/min。钢球直径 16mm±0.05mm,上下压头曲率半径为 50.8mm±0.08mm。

②当集料公称最大粒径大于 26.5mm 时,宜采用 ϕ152.4mm×95.3mm 大型马歇尔试件,试验仪最大荷载不得小于 50kN,读数准确度为 0.1kN。上下压头的曲率内径为 ϕ152.4mm±0.2mm,上下压头间距 19.05mm±0.1mm。大型马歇尔试件的压头尺寸如图 10-12 所示。

(2)恒温水箱:控温准确度为 1℃,深度不小于 150mm。

(3)真空饱水容器:包括真空泵及真空干燥器。

(4)烘箱。

(5)天平:感量不大于 0.1g。

(6)温度计:分度为 1℃。

(7)卡尺。

(8)其他:棉纱、黄油。

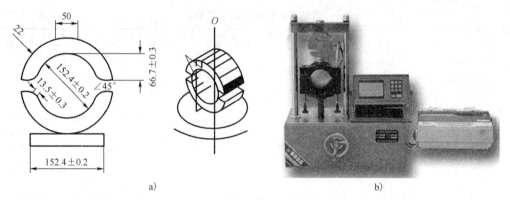

图 10-12　大型马歇尔试验的压头(尺寸单位:mm)

a)示意图;b)实物图

(三)标准马歇尔试验方法

1.准备工作

(1)按规程 T 0702 标准击实法成型马歇尔试件,标准马歇尔尺寸应符合直径 101.6mm±0.2mm、高 63.5mm±1.3mm 的要求。对大型马歇尔试件,尺寸应符合直径 152.4mm±0.2mm、高 95.3mm±2.5mm 的要求。一组试件的数量最少不得小于 4 个,并符合 T 0702 的规定。

(2)量测试件的直径及高度:用卡尺测量试件中部的直径,用马歇尔试件高速测定器或用卡尺在十字对称的 4 个方向量测离试件边缘 10mm 处的高度,准确至 0.1mm,并以其平均值作为试件的高度。如试件高度不符合 63.5mm±1.3mm 或 95.3mm±2.5mm 要求或两侧高度差大于 2mm 时,此试件应作废。

(3)测定试件的密度,并计算空隙率、沥青体积百分率、沥青饱和度、矿料间隙率等物理指标。

(4)将恒温水槽调节至要求的试验温度,对黏稠石油沥青或烘箱养生过的乳化沥青混合料为 60℃±1℃,对煤沥青混合料为 33.8℃±1℃,对空气养生的乳化沥青或液体沥青混合料为 25℃±1℃。

2.试验步骤

(1)将试件置于已达规定温度的恒温水槽中保温,保温时间对标准马歇尔试件需 30～40min,对大型马歇尔试件需 45～60min。试件之间应有间隔,底下应垫起,离容器底部不小于 5cm。

(2)将马歇尔试验仪的上下压头放入水槽或烘箱中达到同样温度。将上下压头从水槽或烘箱中取出擦拭干净内面。为使上下压头滑动自如,可在下压头的导棒上涂少量黄油。再将试件取出置于下压头上,盖上上压头,然后装在加载设备上。

(3)在上压头的球座上放妥钢球,并对准荷载测定装置的压头。

(4)当采用自动马歇尔试验仪时,将自动马歇尔试验仪的压力传感器、位移传感器与计算机或 X-Y 记录仪正确连接,调整好适宜的放大比例,压力和位移传感器调零。

(5)当采用压力环和流值计时,将流值计安装在导棒上,使导向套管轻轻地压住上压头,同时将流值计读数调零。调整压力环中百分表,对零。

(6)启动加载设备,使试件承受荷载,加载速率为 50mm/min±5mm/min。计算机或 X-Y

记录仪自动记录传感器压力和试件变形曲线并将数据自动存入计算机。

（7）当试验荷载达到最大值的瞬间，取下流值计，同时读出压力环中百分表读数及流值计的流值读数。

（8）从恒温水槽中取出试件至测出最大荷载值的时间，不得超过 30s。

(四)浸水马歇尔试验方法

浸水马歇尔试验方法与标准马歇尔试验方法的不同之处在于，试件在已达规定温度的恒温水槽中保温 48h，其余均与标准马歇尔试验方法相同。

(五)真空饱水马歇尔试验方法

试件先放入真空干燥容器中，关闭进水胶管，开动真空泵，使干燥器的真空度达到 98.3kPa（730mmHg）以上，维持 15min；然后打开进水胶管，靠负压使冷水流进入试件全部浸入水中，浸水 15min 后恢复常压，取出试件再放入已达规定温度的恒温水槽中保温 48h，其余均与标准马歇尔试验方法相同。

(六)计算

（1）试件的稳定度及流值。

①当采用自动马歇尔试验仪时，将计算机采集的数据绘制成压力和试件变形曲线，或由 $X\text{-}Y$ 记录仪自动记录的荷载—变形曲线。按图 10-13 所示的方法在切线方向延长曲线与横坐标相交于 O_1，将 O_1 作为修正原点，从 O_1 起量取相应于荷载最大值时的变形作为流值（FL），以 mm 计，准确至 0.1mm。最大荷载即为稳定度（MS），以 kN 计，准确至 0.01kN。

②采用压力环和流值计测定时，根据压力环定曲线，将压力环中百分表的读数换算为荷载值，或者由荷载测定装置读取的最大值即为试样的稳定度（MS），以 kN 计，准确至 0.01kN。由流值计及位移传感器测定装置读取的试件垂直变形，即为试件的流值（FL），以 mm 计，准确至 0.1mm。

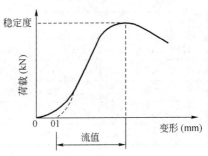

图 10-13　马歇尔试验结果的修正方法

（2）试件的马歇尔模数按式（10-33）计算。

$$T = \frac{MS}{FL} \tag{10-33}$$

式中：T——试件的马歇尔模数（kN/mm）；

　　MS——试件的稳定度（kN）；

　　FL——试件的流值（mm）。

（3）试件的浸水残留稳定度按式（10-34）计算。

$$MS_0 = \frac{MS_1}{MS} \times 100 \tag{10-34}$$

式中：MS_0——试件的浸水残留稳定度（%）；

　　MS_1——试件浸水 48h 的稳定度（kN）。

（4）试件的真空饱水残留稳定度按式（10-35）计算。

$$MS'_0 = \frac{MS_2}{MS} \times 100 \tag{10-35}$$

式中：MS'_0——试件的真空饱水残留稳定度(%)；

MS_2——试件真空饱水后浸水 48h 的稳定度(kN)。

(七)报告

(1)当一组测定值中某个测定值与平均值之差大于标准差的 k 倍时，该测定值应予舍弃，并以其余测定值的平均值作为试验结果。当试件数目 n 为 3、4、5、6 个时，k 值分别为 1.15、1.46、1.67、1.82。

(2)采用自动马歇尔试验时，试验结果应附上荷载—变形曲线原件或自动打印结果，并在报告中列出马歇尔稳定度、流值、马歇尔模数，以及试件的尺寸、密度、空隙率、沥青用量、沥青体积百分率、沥青饱和度、矿料间隙率等各项物理指标。

(八)试验记录与示例

某沥青混合料马歇尔稳定度试验记录见表 10-23。

沥青混合料马歇尔稳定度试验记录表　　　　　　　　表 10-23

矿料名称			10～20mm 碎石		5～10mm 碎石	石屑	矿粉	沥青密度 (g/cm³)		沥青用量 (%)	
矿料毛体积密度(g/cm³)			2.77		2.76	2.67	2.66				
矿料比例(%)			42		29	22	7	1.01		4.5	
编号	试 件 高 度				试件空气中质量 (g)	试件水中质量 (g)	理论密度 (g/cm³)	实测密度 (g/cm³)	空隙率 (%)	矿料间隙率 (%)	沥青饱和度 (%)	稳定度 (kN)	流值 (0.1mm)
	单　　值			均值									
1	62.8	64.3	63.8	62.7	63.4	1 152.9	671.7		2.40	5.7	16.4	65	6.55	33.3
2	64.1	62.3	63.4	63.6	63.3	1 153.3	672.7	2.54	2.40	5.6	16.3	66	6.59	35.8
3	62.9	63.0	64.1	63.1	63.3	1 150.2	670.3		2.40	5.7	16.4	65	7.01	35.2
4	63.9	62.5	63.2	63.3	63.3	1 152.1	673.1		2.41	5.3	16.1	67	6.68	33.1
平　均　值									2.40	5.6	16.3	66	7.00	36.3

六　沥青混合料车辙试验(T 0719—2011)

(一)目的与适用范围

(1)本方法适用于测定沥青混合料的高温抗车辙能力，供沥青混合料配合比设计时的高温稳定性检验使用，也可用于现场沥青混合料的高温稳定性检验。

(2)车辙试验的试验温度与轮压(试验轮与试件的接触压强)可根据有关规定和需要选用，非经注明，试验温度 60℃，轮压为 0.7MPa。根据需要，如在寒冷地区也可采用 45℃，在高温条件下采用 70℃等，对重载交通的轮压可增加至 1.4MPa。但应在报告中注明。计算动稳定度的试件原则上为试验开始后 45～60min 之间。

(3)本方法适用于按 T 0703 用轮碾成型机碾压成型的长 300mm、宽 300mm、厚 50～100mm 的板块状试件，根据需要也可采用其他尺寸的试件。本方法也适用于现场切割板状试件,切割试件的尺寸根据现场面层的实际情况由试验确定。

(二)试验仪器设备

(1)车辙试验机:主要由下列部分组成:

①试件台:可牢固地安装两种宽度(300mm 及 150mm)的规定尺寸试件的试模。

②试验轮:橡胶制的实心轮胎,外径 ϕ200mm,轮宽 50mm,橡胶层厚 15mm。橡胶硬度(国际标准硬度)20℃时为 84±4,60℃时为 78±2。试验轮行走距离为 230mm±10mm,往返碾压速度为 42 次/min±1 次/min(每分钟 21 次往返)。允许采用曲柄连杆加载轮往返运行方式。

③加载装置:通常情况下试验轮与试件的接触压强在 60℃时为 0.7MPa±0.05MPa,施加的总荷重为 78kg 左右,根据需要可以调整接触压强大小。

④试模:钢板制成,由底板及侧板组成,试模内侧尺寸长为 300mm,宽为 300mm,厚为 50~100mm(试验室制作),也可根据需要对厚度进行调整。

⑤试件变形测量装置:自动采集车辙变形并记录曲线的装置,通常用 LVDT 或非接触位移计。位移测量范围 0~130mm,精度±0.01mm。

⑥温度检测装置:自动检测并记录试件表面及恒温室内温度的温度传感器,精密度0.5℃。温度应能自动连续记录。

(2)恒温室:恒温室应具有足够的空间。车辙试验机必须整机放在恒温室内,装有加热器,气流循环装置及装有自动温度控制设备,同时恒温室还应有至少能保温 3 块试件并进行试验的条件。保持恒温室温度 60℃±1℃(试件内部温度 60℃±0.5℃),根据需要也可采用其他试验温度。

(3)台秤:量程 15kg,感量不大于 5g。

(三)方法与步骤

1.准备工作

(1)试验轮接地压强测定:测定在 60℃时进行,在试验台上放置一块 50mm 厚的钢板,其上铺一张毫米方格纸,上铺一张新的复写纸,以规定的 700N 荷载后试验轮静压复写纸,即可在方格纸纸上得出轮压面积,并由此求得接地压强。当压强不符合 0.7MPa±0.05MPa 时,荷载应予以适当调整。

(2)按规程 T 0703 用轮碾法制作车辙试验试件。在试验室或工地制备成型的车辙试件,其标准尺寸为 300mm×300mm×(50~100)mm。也可从路面切割得到需要尺寸的试件。

(3)当直接在拌和厂取拌和好的沥青混合料样品制作试件检验生产配合比设计或混合料生产质量时,必须将混合料装入保温桶中,在温度下降至成型温度之前迅速送达试验室制作试件,如果温度稍有不足,可放在烘箱中稍事加热(时间不超过 30min)后使用。但不得将混合料放冷却后二次加热重塑制作试件。重塑制作试件的试验结果仅供参考,不得用于评定配合比设计检验是否合格使用。

(4)如需要,将试件脱模,测定密度及空隙率等各项物理指标。

(5)试件成型后,连同试模一起再常温条件下放置的试件不得少于 12h。对聚合物改性沥青混合料,放置的时间以 48h 为宜,使聚合物改性沥青充分固化后方可进行车辙试验,室温放置时间也不得长于一周。

2.试验步骤

(1)将试件连同试模一起,置于已达到试验温度60℃±1℃的恒温室中,保温不少于5h,也不得多于24h。在试件的试验轮不行走的部位上,粘贴一个热电偶温度计(也可在试件制作时预先将电点偶导线埋入试件一角),控制试件温度稳定在60℃±0.5℃。

(2)将试件连同试模移至于车辙试验机的试验台上,试验轮在试件的中央部位,其行走方向须与试件碾压或行车方向一致。开动车辙变形自动记录仪,然后启动试验机,使试验轮往返行走,时间约1h,或最大变形达到25mm时为止。试验时,记录仪自动记录变形曲线(图10-15)及试件温度。

(四)计算

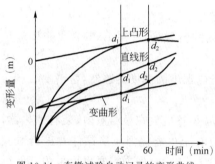

图10-14　车辙试验自动记录的变形曲线

(1)从图10-14上读取45min(t_1)及60min(t_2)时的车辙变形d_1及d_2,准确至0.01mm。

当变形过大,在未到60min变形已达25mm时,则以达到25mm(d_2)时的时间为t_2,将其前15min为t_1,此时的变形量为d_1。

(2)沥青混合料试件的动稳定度按式(10-36)计算。

$$DS = \frac{(t_2 - t_1) \times N}{d_2 - d_1} \times C_1 \times C_2 \quad (10-36)$$

式中:DS——沥青混合料的动稳定度(次/mm);

d_1——对应于时间t_1的变形量(mm);

d_2——对应于时间t_2的变形量(mm);

C_1——试验机类型修正系数,曲柄连杆驱动试件的变速行走方式为1.0;

C_2——试件系数,试验室制备的宽300mm的试件为1.0;

N——试验轮往返碾压速度,通常为42次/min。

(五)报告

(1)同一沥青混合料或同一路段的路面,至少平行试验3个试件。当3个试件动稳定度变异系数小于20%时,取其平均值作为试验结果;当变异系数大于20%时应分析原因,并追加试验。如计算动稳定度值大于6 000次/mm时,记作:>6 000次/mm。

(2)试验报告应注明试验温度、试验轮接地压强、试件密度、试件空隙率及试件制作方法等。

(六)精密度或允许差

重复性试验动稳定度变异系数的允许差为20%。

(七)试验记录与示例

某沥青混合料车辙试验记录见表10-24。

试验次数	对应于时间 t_1 的变形量 d_1 (mm)	对应于时间 t_2 的变形量 d_2 (mm)	仪器类型修正系数 C_1	试件系数 C_2	车轮往返碾压速度 (次/min)	沥青混合料试件的动稳定度 (次/min)	
						单值	平均值
1	21.97	22.52	1.0	1.0	42	1 145	
2	17.75	18.25	1.0	1.0	42	1 260	1 239
3	16.57	17.05	1.0	1.0	42	1 313	
试件尺寸	300×300×50	标准差(次/mm)	85.4	变异系数 C_v(%)		7	

七 沥青混合料中沥青含量试验——离心分离法(T 0722—1993)

(一)目的与适用范围

(1)本方法适用于离心分离法测定黏稠石油沥青拌制的沥青混合料中的沥青含量(或油石比)。

(2)本方法适用于热拌热铺沥青混合料路面施工时的沥青用量检测,以评定拌和厂产品质量。此法也适用于旧路调查时检测沥青混合料的沥青用量。用此法抽提的沥青溶液可用于回收沥青,以评定沥青的老化性质。

(二)试验仪器设备

(1)离心抽提仪:由试样容器及转速不小于 3 000r/min 的离心分离器组成,分离器备有滤液出口,容器盖与容器之间用耐油的圆环形滤纸密封。滤液通过滤纸排出口流出收入回收瓶中,仪器必须安放稳固并有排风装置。

(2)圆环形滤纸。

(3)回收瓶:容量 1 700mL 以上。

(4)压力过滤装置。

(5)天平:感量不大于 0.01g、1mg 的天平各一台。

(6)量筒:最小分度 1mL。

(7)电烘箱:装有温度自动调节器。

(8)三氯乙烯:工业用。

(9)碳酸铵饱和溶液:供燃烧法测定滤纸中的矿粉含量用。

(10)其他:小铲、金属盘、大烧杯等。

(三)方法与步骤

1.准备工作

(1)按规程 T 0701 沥青混合料取样方法,在拌和厂从运料卡车采取沥青混合料试样,放在金属盘中适当拌和,待温度稍下降后至 100℃ 以下时,用大烧杯取混合料试样质量 1 000～1 500g左右(m)(粗粒式沥青混合料用高限,细粒式用低限,中粒式用中限),准确至 0.1g。

(2)如果试样是路上用钻机法或切割法取得的,应用电风扇吹风使其完全干燥,置微波炉或烘箱中适当加热后成松散状态取样,但不得用捶击以防集料破碎。

2.试验步骤

(1)向装有试样的烧杯中注入三氯乙烯溶剂,将其浸没,浸泡30min,用玻璃棒适当搅动混合料,使沥青充分溶解。

(2)将沥青混合料及溶液倒入离心分离器,用少量溶剂将烧杯及玻璃棒上的黏附物全部洗入分离容器中。

(3)称取洁净的圆环形滤纸质量,准确至0.01g。

注:滤纸不宜多次反复使用,有破损者不能使用,有石粉黏附时应用毛刷清除干净。

(4)将滤纸垫在分离器边缘上,加盖紧固,在分离器出口处放上回收瓶,上口应注意密封,防止流出液成雾状散失。

(5)开动离心机,转速逐渐增加至3 000r/min,沥青溶液通过排出口注入回收瓶中,待流出停止后停机。

(6)从上盖的孔中加入新溶剂,数量大体相同,稍停3~5min后,重复上述操作,如此数次直至流出的抽提液成清澈的淡黄色为止。

(7)卸下上盖,取下圆环形滤纸,在通风橱或室内空气中蒸发干燥,然后放入105℃±5℃的烘箱中干燥,称取质量,其增重部分(m_2)为矿粉的一部分。

(8)将容器中的集料仔细取出,在通风橱或室内空气中蒸发后放入105℃±5℃的烘箱中烘干(一般需4h),然后放入大干燥器中冷却至室温,称取集料质量(m_1)。

(9)用压力过滤器过滤回收瓶中的沥青溶液,由滤纸的增重m_3得出泄漏入滤纸中矿粉的量;如无压力过滤器时,也可用燃烧法测定。

(10)用燃烧法测定抽提液中矿粉质量的步骤如下:

①将回收瓶中的抽提液倒入量筒中,准确定量至mL(V_a)。

②充分搅匀抽提液,取出10mL(V_b)放入坩埚中,在热浴上适当加热使溶液试样成暗黑色后,置高温炉(500~600℃)中烧成残渣,取出坩埚冷却。

③向坩埚中按每1g残渣5mL的用量比例,注入碳酸铵饱和溶液,静置1h,放入105℃±5℃炉箱中干燥。

④取出残渣放在干燥器中冷却,称取质量(m_4),准确至1mg。

(四)计算

(1)沥青混合料中矿料的总质量按式(10-37)计算。

$$m_a = m_1 + m_2 + m_3 \qquad (10\text{-}37)$$

式中:m_a——沥青混合料中矿料部分的总质量(g);

m_1——容器中留下的集料干燥质量(g);

m_2——圆环形滤纸在试验前后的增重(g);

m_3——泄漏入抽提中的矿粉质量(g),用燃烧法时可按式(10-38)计算;

$$m_3 = m_4 \times \frac{V_a}{V_b} \qquad (10\text{-}38)$$

V_a——抽提液的总量(mL);

V_b——取出的燃烧干燥的抽提液数量(mL);

m_4——坩埚中燃烧干燥的残渣质量(g)。

(2)沥青混合料中的沥青含量按式(10-39)计算,油石比按式(10-40)计算。

$$P_b = \frac{m - m_a}{m} \qquad (10\text{-}39)$$

$$P_a = \frac{m - m_a}{m_a} \qquad (10\text{-}40)$$

式中：m ——沥青混合料的总质量(g)；

P_b ——沥青混合料的沥青含量(%)；

P_a ——沥青混合料的油石比(%)。

(五)结果评定

同一沥青混合料试样至少平行试验两次,取平均值作为试验结果。两次试验结果的差值应小于0.3%,当大于0.3%但小于0.5%,应补充平行试验一次,以3次试验的平均值作为试验结果,3次试验的最大值与最小值之差不得大于0.5%。

(六)试验记录与示例

某沥青混合料中沥青含量试验(离心分离法)记录见表10-25。

沥青混合料中沥青含量试验(离心分离法)记录表 表10-25

抽提次数	混合料试件质量(g)	滤网滤纸合质量(g)	混合料及网纸合质量(g)	抽提后矿料滤网纸合质量(g)	干矿料质量(g)	沥青质量(g)	沥青含量(%)
1	1 200	2.5	1 202.5	1 148.1	1 145.6	54.4	4.5
2	1 200	2.5	1 202.5	1 147.3	1 144.8	55.2	4.6
平均沥青含量(%)				4.6			

孔径(mm)	19	16	13.2	9.5	4.75	2.36	1.18	0.6	0.3	0.15	0.075	筛底
筛余质量(g)	0.0	112.8	551.8	312.1	495.9	224.8	169.3	103.0	89.2	64.0	63.7	113.7
分计筛余(%)	0.0	4.9	24.0	13.6	21.6	9.8	7.4	4.5	3.9	2.8	2.8	4.9
累计筛余(%)	0.0	4.9	28.9	42.5	64.0	73.8	81.1	85.6	89.5	92.3	95.1	100.0
通过量(%)	100.0	95.1	71.1	57.5	36.0	26.2	18.9	14.4	10.5	7.7	4.9	0.0
级配范围(%)	100.0	99~100	60~82	45~70	25~45	15~35	10~25	8~18	6~13	4~10	3~7	—

八 沥青混合料谢伦堡沥青析漏试验(T 0732—2011)

(一)目的与适用范围

本方法用以检测沥青混合料在高温状态下从沥青混合料析出多余的自由沥青的数量,供检验沥青玛蹄脂碎石混合料(SMA)、排水式大空隙沥青混合料(OGFC)或沥青碎石类混合料的最大沥青用量使用。

(二)仪具与材料

(1)烧杯：800mL。

(2)烘箱。

(3)小型沥青混合料拌和机。

(4)玻璃板。

(5)天平:感量不大于0.1g。

(6)其他:拌和机、手铲、棉纱等。

(三)试验步骤

(1)根据实际使用的沥青混合料的配合比,对集料、矿粉、沥青、纤维稳定剂等按规定的方法用小型沥青混合料拌和机拌和混合料。拌和时纤维稳定剂应在加入粗集料后加入,并适当干拌分散,再加入沥青拌和至均匀。每次只能拌和一个试件。一组试件分别拌和4份,每1份为1kg。第1锅拌和后即予废弃不用,使拌和锅或炒锅黏附一定量的沥青结合料,以免影响后面3锅油石比的准确性。当为施工质量检验时,直接从拌和机取样使用。

(2)洗净烧杯,干燥,称量烧杯质量 m_0,准确至0.1kg。

(3)将拌和好的1kg混合料,倒入800mL烧杯中,称烧杯及混合料的总质量 m_1,准确至0.1g。

(4)在烧杯上加玻璃板盖,放入170℃±2℃(当为改性沥青SMA时,宜为185℃)烘箱中,持续60min±1min。

(5)取出烧杯,不加任何冲击或振动,将混合料向下扣倒在玻璃板上,称取烧杯以及黏附在烧杯上的沥青结合料、细集料、玛蹄脂等的总质量 m_2,准确到0.1g。

(四)计算

沥青析漏损失按式(10-41)计算。

$$\Delta m = \frac{m_2 - m_0}{m_1 - m_0} \times 100\% \qquad (10-41)$$

式中: m_0——烧杯质量(g);

m_1——烧杯及试验用沥青混合料总质量(g);

m_2——烧杯以及黏附在烧杯上的沥青结合料、细集料、玛蹄脂等的总质量(g);

Δm——沥青析漏损失(%)。

(五)报告

试验至少应平行试验3次,取平均值作为试验结果。

(六)试验记录与示例

某沥青混合料谢伦堡沥青析漏试验记录见表10-26。

沥青混合料谢伦堡沥青析漏试验记录表　　　　　　　　　表10-26

试 样 编 号	干燥烧杯质量 m_0 (g)	烧杯+试样质量 m_1 (g)	倒扣后烧杯+剩余混合料质量 m_2 (g)	沥青析漏损失 Δm (%)	平 均 值
1	20	1 188.1	20.4	0.03	
2	20	1 187.5	20.2	0.02	0.03
3	20	1 188.3	20.5	0.04	

206

九 沥青混合料肯塔堡飞散试验(T 0733—2011)

(一)目的与适用范围

(1)本方法用以评价由于沥青用量或黏结性不足,在交通荷载作用下,路面表面集料脱落而散失的程度,以马歇尔试件在洛杉矶试验机中旋转撞击规定的次数,沥青混合料试件散落材料的质量百分率表示。

(2)标准飞散试验可用于确定沥青路面表面层使用的沥青玛蹄脂碎石混合料(SMA)、排水式大空隙沥青混合料、抗滑表层混合料、沥青碎石或乳化沥青碎石混合料所需的最少沥青用量。

(3)本方法的浸水飞散试验用以评价沥青混合料的水稳定性。

(二)仪具与材料

(1)沥青混合料马歇尔试件制作设备。

(2)洛杉矶磨耗试验机。

(3)恒温水槽:可控制恒温为 20±0.5℃。

(4)烘箱:大、中型各一台,装有温度调节器。

(5)天平或电子秤:用于称量矿料的感量不大于 0.5g,用于称量沥青的感量不大于 0.1g。

(6)插刀或大螺丝刀。

(7)温度计:分度为 1℃。宜采用有金属杆的插入式数显温度计,金属插杆的长度不小于150mm。量程 0~300℃。

(8)其他:电炉或煤气炉、沥青熔化锅、拌和铲、标准筛、滤纸(或普通纸)、胶布、卡尺、秒表、粉笔、棉纱等。

(三)方法与步骤

1. 准备工作

(1)根据实际使用的沥青混合料的配合比,按标准击实法成型马歇尔试件。除非另有要求,击实成型次数为双面各 50 次,试件尺寸应符合直径 101.6mm±0.2mm、高 63.5mm±1.3mm 的要求,一组试件的数量不得少于 4 个。拌和时应注意事先在拌和锅中加入相当于拌和沥青混合料时在拌和锅内所黏附的沥青用量,以免影响油石比的准确性。

(2)量测试件的直径及高度准确至 0.1mm,尺寸不符合要求的试件应作废。

(3)按规定的方法测定试件的密度、空隙率、沥青体积百分率、沥青饱和度、矿料间隙率等物理指标。

(4)将恒温水槽调节至要求的试验温度,标准飞散试验的试验温度为 20℃±0.5℃;浸水飞散试验的试验温度为 60℃±0.5℃。

2. 试验步骤

(1)将试件放入恒温水槽中养生。对标准飞散试验,在 20℃±0.5℃恒温水槽中养生 20h;对浸水飞散试验,先在 60℃±0.5℃恒温水槽中养生 48h,然后取出后在室温中放置 24h。

(2)对标准飞散试验,从恒温水槽中逐个取出试件,用洁净柔软的毛巾轻轻擦去试件的表面水,称取逐个试件质量 m_0,准确至 0.1g;对进水飞散试验,称取放置 24h 后的每个试件质量 m_0,准确至 0.1g。

(3)立即将一个试件放入洛杉矶试验机中,不加钢球,盖紧盖子(一次只能试验一个试件)。

(4)开动洛杉矶试验机,以 30～33r/min 的速度旋转 300 转。

(5)打开试验机盖子,取出试件及碎块,称取试件的残留质量。当试件已经粉碎时,称取最大一块残留试件的混合料质量 m_1。

(6)重复以上步骤,一种混合料的平行试验不少于 3 次。

(四)计算

沥青混合料的飞散损失按式(10-42)计算。

$$\Delta S = \frac{m_0 - m_1}{m_0} \times 100 \qquad (10\text{-}42)$$

式中:ΔS ——沥青混合料的飞散损失(%);

$\quad m_0$ ——试验前试件的质量(g);

$\quad m_1$ ——试验后试件的残留质量(g)。

(五)试验记录与示例

某沥青混合料肯塔堡飞散试验记录见表 10-27。

沥青混合料肯塔堡飞散试验记录表 表 10-27

试 验 次 数	沥青混合料试验前质量 m_0 (g)	沥青混合料试验后质量 m_1 (g)	飞散损失(%) $\Delta S = (m_0 - m_1)/m_1$	
			单 值	平 均 值
1	1 165.2	1 011.3	13.2	
2	1 157.0	977.1	15.5	14
3	1 164.3	984.2	15.5	
4	1 158.2	1 004.9	13.2	

第十一章 砌墙砖及砌块

◎ **本章职业能力目标**

具有对普通烧结砖、蒸压加气混凝土砌块等砌筑材料的检测试验的能力及质量评定的能力。

◎ **本章学习要求**

1. 了解普通烧结砖、蒸压加气混凝土砌块的主要技术性质与技术标准；
2. 掌握普通烧结砖及蒸压加气混凝土砌块的取样方法、尺寸偏差测定、外观质量检查、抗压强度试验、数据处理与结果评定的方法。

◎ **本章试验采用的标准及规范**

《砌墙砖试验方法》(GB/T 2542—2003)

《蒸压灰砂砖》(GB 11945—1999)

《蒸压加气混凝土砌块》(GB 11968—2006)

第一节 砌墙砖及砌块的主要技术性质与标准

一 烧结普通砖主要技术性质与标准

《烧结普通砖》(GB 5101—2003)适用于以黏土、页岩、煤矸石、粉煤灰为主要原料经焙烧而成的普通砖。按主要原料分为黏土砖(N)、页岩砖(Y)、煤矸石砖(M)和粉煤灰砖(F)。

1. 烧结普通砖的规格尺寸

砖的外形为直角六面体,其规格尺寸为:长 240mm、宽 115mm、高 53mm。常用配砖规格尺寸为:175mm×115mm×53mm。

2. 烧结普通砖的强度

烧结普通砖根据其抗压强度分为 MU30、MU25、MU20、MU15、MU10 五个强度等级。强度试验按《砌墙砖试验方法》(GB/T 2542—2003)规定进行,抽取 10 块试样进行抗压强度试验。根据试验结果,当变异系数 $\delta \leqslant 0.21$ 时,按平均值—标准值方法评定砖的强度等级;当变异系数 $\delta > 0.21$ 时,按平均值—最小值方法评定砖的强度等级(详见本章第二节)。烧结普通砖强度的技术标准见表 11-1。

3. 烧结普通砖的抗风化性能

(1)风化区的划分

风化区用风化指数进行划分。风化指数是指日气温从正温降至负温或负温升至正温的每年平均天数与每年从霜冻之日起至消失霜冻之日止这一期间降雨总量(以 mm 计)的平均值的乘积。风化指数大于或等于 12 700 为严重风化区,风化指数小于 12 700 为非严重风化区。全国风化区划分见表 11-2。各地如有可靠数据,也可按计算的风化指数划分本地区的风化区。

烧结普通砖强度 　　　表 11-1

强 度 等 级	抗压强度平均值 $\overline{f}$ (MPa) ≥	变异系数 δ≤0.21 强度标准值 f_k(MPa) ≥	变异系数 δ>0.21 单块最小抗压强度值 f_{min} (MPa)≥
MU30	30.0	22.0	25.0
MU25	25.0	18.0	22.0
MU20	20.0	14.0	16.0
MU15	15.0	10.0	12.0
MU10	10.0	6.5	7.5

全国风化区划分 　　　表 11-2

严 重 风 化 区		非 严 重 风 化 区	
1.黑龙江省	11.河北省	1.山东省	11.福建省
2.吉林省	12.北京市	2.河南省	12.台湾省
3.辽宁省	13.天津市	3.安徽省	13.广东省
4.内蒙古自治区		4.江苏省	14.广西壮族自治区
5.新疆维吾尔自治区		5.湖北省	15.海南省
6.宁夏回族自治区		6.江西省	16.云南省
7.甘肃省		7.浙江省	17.西藏自治区
8.青海省		8.四川省	18.上海市
9.陕西省		9.贵州省	19.重庆市
10.山西省		10.湖南省	

(2)抗风化性能

砖的抗风化性能用吸水率试验或冻融试验来评定。严重风化区中的 1、2、3、4、5 地区的砖必须进行冻融试验,其他地区砖的抗风化性能符合表 11-3 的技术标准时,可不做冻融试验,否则,必须进行冻融试验。烧结普通砖的抗风化性能见表 11-3。

烧结普通砖抗风化性能 　　　表 11-3

项目 种类	严 重 风 化 区				非 严 重 风 化 区			
	5h 沸煮吸水率(%)≤		饱和系数≤		5h 沸煮吸水率(%)≤		饱和系数≤	
	平均值	单块最大值	平均值	单块最大值	平均值	单块最大值	平均值	单块最大值
黏土砖	18	20	0.85	0.87	19	20	0.88	0.90
粉煤灰砖	21	23			23	25		
页岩砖 煤矸石砖	16	18	0.74	0.77	18	20	0.78	0.80

注:粉煤灰掺入量(体积比)小于 30% 时,按黏土砖规定判定。

饱和系数 K(%)按下式计算:

$$K = \frac{G_{24} - G_0}{G_5 - G_0} \times 100 \qquad (11-1)$$

式中:G_{24}——常温水浸泡 24h 试样湿质量(g);

　　　G_0——试样干质量(g);

　　　G_5——试样沸煮 5h 的湿质量(g)。

冻融试验试样数量为 5 块,经过 15 次冻融循环,每块砖样不允许出现裂纹、分层、掉皮、缺棱、掉角等冻坏现象,质量损失不得大于 2%。

4.烧结普通砖的放射性物质检测

煤矸石、粉煤灰以及掺用工业废料的砖,应进行放射性物质检测。砖的放射性物质检测应符合现行 GB 6566 的规定。当砖产品堆垛表面 γ 照射量率≤200Gy/h 时,该产品不受限制,否则必须进行放射性物质镭—266、钍—232、钾—40 比活度的检测。

5.烧结普通砖的质量等级

强度、抗风化性能和放射性物质合格的砖,根据尺寸偏差、外观质量、泛霜和石灰爆裂分为优等品(A)、一等品(B)、合格品(C)三个质量等级。

6.烧结普通砖的尺寸偏差

各质量等级的烧结普通砖尺寸偏差的技术标准见表 11-4。

烧结普通砖尺寸偏差(%)   表 11-4

质量等级 尺寸(mm)	优等品(A)		一等品(B)		合格品(C)	
	样本平均偏差	样本极差≤	样本平均偏差	样本极差≤	样本平均偏差	样本极差≤
240	±2.0	6	±2.5	7	±3.0	8
115	±1.5	5	±2.0	6	±2.5	7
53	±1.5	4	±1.6	5	±2.0	6

7.烧结普通砖的外观质量

检验样品数为 50 块,按 GB/T 2542 规定的检验方法进行(详见本章第二节)。各质量等级的烧结普通砖外观质量的技术标准见表 11-5。

烧结普通砖外观质量   表 11-5

项　目		优等品(A)	一等品(B)	合格品(C)
两条面高度差(mm)≤		2	3	4
弯曲(mm)≤		2	3	4
杂质凸出高度(mm)≤		2	3	4
缺棱掉角的三个破坏尺寸(mm)不得同时大于		5	20	30
裂缝长度(mm)≤	大面上宽度方向及其延伸至条面的长度	30	60	80
	大面上长度方向及其延伸至顶面的长度或条顶面上水平裂纹的长度	50	80	100
完整面　不得少于		二条面和二顶面	一条面和一顶面	—
颜色		基本一致	—	—

注:凡有下列缺陷之一者,不得称为完整面。

　①缺损在条面或顶面上造成的破坏面尺寸同时大于 10mm×10mm。

　②条面或顶面上裂纹宽度大于 1mm,其长度超过 30mm。

　③压陷、粘底、焦花在条面或顶面上的凹陷或凸出超过 2mm,区域尺寸同时大于 10mm×10mm。

8.烧结普通砖的泛霜

检验样品数为 5 块,按现行 GB/T 2542 规定的检验方法进行泛霜试验。根据泛霜程度分为:

(1)无泛霜:试样表面的盐析几乎看不到。

(2)轻微泛霜:试样表面出现一层细小明显的霜膜,但试样表面仍清晰。

(3)中等泛霜:试样部分表面或棱角出现明显露层。

(4)严重泛霜:试样表面出现起砖粉、掉屑及脱皮现象。

中等泛霜的砖不能用于潮湿部位。各质量等级的烧结普通砖泛霜的技术标准见表11-6。

烧结普通砖泛霜   表 11-6

项　　目	优等品(A)	一等品(B)	合格品(C)
泛霜	无泛霜	不允许出现中等泛霜	不允许出现严重泛霜

9.烧结普通砖的石灰爆裂

检验样品数为5块,按现行 GB/T 2542 规定的检验方法进行石灰爆裂试验。各质量等级的烧结普通砖石灰爆裂的技术标准见表11-7。

烧结普通砖石灰爆裂   表 11-7

项目	优等品(A)	一等品(B)	合格品(C)
石灰爆裂	不允许出现最大破坏尺寸大于 2mm 的爆裂区域	最大破坏尺寸大于 2mm 且小于或等于 10mm 的爆裂区域,每组砖样不得多于 15 处	最大破坏尺寸大于 2mm 且小于或等于 15mm 的爆裂区域,每组砖样不得多于 15 处,其中大于 10mm 的不得多于 7 处
		不允许出现最大破坏尺寸大于 10mm 的爆裂区域	不允许出现最大破坏尺寸大于 15mm 的爆裂区域

10.欠火砖、酥砖和螺旋纹砖

产品中不允许有欠火砖、酥砖和螺旋纹砖,否则判该批产品不合格。

11.烧结普通砖的产品标记

烧结普通砖的产品标记按产品名称、类别、强度等级、质量等级和标准编号的顺序编写。
示例:烧结普通砖,强度等级 MU20,一等品的黏土砖,其标记为:烧结普通砖 N MU20 B GB 5101。

二 蒸压加气混凝土砌块主要技术性质与标准

《蒸压加气混凝土砌块》(GB 11968—2006)适用于蒸压加气混凝土砌块,代号 ACB。

1.砌块的规格尺寸

根据规范要求,蒸压加气混凝土砌块的规格尺寸见表11-8。

蒸压加气混凝土砌块的规格尺寸   表 11-8

长　度　L　(mm)	宽　度　B　(mm)	高　度　H　(mm)
600	100 、120、125 、150 、180 、200 、240、250、300	200 、240、250、300

注:如需要其他规格,可由供需双方协商解决。

2.砌块等级

砌块按尺寸偏差与外观质量、干密度、抗压强度和抗冻性分为:优等品(A)、合格品(B)两个等级。

3. 砌块的尺寸允许偏差与外观质量

蒸压加气混凝土砌块的尺寸允许偏差与外观质量的技术标准见表 11-9。

蒸压加气混凝土砌块的尺寸允许偏差与外观质量　　　　表 11-9

项　　目		指　　标	
		优等品（A）	合格品（B）
允许尺寸偏差（mm）	长度 L	±3	±4
	宽度 B	±1	±2
	高度 H	±1	±2
缺棱掉角	最小尺寸不得大于（mm）	0	30
	最大尺寸不得大于（mm）	0	70
	大于以上尺寸的缺棱掉角个数，不多于（个）	0	2
裂纹长度	贯穿一棱二面的裂纹长度不得大于裂纹所在面的裂纹方向尺寸总和的	0	1/3
	任一面上的裂纹长度不得大于裂纹方向尺寸的	0	1/2
	大于以上尺寸的裂纹条数，不多于（条）	0	2
爆裂、粘模和损坏深度不得大于（mm）		10	30
平面弯曲		不允许	
表面疏松、层裂		不允许	
表面油污		不允许	

4. 砌块的干密度

砌块的干密度为砌块试件在 105℃ 温度下烘至恒量测得的单位体积的质量。砌块按干密度分为 B03、B04、B05、B06、B07、B08 六个干密度级别，各级别的砌体干密度应符合表 11-10 的要求。

蒸压加气混凝土砌块的干密度（kg/m³）　　　　表 11-10

干密度级别		B03	B04	B05	B06	B07	B08
干密度	优等品（A）≤	300	400	500	600	700	800
	合格品（B）≤	325	425	525	625	725	825

5. 砌块的强度

砌块按立方体抗压强度分为 A1.0、A2.0、A2.5、A3.5、A5.0、A7.5、A10.0 七个强度级别，各级别的砌块抗压强度技术标准见表 11-11，砌块的强度级别应符合表 11-12 的要求。

蒸压加气混凝土砌块的立方体抗压强度　　　　表 11-11

强 度 等 级	立方体抗压强度（MPa）	
	平均值≥	单组最小值≥
A1.0	1.0	0.8
A2.0	2.0	1.6
A2.5	2.5	2.0
A3.5	3.5	2.8

强度等级	立方体抗压强度（MPa）	
	平均值≥	单组最小值≥
A5.0	5.0	4.0
A7.5	7.5	6.0
A10.0	10.0	8.0

蒸压加气混凝土砌块的强度级别　　　　表 11-12

干密度级别		B03	B04	B05	B06	B07	B08
强度级别	优等品(A)≤	A1.0	A2.0	A3.5	A5.0	A7.5	A10.0
	合格品(B)≤			A2.5	A3.5	A5.0	A7.5

6. 砌块的干燥收缩、抗冻性和导热系数

砌块的干燥收缩、抗冻性和导热系数（干态）应符合表 11-13 的要求。

蒸压加气混凝土砌块的干燥收缩、抗冻性和导热系数　　　　表 11-13

干密度级别			B03	B04	B05	B06	B07	B08
干燥收缩值	标准法(mm/m)≤		0.50					
	快速法(mm/m)≤		0.80					
抗冻性	质量损失(%)≤		5.0					
	冻后强度 (MPa)≥	优等品(A)	0.8	1.6	2.8	4.0	6.0	8.0
		合格品(B)			2.0	2.8	4.0	6.0
导热系数(干态)[W/(m·K)]≤			0.10	0.12	0.14	0.16	0.18	1.20

注：规定采用标准法、快速法测定砌块干燥收缩值，若测定结果产生矛盾不能判定时，则以标准法测定的结果为准。

7. 砌块的产品标记

蒸压加气混凝土砌块的产品标记按产品代号、强度级别、干密度级别、规格尺寸、质量等级和标准编号的顺序编写。

示例：强度级别 A5.0、干密度级别 B06、规格尺寸为 600mm×200mm×240mm，优等品的蒸压加气混凝土砌块，其标记为：ACB A5.0 B06 600×200×240A GB 11968。

第二节　烧结普通砖试验

 取样方法

产品检验分出厂检验和型式检验。出厂检验项目为：尺寸偏差、外观质量和强度等级。型式检验项目包括《烧结普通砖》（GB 5101—2003）技术要求的全部项目。

（1）批量：检验批的构成原则和批量大小按现行 JC/T 466 规定。3.5 万～15 万块为一批，不足 3.5 万块按一批计。

（2）抽样：外观质量检验的试样采用随机抽样法，在每一检验批的产品堆垛中抽取。尺寸偏差检验和其他检验项目的样品用随机抽样法从外观质量检验后的样品中抽取。抽样数量按表 11-14 进行。

检验项目	尺寸偏差	外观质量	强度等级	泛霜	石灰爆裂	冻融	吸水率和饱和系数
抽样数量	20	50	10	5	5	5	5

单项试验抽取砖样数量(块)   表 11-14

二 尺寸偏差测定

每批检验样品数为 20 块,按《砌墙砖试验方法》(GB/T 2542—2003)规定的检验方法进行。

(一)主要仪器设备

砖用卡尺:如图 11-1 所示,分度值为 0.5mm。

(二)试验准备

(1)试验样品数为 20 块,试验前按规定抽样。

(2)了解砖用卡尺的使用方法。其中每一尺寸测量不足 0.5mm 按 0.5mm 计,每一方向尺寸以两个测量值的算术平均值表示。

(三)试验步骤

长度应在砖的两个大面的中间处分别测量两个尺寸;宽度应在砖的两个大面的中间处分别测量两个尺寸;高度应在两个条面的中间处分别测量两个尺寸,精确至 0.5m,如图 11-2 所示。

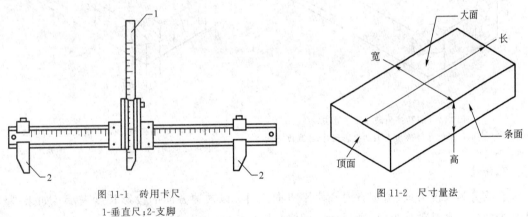

图 11-1 砖用卡尺
1-垂直尺;2-支脚

图 11-2 尺寸量法

当被测处有缺损或凸出时,可在其旁边测量,但应选择不利的一侧。

(四)数据处理与结果评定

每一方向尺寸以两个测量值的算术平均值表示,精确至 1 mm。

样本平均偏差是 20 块试样同一方向 40 个测量尺寸的算术平均值减去其公称尺寸的差值;样本极差是抽检的 20 块试样中同一方向 40 个测量尺寸中最大测量值与最小测量值之差值。

若尺寸偏差符合表 11-4 相应等级规定,则判尺寸偏差为该等级;否则,判不合格。

每批检验样品数为 50 块,按《砌墙砖试验方法》(GB/T 2542—2003)规定的检验方法进行。

(一)主要仪器设备

(1)砖用卡尺:如图 11-1 所示,分度值为 0.5mm。

(2)钢直尺:分度值为 1mm。

(二)试验准备

检验样品数为 50 块,试验前按规定抽样。

(三)试验步骤

1.缺损

缺棱掉角在砖上造成的破损程度,以破损部分对长、宽、高三个棱边的投影尺寸来度量,称为破坏尺寸,如图 11-3 所示。

缺损造成的破坏面,系指缺损部分对条、顶面的投影面积,如图 11-4 所示。

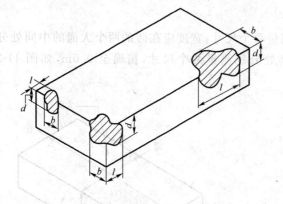

图 11-3 缺棱掉角破坏尺寸量法

l-长度方向的投影尺寸;b-宽度方向的投影尺寸;d-高度方向的投影尺寸

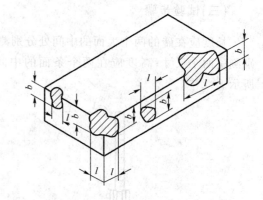

图 11-4 缺损在条、顶面上造成破坏面量法

l-长度方向的投影尺寸;b-宽度方向的投影尺寸

2.裂纹

裂纹分为长度方向、宽度方向和水平方向三种,以被测方向的投影长度表示。如果裂纹从一个面延伸至其他面上时,则累计其延伸的投影长度,如图 11-5 所示。

裂纹长度以在三个方向上分别测得的最长裂纹作为测量结果。

3.弯曲

弯曲分别在大面和条面上测量,测量时将砖用卡尺的两支脚沿棱边两端放置,择其弯曲最大处将垂直尺推至砖面,如图 11-6 所示。但不应将因杂质或碰伤造成的凹处计算在内。

以弯曲测中测得的较大者作为测定结果。

4.杂质凸出高度

杂质在砖面上造成的凸出高度,以杂质距砖面的最大距离表示。测量时将砖用卡尺的两支脚置于凸出两边的砖平面上,以垂直尺测量,如图 11-7 所示。

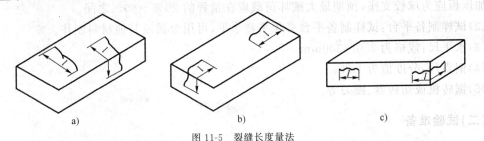

a)　　　　　　　　　　b)　　　　　　　　　　c)

图 11-5　裂缝长度量法

a)宽度方向裂纹长度量法;b)长度方向裂纹长度量法;c)水平方向裂纹长度量法

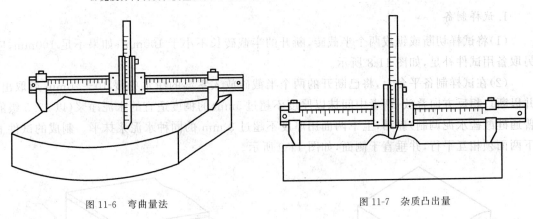

图 11-6　弯曲量法　　　　　　　　图 11-7　杂质凸出量

5.色差

装饰面朝上随机分两排并列,在自然光下距离砖样 2m 处目测。

(四)数据处理与结果评定

外观测量以 mm 为单位,不足 1mm 者,以 1mm 计。

外观质量采用现行《砌墙砖检验规则》(JC/T 466)二次抽样方案,根据表 11-6 规定的质量指标,检验出其中不合格品数 d_1,按下列规则判定:

$d_1 \leqslant 7$ 时,外观质量合格;

$d_1 \geqslant 11$ 时,外观质量不合格;

$d_1 > 7$,且 $d_1 < 11$ 时,需再次从该产品批中抽样 50 块检验,检查出不合格品数 d_2,按下列规则判定:

$(d_1 + d_2) \leqslant 18$ 时,外观质量合格;

$(d_1 + d_2) \geqslant 19$ 时,外观质量不合格。

四 抗压强度试验

每批检验样品数为 10 块,按《砌墙砖试验方法》(GB/T 2542—2003)规定的检验方法进行。

(一)主要仪器设备

(1)材料试验机:试验机的加载能力在 300～500kN 范围内,示值相对误差不大于±1%,其下加压板应为球铰支座,预期最大破坏荷载应在量程的 20%～80%之间。

(2)试样制备平台:试样制备平台必须平整水平,可用金属或其他材料制作。

(3)水平尺:规格为 250～300mm。

(4)钢直尺:分度值为 1mm。

(5)锯砖机或切砖器、锒刀等。

(二)试验准备

检验样品数为 10 块,试验前按规定抽样。

1.试样制备

(1)将试样切断或锯成两个半截砖,断开的半截砖长不小于 100mm;如果不足 100mm,应另取备用试件补足,如图 11-8 所示。

(2)在试样制备平台上,将已断开的两个半截砖放入室温的净水中浸 10～20min 后取出,并以断口相反方向叠放,两者中间抹以厚度不超过 5mm 的稠度适宜的水泥净浆(以 32.5 级的普通硅酸盐水泥调制)黏结,上下两面用厚度不超过 3 mm 的同种水泥浆抹平。制成的试件上下两面须相互平行,并垂直于侧面,如图 11-9 所示。

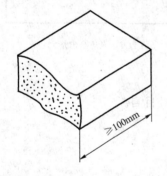

图 11-8 半截砖长度示意

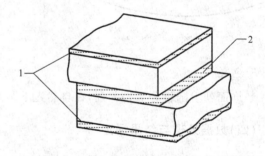

图 11-9 抗压强度试样示意
1-净浆层厚 3mm;2-净浆层厚 5mm

(3)试样还可采用专门的制样模具制作。两种制样方法并行使用,仲裁检验采用模具制样。

2.试样养护

普通制样法制成的抹面试件应置于不低于 10℃的不通风室内养护 3d;模具制样的试件连同模具在不低于 10℃的不通风室内养护 24h 后脱模,再在相同条件下养护 48h ,进行试验。

(三)试验步骤

(1)测量每个试件连接面或受压面的长、宽尺寸各两个,分别取其平均值,精确至 1mm。

(2)将试件平放在加压板的中央,垂直于受压面加荷,应均匀平稳,不得发生冲击或振动,如图 11-10 所示。加荷速度以 5kN/s±0.5kN/s 为宜,直至试件破坏为止,记录最大破坏荷载 P。

(四)数据处理与结果评定

(1)每个试件的抗压强度按式(11-2)计算,精确至 0.01MPa。

$$f_i = \frac{P}{LB} \qquad (11\text{-}2)$$

式中:f_i——抗压强度(MPa);

    P——最大破坏荷载(N);

    L——受压面(连接面)的长度(mm);

    B——受压面(连接面)的宽度(mm)。

(2)10 块砖样的抗压强度的平均值按式(11-3)计算,精确至 0.01MPa。

$$\overline{f} = \frac{\sum\limits_{1}^{10} f_i}{10} \qquad (11\text{-}3)$$

式中:$\overline{f}$——10 块砖样抗压强度的平均值(MPa)。

(3)10 块砖样的抗压强度的标准差和强度变异系数分别按式(11-4)和式(11-5)计算。

$$s = \sqrt{\frac{\sum\limits_{i=1}^{10} (f_i - \overline{f})^2}{9}} \qquad (11\text{-}4)$$

$$\delta = \frac{s}{\overline{f}} \qquad (11\text{-}5)$$

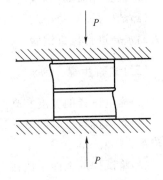

图 11-10　抗压强度试验示意图

式中:s——10 块砖样抗压强度的标准差,精确至 0.01MPa;

    δ——砖强度变异系数,精确至 0.01。

(4)强度评定:

①平均值—标准值评定。

当 $\delta \leqslant 0.21$ 时,按表 11-1 中抗压强度平均值 $\overline{f}$、强度标准值 f_k 评定砖的强度等级。强度标准值 f_k 按公式(11-6)计算,精确至 0.1MPa。

$$f_k = \overline{f} - 1.8s \qquad (11\text{-}6)$$

②平均值—最小值评定。

当 $\delta > 0.21$ 时,按表 11-1 中抗压强度平均值 $\overline{f}$、单块最小抗压强度值 f_{min} 评定砖的强度等级,单块最小抗压强度值精确至 0.1MPa。

③低于 MU10 判不合格。

五　抗折强度试验

普通烧结砖不必做抗折试验,烧结多孔砖以及非烧结砖要进行抗折试验。下面仅就蒸压灰砂砖说明抗折试验的过程。

蒸压灰砂砖按 GB 11945—99 的规定,其抗折试验每批检验样品数为 5 块,按《砌墙砖试验方法》(GB/T 2542—2003)规定的检验方法进行。

(一)主要仪器设备

(1)材料试验机。

(2)抗折夹具:抗折试验的加荷形式为三点加荷,其上压辊和下支辊的曲率半径为15mm,下支辊应有一个为铰接固定。

(3)钢直尺。

(二)试验准备

(1)检验样品数为5块,试验前按规定抽样。

(2)试样处理:蒸压灰砂砖应放在温度为20℃±5℃的水中浸泡24h后取出,用湿布拭去其表面水分进行抗折试验。

(三)试验步骤

(1)测量试样的宽度和高度尺寸各2个,分别取其平均值,精确至1mm。

(2)调整抗折夹具的下支辊的跨距为砖规格长度减去40mm,但规格长度为190mm的砖,其跨距为160mm。

(3)将试样的大面平放在下支辊上,试样两端面与下支辊的距离应相同。当试样有裂缝或凹陷时,应使有裂缝或凹陷的大面朝下,以50～150N/s的速率均匀加荷,直至试样断裂,记录最大破坏荷载 P 。

(四)数据处理与结果评定

(1)每个试件的抗折强度按式(11-7)计算,精确至0.1MPa。

$$f_弯 = \frac{3PL}{2BH^2} \qquad (11-7)$$

式中: $f_弯$ ——抗折强度(MPa);

P ——最大破坏荷载(N);

L ——跨距(mm);

B ——试样宽度(mm);

H ——试样高度(mm)。

(2)计算试件抗折强度的平均值。

(3)抗折强度评定:

以试样抗折强度的平均值和单块最小值表示,蒸压灰砂砖的抗压与抗折强度见表11-15。

蒸压灰砂砖的强度指标   表11-15

强度等级	抗压强度(MPa)		抗折强度(MPa)	
	平均值≥	单块最小值≥	平均值≥	单块最小值≥
MU25	25.0	20.0	5.0	4.0
MU20	20.0	16.0	4.0	3.2
MU15	15.0	12.0	3.3	2.6
MU10	10.0	8.0	2.5	2.0

六 烧结普通砖试验示例

一般的烧结普通砖检测报告见表11-16。

委托编号	××		试验编号	××
委托单位	××		委托日期	××
工程名称	××		试验日期	××
使用部位	基础砌筑		强度等级	MU15
生产厂家 主要仪器设备	×× ××		各种规格 代表批量	240mm×115mm×53mm 6.5 万块
见证员	单位：××	姓名：××		编号：××
执行标准	《烧结普通砖》(GB 5101—2003) 《砌墙砖试验方法》(GB/T 2542—2003)			

检测内容

抗压强度 （MPa）	试验结果	平均值（MPa）	标准值（MPa）	最小值（MPa）	变异系数
		16.25	10.69	13.96	0.19
	标准规定	平均值（MPa）	标准值（MPa）	最小值（MPa）	
		15.0	10.0	12.0	

抗风化性能 （非严重风区）	试验结果				标准规定			
	沸煮吸水率（%）		饱和系数		沸煮吸水率（%）		饱和系数	
	平均值	单块最大值	平均值	单块最大值	平均值	单块最大值	平均值	单块最大值
	15.1	17.4	0.68	0.76	19	20	0.88	0.90

泛霜	无
石灰爆裂	无大于 2mm 的爆裂区域

冻融	外观质量	—
	质量损失	—

结论	符合烧结普通砖 N MU15 A GB 5101 的技术要求 试验单位(章)：　×年×月×日	备注	

试验人：××	审核人：××	技术负责人：××

施工技术
负责人：　　×× 　　　　　　　监理工程师
　　　　　　　　　　　　　　　（建设单位代表）：　　　××

第三节　蒸压加气混凝土砌块试验

一　取样方法

　　产品检验分出厂检验和型式检验。出厂检验项目为：尺寸偏差、外观质量、立方体抗压强度和干密度。型式检验项目包括 GB 11968—2006 技术要求的全部项目。出厂检验抽样规则

第十一章

砌墙砖及砌块

如下：

（1）批量：同品种、同规格、同等级的砌块，以 1 万块为一批，不足 1 万块按一批计。

（2）抽样：在每一检验批的产品中随机抽取 50 块砌块，进行尺寸偏差、外观检验。从外观与尺寸检验合格的砌块中，随机抽取 6 块砌块制作试样进行干密度和抗压强度检验。

二 尺寸偏差测定与外观质量检查

每批检验样品数为 50 块，按《蒸压加气混凝土砌块》（GB 11968—2006）规定的检验方法进行。

（一）主要仪器设备

可采用钢直尺、钢卷尺、深度游标卡尺等测量，最小刻度为 1mm。

（二）试验准备

试验样品数为 50 块，试验前按规定抽样。

（三）试验步骤

（1）尺寸测量：长度、高度、宽度分别在两个对应面的端部测量，各量两个尺寸，如图 11-11 所示。测量值大于规格尺寸的取最大值，测量值小于规格尺寸的取最小值。

（2）缺棱掉角：缺棱或掉角个数，目测；测量砌块破坏部分对砌块的长、高、宽三个方向的投影尺寸，如图 11-12 所示。

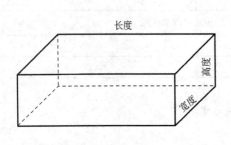

图 11-11　尺寸量法

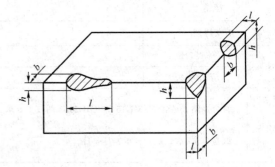

图 11-12　缺棱掉角尺寸量法
l-长度方向的投影尺寸；h-高度方向的投影尺寸；
b-宽度方向的投影尺寸

（3）裂纹：裂纹条数，目测；长度以所在面最大的投影尺寸为准，如图 11-13 中 l。若裂纹从一面延伸至另一面，则以两个面上的投影尺寸之和为准，如图 11-13 中 $(b+h)$ 和 $(l+h)$。

（4）平面弯曲：测量弯曲面的最大缝隙尺寸，如图 11-14 所示。

（5）爆裂、粘模和损坏深度：将钢直尺平放在砌块表面，用深度游标卡尺垂直于钢直尺，测量其最大

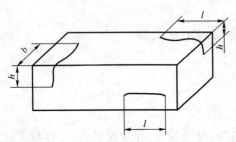

图 11-13　裂纹长度量

深度。

(6)砌块表面油污、表面疏松、层裂:目测。

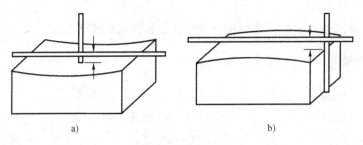

图 11-14　平面弯曲量

(四)数据处理与结果评定

若受检的 50 块砌块中,尺寸偏差和外观质量不符合表 11-8 和表 11-9 规定的砌块数量不超过 5 块时,判定该批砌块符合相应等级;若不符合表 11-8 和表 11-9 规定的砌块数量超过 5 块时,判定该批砌块不符合相应等级。

三　立方体抗压强度试验

按《加气混凝土性能试验方法总则》(GB/T 11969—1997)进行立方体抗压试件的制备,按《加气混凝土力学性能试验方法》(GB/T 11971—1997)进行立方体抗压强度试验。

(一)主要仪器设备

(1)机锯或刀锯:用于试件的制备。

(2)材料试验机:精度(示值的相对误差)不应低于±2%,其量程的选择应能使试件的预期最大破坏荷载处在全量程的 20%～80% 范围内。

(3)托盘天平或磅秤:量程 2 000g,感量 1g。

(4)钢板直尺:规格为 300mm,分度值为 0.5mm。

(5)电热鼓风干燥箱:最高温度 200℃。

(二)试验准备

(1)样品数为 6 块,试验前按规定抽样。

(2)试件制备:采用机锯或刀锯,锯时不得将试件弄湿。

试件制备时沿制品膨胀方向中心部分上、中、下顺序锯取一组,"上"块上表面距离制品顶面 30mm,"中"块在制品正中处,"下"块下表面离制品底面 30mm。制品的高度不同,试件间隔略有不同,以高度 600mm 的制品为例,试件锯取部位如图 11-15 所示。

试件必须逐块加以编号,并标明锯取部位和膨胀方向。立方体试件外形必须是 100mm×100mm×100mm 的正立方体。试件尺寸允许偏差为±2mm。试件表面必须锉平或磨平,不得有裂缝或明显缺陷。试件承压面的不平度应为每 100mm 不超过 0.1mm,承压面与相邻面的不垂直度不应超过±1°。

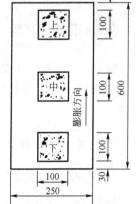

图 11-15　试件锯切示意图
(尺寸单位:mm)

（3）试件含水状态：抗压强度试件的质量含水率为 25%～45%，以接近砌块使用时气干环境下的含水率。如果质量含水率超过上述规定范围，则在 60℃±5℃ 下烘至所要求的含水率。

（4）试件数量：6 块砌块加工成 3 组 9 块试件进行抗压强度试验。

（三）试验步骤

（1）检查试件外观。

（2）测量试件的尺寸，精确至 1mm，并计算试件的受压面积（A_1）。

（3）将试件放在材料试验机的下压板的中心位置，试件的受压方向应垂直于制品的膨胀方向。

（4）开动试验机，当上压板与试件接近时，调整球座，使接触均衡。以 2.0kN/s±0.5kN/s 的速率连续而均匀地加荷，直至试件破坏，记录破坏荷载（P_1）。

（5）将试验后的试件全部或部分立即称质量，然后在 105℃±5℃ 下烘至恒量，计算其含水率。恒量是指在烘干过程中间 4h，前后两次质量差不超过试件质量的 0.5%。

（四）数据处理与结果评定

（1）每个试件的抗压强度按式（11-8）计算，精确至 0.1MPa。

$$f_{cc} = \frac{P_1}{A_1} \tag{11-8}$$

式中：f_{cc}——试件抗压强度（MPa）；

P_1——最大破坏荷载（N）；

A_1——试件受压面积（mm²）。

（2）计算每组 3 块试件试验值的算术平均值作为强度的试验结果，精确至 0.1 MPa。

（3）以 3 组的平均值与其中 1 组最小平均值，按表 11-11 规定判定强度级别。

四 干密度试验

按《加气混凝土性能试验方法总则》（GB/T 11969—1997）进行干密度试验试件的制备，按《加气混凝土体积密度、含水率和吸水率试验方法》（GB/T 11970—1997）进行干密度试验。

（一）主要仪器设备

（1）机锯或刀锯：用于试件的制备。

（2）托盘天平或磅秤：量程 2 000g，感量 1g。

（3）钢板直尺：规格为 300mm，分度值为 0.5mm。

（4）电热鼓风干燥箱：最高温度 200℃。

（二）试验准备

（1）样品数为 6 块，试验前按规定抽样。

（2）试件制备：与立方体抗压强度试验的制备方法相同，制备 100mm×100mm×100mm 的立方体试件。

（3）试件数量：6 块砌块加工成 3 组 9 块试件进行干密度试验。

（三）试验步骤

（1）逐块量取长、宽、高三个方向的轴线尺寸，精确至 1mm，计算试件的体积 V。

（2）将试件放入电热鼓风干燥箱内，在 105℃±5℃ 下烘至恒量，称得质量为 m_0。

（四）数据处理与结果评定

（1）每个试件的干密度按式(11-9)计算，精确至 $1kg/m^3$。

$$\rho_0 = \frac{m_0}{V} \times 10^6 \tag{11-9}$$

式中：ρ_0——干密度(kg/m^3)；

$\quad m_0$——试件烘干后的质量(g)；

$\quad V$——试件体积(mm^2)。

（2）以 3 组干密度试件的测定结果平均值判定其干密度级别，符合表 11-10 规定时则判定该批试件合格。

（3）当强度和干密度级别关系符合表 11-12 规定，同时，3 组试件中各个单组抗压强度平均值均大于表 11-12 规定的此强度级别的最小值时，判定该批砌块符合相应等级；若有 1 组或 1 组以上低于此强度级别的最小值时，判定该批砌块不符合相应等级。

（4）出厂检验中受检验产品的尺寸偏差、外观质量、立方体抗压强度和干密度各项检验全部符合相应等级的技术要求规定时，判定为符合相应等级，否则降等或判定不合格。

五 蒸压加气混凝土砌块试验示例

（一）工程实例

某框架结构办公楼，上部结构的填充墙采用蒸压加气混凝土砌筑，同批购进 0.86 万块蒸压加气混凝土块，需要进行立方体抗压强度试验和干密度试验。

（二）取样

本试验室试验制备 1 组 3 个试件(可根据试验设备、试验学时调整试件的块数)进行抗压强度试验和干密度。

（三）试验

首先按试件制备的方法制备 1 组 3 个试件，然后按本节蒸压加气混凝土干密度的试验方法进行尺寸测量、质量称取和数据处理与计算，最后按立方体强度试验方法加压破坏，计算各个试件的抗压强度并进行强度评定，完成表 11-17。

一般的蒸压加气混凝土砌块试验报告见表 11-17。

表 11-17

委托日期 ___×___ 年 ___×___ 月 ___×___ 日　　　　试验编号 _____×× _____

发出日期 ___×___ 年 ___×___ 月 ___×___ 日　　　　建设单位 _____×× _____

委托单位 _____×× _____　　　　　　　　　工程名称 _____×× _____

使用部位 __框架上部结构的填充墙__　　　　　　规　　格 __600mm×240mm×240mm__

产地或厂名 _____×× _____　　　　　　　进场数量 _____1.1_____（万块）

出厂合格证编号 _____×× _____　　　　　设计要求强度 ____A3.5 B05____

级别及等品 ____优等品____

送 样 人 _____×× _____　　　　　　　　监理工程师 _____×× _____

执行标准
《蒸压加气混凝土砌块》(GB 11968—2006)
《加气混凝土性能试验方法总则》(GB/T 11969—1997)
《加气混凝土体积密度、含水率和吸水率试验方法》(GB/T 11970—1997)
《加气混凝土力学性能试验方法》(GB/T 11971—1997)

试件编号	干密度(kg/m³)			抗压强度(MPa)					
1	557	552	563	3.6	3.8	4.5			
2	541	545	580	3.9	3.2	4.2			
3	564	517	558	3.3	3.2	3.9			
平均	554	528	567	3.6	3.4	4.2			
		550			3.7				

结论：　　　　符合 ACB A3.5 B05 600×240×240A GB 11958 的技术要求

试验单位：××　　　　负责人：××　　　　审核：××　　　　试验：××

单位工程技术负责人
　意见：

××××××

签章： ××

注：1. 立方体抗压强度测定采用 100mm×100mm×100mm 立方体试件，含水率标准为 25%～45%。

　　2. 表中空白栏，留作有抗冻性或干燥收缩指标要求时用。

参 考 文 献

[1] 中华人民共和国国家标准 GB/T 208—1994 水泥密度试验. 北京:中国标准出版社,1994.

[2] 中华人民共和国国家标准 GB/T 1345—2005 水泥细度试验. 北京:中国标准出版社,2005.

[3] 中华人民共和国国家标准 GB/T 1346—2001 水泥标准稠度用水量、凝结时间、安定性检验方法. 北京:中国标准出版社,2001.

[4] 中华人民共和国国家标准 GB/T 17671—1999 水泥胶砂强度检验方法(ISO 法). 北京:中国标准出版社,1999.

[5] 中华人民共和国国家标准 GB 175—2007 通用硅酸盐水泥. 北京:中国标准出版社,2007.

[6] 中华人民共和国国家标准 GB/T 8074—2008 水泥比表面积测定方法 勃氏法. 北京:中国标准出版社,2007.

[7] 中华人民共和国国家标准 GB/T 12573—2008 水泥取样方法. 北京:中国标准出版社,2008.

[8] 中华人民共和国国家标准 GB/T 2419—2005 水泥胶砂流动度测定方法. 北京:中国标准出版社,2005.

[9] 中华人民共和国行业标准 JTG E42—2005 公路工程集料试验规程. 北京:人民交通出版社,2005.

[10] 中华人民共和国国家标准 GB 14684—2011 建筑用砂. 北京:中国标准出版社,2001.

[11] 中华人民共和国国家标准 GB 14685—2011 建筑用卵石、碎石. 北京:中国标准出版社,2001.

[12] 中华人民共和国国家标准 GB 1499.2—2007 钢筋混凝土用钢 第2部分热轧带肋钢筋. 北京:中国标准出版社,2007.

[13] 中华人民共和国国家标准 GB 1499.1—2008 钢筋混凝土用钢 第1部分热轧光圆钢筋. 北京:中国标准出版社,2008.

[14] 中华人民共和国国家标准 GB/T 228—2010 金属材料室温拉伸试验方法. 北京:中国标准出版社,2010.

[15] 中华人民共和国国家标准 GB/T 232—2010 金属材料弯曲试验方法. 北京:中国标准出版社,2010.

[16] 中华人民共和国国家标准 GB/T 50080—2002 普通混凝土拌合物性能试验方法标准. 北京:中国建筑工业出版社,2002.

[17] 中华人民共和国国家标准 GB/T 50081—2002 普通混凝土力学性能试验方法标准. 北京:中国建筑工业出版社,2002.

[18] 中华人民共和国行业标准 JTJ E20—2011 公路工程沥青及沥青混合料试验规程. 北京:人民交通出版社,2011.

[19] 中华人民共和国行业标准 JTG F40—2004 公路沥青路面施工技术规范. 北京:人民交通出版社,2004.

[20] 中华人民共和国行业标准 JTJ 057—2009 公路工程无机结合料稳定材料试验规程. 北京:人民交通出版社,2009.

参 考 文 献

[1] 中华人民共和国国家标准. GB/T 50 系列.

土木工程材料
实训报告册

目　　录

实训报告一

实训一（1）

日期：　　　　班级：　　　　组：　　　　姓名：　　　　学号：

实训题目	**石灰试验**（有效氧化钙的测定）	成绩	
试验目的和意义			
主要仪器设备			
主要试验步骤			

试验次数	试样质量（g）	盐酸标定后浓度（mol/L）	盐酸消耗体积（mL）	有效氧化钙含量（%）	平均值（%）

备注	
结论	

日期： 班级： 组： 姓名： 学号：

实训题目	石灰试验 （有效氧化镁的测定）	成绩	
试验目的和意义			
主要仪器设备			
主要试验步骤			

试验次数	试样质量（g）	EDTA 对氧化钙滴定度	EDTA 对氧化镁滴定度	EDTA 消耗量		氧化镁含量（%）	平均值
				滴定钙镁合量（mL）	滴定钙（mL）		
备注							
结论							

日期：　　　　班级：　　　　组：　　　　姓名：　　　　学号：

实训题目	**石灰试验**（有效氧化钙和氧化镁合量的简易测试）	成绩	
试验目的和意义			
主要仪器设备			
主要试验步骤			

试验次数	试样质量（g）	盐酸的准确物质的量浓度（mol/L）	消耗盐酸体积（mL）	石灰中有效氧化钙和氧化镁含量(％)	
				个别值	平均值
1					
2					
备注					
结论					

实训报告二

日期： 班级： 组： 姓名： 学号：

实训题目	水泥试验 （水泥密度试验）	成绩	
试验目的和意义			
主要仪器设备			
主要试验步骤			

试样编号	水泥试样质量 m （g）	李氏密度瓶读数（cm³）		水泥密度（kg/m³）	
		第一次读数	第二次读数	个别值	平均值
备注					
结论					

4

日期：　　　　班级：　　　　组：　　　　姓名：　　　　学号：

实训题目	**水泥试验** （水泥细度试验—筛析法）		成绩	
试验目的和意义				
主要仪器设备				
主要试验步骤				

试样编号	水泥试样质量 m （g）	水泥筛余物质量 R_s （g）	水泥筛余百分数（％）	
			个别值	平均值
备注				
结论				

日期：　　　　班级：　　　　组：　　　　姓名：　　　　学号：

实训题目	**水泥试验**（水泥细度试验—勃氏法）	成绩	
试验目的和意义			
主要仪器设备			
主要试验步骤			

试验编号	密度（g/cm³）	质量（g）	液面降落时间（s）	比表面积（cm²/g）
1				
2				
备注				
结论				

日期：　　　　班级：　　　　组：　　　　姓名：　　　　　学号：

实训题目	**水泥试验** （水泥标准稠度用水量试验）	成绩	
试验目的和意义			
主要仪器设备			
主要试验步骤			

试验次数	水泥用量 （g）	用水量 （mL）	试杆距底板距离 （mm）	标准稠度用水量 P （％）
备注				
结论				

日期：　　　　班级：　　　　组：　　　　姓名：　　　　学号：

实训题目	水泥试验 （水泥凝结时间试验）		成绩	
试验目的和意义				
主要仪器设备				
主要试验步骤				

试样编号	加水时间	试针距底板距离 为 4mm±1mm 的时间	试针沉入试件 0.5mm 的时间

备注	
结论	

日期： 班级： 组： 姓名： 学号：

实训题目	**水泥试验** （水泥体积安定性试验）		成绩	
试验目的和意义				
主要仪器设备				
主要试验步骤				

试样编号	沸煮后试件指针尖端间距 C(mm)	沸煮前试件指针尖端间距 A(mm)	试件煮后增加距离 $C-A$(mm)

备注	
结论	

沸煮前试饼情况:直径约：_____ ;厚度约：_____ ;

沸煮后目测试饼情况:_____

结论

日期： 班级： 组： 姓名： 学号：

实训题目	**水泥试验** （水泥胶砂强度检验）	成绩	
试验目的和意义			
主要仪器设备			
主要试验步骤			

成型三条试件所需材料用量

水泥(g)	标准砂（g）	水（mL）

龄期			
试验日期			

抗折试验		破坏荷载 （kN）	抗折强度 （MPa）	破坏荷载 （kN）	抗折强度 （MPa）
	个别值				
	平均值				

抗压试验		破坏荷载 （kN）	抗压强度 （MPa）	破坏荷载 （kN）	抗压强度 （MPa）
	个别值				
	平均值				

备注	
结论	

日期：　　　　班级：　　　　组：　　　　姓名：　　　　学号：

实训题目	水泥试验 （水泥胶砂流动度试验）		成绩	
试验目的和意义				
主要仪器设备				
主要试验步骤				

试样编号	水泥质量（g）	用水量（mL）	标准砂用量（g）	最大扩展直径（mm）	与最大扩散直径垂直方向直径（mm）	平均值（mm）
备注						
结论						

实训报告三

日期： 班级： 组： 姓名： 学号：

| 实训题目 | 水泥混凝土用砂石材料试验
（细集料筛分试验） | | 成绩 | |

试验目的和意义	
主要仪器设备	
主要试验步骤	

编号	筛孔尺寸 （mm）	9.5	4.75	2.36	1.18	0.60	0.30	0.15	筛底	损失率 （%）
1	筛余质量(g)									
1	分计筛余 百分率 a（%）									
1	累计筛余 百分率 A（%）									
2	筛余质量(g)									
2	分计筛余 百分率 a（%）									
2	累计筛余 百分率 A（%）									
3	累计筛余 百分率平均值 A（%）									
4	通过百分率 P（%）									

第一次试验细度模数为：

$$M_{x_1} = \frac{(A_2 + A_3 + A_4 + A_5 + A_6) - 5A_1}{100 - A_1} =$$

第二次试验细度模数为：

$$M_{x_2} = \frac{(A_2 + A_3 + A_4 + A_5 + A_6) - 5A_1}{100 - A_1} =$$

两次细度模数差值 $|M_{x_1} - M_{x_2}| =$

平均值 $M_x =$

筛分曲线

结论

日期：　　　班级：　　　　组：　　　　姓名：　　　　学号：

实训题目	水泥混凝土用砂石材料试验 （细集料表观密度试验——容量瓶法）	成绩	
试验目的和意义			
主要仪器设备			
主要试验步骤			

编号	试样质量 m_0 （g）	瓶、砂、满水质量 m_1 （g）	瓶、满 水质量 m_2 （g）	砂样在水中 所占的总体积 V （cm³）	表观密度 ρ_0 （kg/m³）	平均值 （kg/m³）

备注	
结论	

13

日期： 班级： 组： 姓名： 学号：

实训题目	水泥混凝土用砂石材料试验 （细集料堆积密度与空隙率试验——松散、紧装）				成绩	
试验目的和意义						
主要仪器设备						
主要试验步骤						

编号		容量筒容积 V （L）	容量筒质量 m_1 （g）	容量筒、砂质量 m_2 （g）	砂质量 m （g）	堆积密度 ρ_1 （kg/m³）	平均值 （kg/m³）
松散堆积密度	1						
	2						
紧密堆积密度	1						
	2						

结论	

日期： 班级： 组： 姓名： 学号：

实训题目	水泥混凝土用砂石材料试验 （细集料的含水率试验）		成绩	
试验目的和意义				
主要仪器设备				
主要试验步骤				

编号	容器质量 m_0 （g）	容器与烘干前 试样总质量 m_2 （g）	容器与烘干后 试样总质量 m_1 （g）	含水率 （％）	平均值 （％）

备注	
结论	

15

日期： 班级： 组： 姓名： 学号：

实训题目	水泥混凝土用砂石材料试验 （细集料的含泥量试验）		成绩	
试验目的和意义				
主要仪器设备				
主要试验步骤				

编号	试验前烘干试样的质量 m_1 （g）	试验后烘干试样的质量 m_2 （g）	含泥量 Q_a （%）	平均值 （%）
1				
2				
备注				
结论				

日期：　　　班级：　　　组：　　　姓名：　　　学号：

实训题目	水泥混凝土用砂石材料试验 （细集料的泥块含量试验）	成绩	
试验目的和意义			
主要仪器设备			
主要试验步骤			

编号	1.18mm 筛筛余试样的质量 m_1 （g）	试验后烘干试样的质量 m_2 （g）	泥块含量 Q_b （%）	平均值 （%）
1				
2				
备注				
结论				

日期：　　　　班级：　　　　组：　　　　姓名：　　　　学号：

实训题目	**水泥混凝土用砂石材料试验** （碎石或卵石的筛分析试验）	成绩	
试验目的和意义			
主要仪器设备			
主要试验步骤			

筛孔尺寸 （mm）								损失率 （％）
筛余质量 （g）								
分计筛余百分率 a （％）								
累计筛余百分率 A （％）								
要求的级配								
结论								

日期：　　　　班级：　　　　组：　　　　姓名：　　　　学号：

实训题目	水泥混凝土用砂石材料试验 （碎石或卵石的表观密度试验）	成绩	
试验目的和意义			
主要仪器设备			
主要试验步骤			

编号	试样 质量 m_0 （g）	吊篮及试样在 水中的质量 m_1 （g）	吊篮在水中 的质量 m_2 （g）	石子在水中所 占的总体积 V （cm³）	表观密度 ρ_0 （kg/m³）	平均值 （kg/m³）
1						
2						
备注						
结论						

编号	试样 质量 m_0 （g）	瓶、石子、满水 质量 m_1 （g）	瓶、满水 质量 m_2 （g）	石子在水中所 占的总体积 V （cm³）	表观密度 ρ_0 （kg/m³）	平均值 （kg/m³）
1						
2						
备注						
结论						

日期： 班级： 组： 姓名： 学号：

实训题目	水泥混凝土用砂石材料试验 （碎石或卵石的堆积密度和空隙率试验）	成绩	
试验目的和意义			
主要仪器设备			
主要试验步骤			

编号		容量筒容积 V （L）	容量筒质量 m_1 （g）	容量筒、石子 质量 m_2 （g）	石子质量 m （g）	堆积密度 ρ_1 （kg/m³）	平均值 （kg/m³）	空隙率 （%）
松散	1							
	2							
紧密	1							
	2							
备注								
结论								

日期： 班级： 组： 姓名： 学号：

实训题目	水泥混凝土用砂石材料试验 （碎石或卵石的针片状颗粒含量试验）	成绩	
试验目的和意义			
主要仪器设备			
主要试验步骤			

试样质量 m_1 （g）	针片状颗粒的总质量 m_2 （g）	针片状颗粒含量 Q_c （%）

备注	
结论	

日期： 班级： 组： 姓名： 学号：

实训题目	水泥混凝土用砂石材料试验 （碎石或卵石压碎指标值试验）		成绩	
试验目的和意义				
主要仪器设备				
主要试验步骤				

编号	试样质量 m_1 （g）	压碎实训后筛余的 试样质量 m_2 （g）	压碎指标值 Q_c （%）	平均值 （%）
1				
2				
3				
备注				
结论				

日期： 班级： 组： 姓名： 学号：

实训题目	水泥混凝土用砂石材料试验 （碎石或卵石的含泥量试验）		成绩	
试验目的和意义				
主要仪器设备				
主要试验步骤				
编号	试验前烘干试样的质量 m_1 （g）	试验后烘干试样的质量 m_2 （g）	含泥量 Q_a （%）	平均值 （%）
1				
2				
备注				
结论				

日期： 班级： 组： 姓名： 学号：

实训题目	水泥混凝土用砂石材料试验 （碎石或卵石的泥块含量试验）		成绩	
试验目的和意义				
主要仪器设备				
主要试验步骤				

编号	试验前烘干试样的质量 m_1 （g）	试验后烘干试样的质量 m_2 （g）	泥块含量 Q_a （%）	平均值 （%）
1				
2				
备注				
结论				

实训报告四

日期：　　　　班级：　　　　组：　　　　姓名：　　　　学号：

实训题目	**普通水泥混凝土试验** (混凝土拌合物稠度试验——坍落度与坍落扩展度法)	成绩	
试验目的和意义			
主要仪器设备			
主要试验步骤			

试验日期＿＿＿＿＿＿＿＿＿气温/室温＿＿＿＿＿＿＿＿＿湿度＿＿＿＿＿＿＿＿＿

粗集料种类＿＿＿＿＿＿＿＿＿＿＿＿＿粗集料最大粒径＿＿＿＿＿＿＿＿＿＿＿＿＿

砂率＿＿＿＿＿＿＿＿＿＿＿＿＿拟定坍落度＿＿＿＿＿＿＿＿＿＿＿＿＿

	材　　料	水泥	砂子	石子	水	外加剂	总量	配合比 (水泥：砂：石;水灰比)
调整前	每立方米混凝土 材料用量(kg)							
	试拌 15L 混凝土 材料用量(kg)							
	和易性评定	坍落度： 黏聚性： 保水性：						

	材料	水泥	砂子	石子	水	外加剂	总量	配合比 (水泥：砂：石;水灰比)
调整后	第一次调整 增加量(kg)							
	第二次调整 增加量(kg)							
	和易性评定	坍落度： 黏聚性： 保水性：						

结论	

日期：　　　　　班级：　　　　　组：　　　　　姓名：　　　　　学号：

实训题目	**普通水泥混凝土试验** （混凝土拌合物稠度试验——维勃稠度法）	成绩	
试验目的和意义			
主要仪器设备			
主要试验步骤			

试验日期＿＿＿＿＿＿＿＿＿＿＿　气温／室温＿＿＿＿＿＿　湿度＿＿＿＿＿

粗集料种类＿＿＿＿＿＿＿＿＿　粗集料最大粒径＿＿＿＿＿＿＿＿＿＿＿

砂　　　率＿＿＿＿＿＿＿＿＿　拟定坍落度＿＿＿＿＿＿＿＿＿＿＿＿＿

混凝土的配合比（水泥：砂：石；水灰比）＿＿＿＿＿＿＿＿＿＿＿＿＿＿

维勃稠度值＿＿＿＿＿＿＿＿＿＿＿＿＿＿＿＿＿＿＿＿＿＿＿＿＿＿＿＿

结论

日期：　　　班级：　　　组：　　　姓名：　　　学号：

实训题目	普通水泥混凝土试验 （混凝土拌合物表观密度试验）	成绩	
试验目的和意义			
主要仪器设备			
主要试验步骤			

编号	容量筒容积 V_0 （L）	容量筒质量 m_1 （kg）	容量筒＋ 混凝土质量 m_2 （kg）	混凝土质量 m_2-m_1 （kg）	混凝土拌合物的表观密度（kg/m³）	
					单值	平均值
1						
2						
结论						

日期：　　　　班级：　　　　组：　　　　姓名：　　　　学号：

实训题目	普通水泥混凝土试验 （水泥混凝土立方体抗压强度试验）				成绩	

试验目的和意义	

主要仪器设备	

主要试验步骤	

编号	试件尺寸 （mm）		受压面积 A （mm²）	破坏荷载 F （N）	抗压强度（MPa）		试件尺寸 换算后强度 的代表值 （MPa）
	a	b			测定值	是否超过中间 值的15%	
1							
2							
3							
结论							

实训报告五

日期： 班级： 组： 姓名： 学号：

实训题目	**建筑砂浆试验** （砂浆稠度试验）	成绩	
试验目的和意义			
主要仪器设备			
主要试验步骤			

配制砂浆种类＿＿＿＿＿＿＿＿＿ 拌制方法＿＿＿＿＿＿＿＿＿
设计要求的沉入度＿＿＿＿＿＿＿＿＿＿＿＿＿＿＿＿＿

配合比(kg)	水泥：砂：水＝＿＿＿＿：＿＿＿＿：＿＿＿＿		
拌制＿＿＿＿(L)	水泥＝＿＿＿＿ 砂＝＿＿＿＿ 水＝＿＿＿＿		
稠度(mm)	第1次	第2次	差值
平均值(mm)			
结论			

日期：　　　　班级：　　　　组：　　　　姓名：　　　　学号：

实训题目	建筑砂浆试验 （砂浆分层度试验）		成绩	
试验目的和意义				
主要仪器设备				
主要试验步骤				
配合比(kg)	水泥：砂：水＝＿＿＿＿：＿＿＿＿：＿＿＿＿			
拌制＿＿＿＿(L)	水泥＝＿＿＿＿　砂＝＿＿＿＿　水＝＿＿＿＿			
分层度(mm)	第1次		第2次	
平均值(mm)				
结论				

日期：　　　　班级：　　　　组：　　　　姓名：　　　　学号：

实训题目	**建筑砂浆试验** （砂浆立方体抗压强度试验）	成绩	
试验目的和意义			
主要仪器设备			
主要试验步骤	(1)试件成型 (2)试件养护 (3)试件破型		

品种＿＿＿＿＿＿＿＿＿＿＿　养护条件＿＿＿＿＿＿＿＿＿＿＿＿＿

龄期＿＿＿＿＿＿＿＿＿＿＿＿＿＿＿＿＿＿＿＿＿＿＿＿＿＿＿

组别	试块尺寸（边长）(mm)	受压面积(mm²)	破坏荷载 F(kN)						抗压强度测定值(MPa)						代表值(MPa)
			1	2	3	4	5	6	1	2	3	4	5	6	
1															

单个试件抗压强度最大值$(f_{m,cu})_{max}=$

单个试件抗压强度最小值$f_{m,cu})_{min}=$

平均值$\overline{f_{m,cu}}=$

结论

实训报告六

日期：　　　班级：　　　组：　　　姓名：　　　学号：

实训题目	钢筋试验 （钢筋拉伸试验）		成绩	
试验目的和意义				
主要仪器设备				
主要试验步骤				

检验日期＿＿＿＿＿＿　　　　　　设备编号＿＿＿＿＿＿

序号	表面形状	钢筋等级	公称直径(mm)	横截面积(mm²)	原始标距(mm)	拉伸实训											
						第一根						第二根					
						屈服荷载(kN)	极限荷载(kN)	断后标距(mm)	屈服强度(MPa)	抗拉强度(MPa)	伸长率(%)	屈服荷载(kN)	极限荷载(kN)	断后标距(mm)	屈服强度(MPa)	抗拉强度(MPa)	伸长率(%)
			①	②	③	④	⑤	⑥	⑦	⑧	⑨	⑩	⑪	⑫	⑬	⑭	⑮
1																	
2																	
3																	

备注：1.表面形状栏选项有：光圆和带肋；是光圆钢筋则填 G，带肋钢筋则填 L。
　　　2.屈服强度⑦＝④÷②；抗拉强度⑧＝⑤÷②；伸长率⑨＝（⑥－③）÷③×100%。⑬、⑭、⑮计算同理。

结论

日期: 　　　班级: 　　　组: 　　　姓名: 　　　学号:

实训题目	**钢筋试验** (钢筋冷弯试验)	成绩	
试验目的和意义			
主要仪器设备			
主要试验步骤			

检验日期_____　　　设备编号_____

序号	表面形状	钢筋等级	公称直径 (mm)	冷 弯 试 验		
				弯心直径 (mm)	弯曲角度 (°)	断裂形态
1						
2						
3						

注:断裂形态栏选项有:完好、一根有裂纹、两根有裂纹,如两根有裂纹则该栏填2,一根有裂纹则该栏填1,两根都完好则该栏填0。表面形状栏选项有:光圆和带肋,如是光圆钢筋则填G,带肋钢筋则填L。

结论

实训报告七

日期：　　　　班级：　　　　组：　　　　姓名：　　　　学号：

实训题目	沥青试验 （针入度试验）	成绩	
试验目的和适用范围			
主要仪器设备与材料			
主要试验步骤			

试样次数	试样温度 （℃）	试验时间 （s）	试验荷重 （g）	针入度盘读数 （0.1mm）		
				标准针 穿入前	标准针 穿入后	平均值
1						
2						
3						
结论						

日期：　　　　班级：　　　　组：　　　　姓名：　　　　学号：

实训题目	**沥青试验**（延度试验）		成绩	
试验目的和适用范围				
主要仪器设备与材料				
主要试验步骤				

试验次数	试验温度（℃）	试验速率（cm/min）	延度（cm）			
			试件 1	试件 2	试件 3	平均值
1						
2						
3						
结论						

日期：　　　　班级：　　　　组：　　　　姓名：　　　　学号：

实训题目	沥青试验 （软化点试验）		成绩	
试验目的和适用范围				
主要仪器设备与材料				
主要试验步骤				

试验次数	室内温度（℃）	烧杯内液体种类	开始加热液体温度（℃）	烧杯中液体温度上升记录																软化点（℃）	平均值（℃）
				1	2	3	4	5	6	7	8	9	10	11	12	13	14	15		
1																				
2																				
结论																				

实训报告八

日期： 班级： 组： 姓名： 学号：

实训题目	无机结合料稳定土试验 （无侧限抗压强度试验）		成绩	
试验目的和适用范围				
主要仪器设备与材料				
主要试验步骤				

工程名称_____   混合料名称_____

试件尺寸(cm)_____   试件压实度(%)_____

结合料剂量(%)_____   养生龄期_____

最大干密度(g/cm³)_____   加载速率(mm/min)_____

试 件 号		1	2	3	4	5	6
试件制备方法							
制作日期							
试验日期							

试验者_____ 计算者_____ 校核者_____ 试验日期_____

		1	2	3	4	5	6
养生前试件质量 m_2	g						
浸水前试件质量 m_3	g						
浸水后试件质量 m_4	g						
养生期间质量损失 m_2-m_3	g						
吸水量 m_4-m_3	g						
养生前试件高度 h	cm						
浸水后试件高度 h_1	cm						
试验的最大压力 P	N						
无侧限抗压强度 R_c	MPa						

结论

日期： 班级： 组： 姓名： 学号：

实训题目	无机结合料稳定土试验 （水泥或石灰剂量测定方法）	成绩	
试验目的和适用范围			
主要仪器设备与材料			
主要试验步骤			

混合料名称＿＿＿＿＿＿＿＿＿＿＿　　　　结合料剂量(％)＿＿＿＿＿＿＿＿＿

最大干密度(g/cm³)＿＿＿＿＿＿＿＿＿　　　最佳含水率(％)＿＿＿＿＿＿＿＿＿

试　样	试验次数	EDTA 耗量(mL)	灰剂量(％)
	1		
	2		
	1		
	2		
	1		
	2		

试验者＿＿＿＿＿＿计算者＿＿＿＿＿＿校核者＿＿＿＿＿＿试验日期＿＿＿＿＿＿

结论

实训报告九

日期：　　　　班级：　　　　组：　　　　姓名：　　　　学号：

实训题目	粉煤灰试验 （粉煤灰细度试验）	成绩	
试验目的			
主要仪器设备			
主要试验步骤			

试样编号	粉煤灰试样质量 m （g）	粉煤灰筛余物质量 R_s （g）	粉煤灰筛余百分数（％）	
			个别值	平均值
备注				
结论				

日期：　　　　班级：　　　　组：　　　　姓名：　　　　学号：

实训题目	**粉煤灰试验** （粉煤灰需水量比试验）		成绩	
试验目的				
主要仪器设备				
主要试验步骤				

胶砂种类	水泥 （g）	粉煤灰 （g）	标准砂 （g）	加水量 （mL）
对比胶砂				
实训胶砂				
结论				

日期： 班级： 组： 姓名： 学号：

实训题目	**粉煤灰试验** （粉煤灰活性指数试验）		成绩	
试验目的				
主要仪器设备				
主要试验步骤				

胶砂种类	水泥 （g）	粉煤灰 （g）	标准砂 （g）	水 （mL）	强度 （MPa）
对比胶砂					
试验胶砂					
结论					

实训报告十

日期： 班级： 组： 姓名： 学号：

实训题目	**矿渣粉试验** （矿渣粉细度试验）		成绩	
试验目的				
主要仪器设备				
主要试验步骤				

试样编号	矿渣粉试样质量 m （g）	矿渣粉筛余物质量 R_s （g）	矿渣粉筛余百分数(%)	
			个别值	平均值

备注	
结论	

日期：　　　　班级：　　　　组：　　　　姓名：　　　　学号：

实训题目	**矿渣粉试验** （矿渣粉活性指数及流动度比试验）		成绩	
试验目的				
主要仪器设备				
主要试验步骤				

胶砂种类	对比水泥 （g）	矿渣粉 （g）	标准砂 （g）	水 （mL）	流动度 （mm）	强度 （MPa）		活性指数 （%）		流动度比 （%）
						7d	28d	7d	28d	
对比胶砂										
试验胶砂										
结论										